巨灾风险形成机制与损失评估方法研究

Mechanisms of Large-scale Disaster Risk Formation and Damage & Loss Assessment Methdology

周洪建 等 著

本书由国家自然科学基金青年科学基金项目“灾害链型巨灾风险评估方法研究（编号：41201553）——基于汶川地震、西南特大连旱案例”资助

科学出版社
北京

内 容 简 介

本书首先从全球30个知名灾害风险与损失评估系统的基本情况入手，对比了国内现有灾害评估系统与国际知名系统的差异。整理了1990～2016年全球重特大自然灾害案例，提出了巨灾定义与划分标准，并对巨灾及巨灾风险特征进行了分析。构建了单灾种型巨灾、多灾种型巨灾、灾害链型巨灾风险形成的概念模型，并阐述了巨灾损失统计上报、巨灾损失现场调查评估、巨灾损失遥感监测评估等多种评估方法并辅以具体案例说明。最后提出了灾害风险与减灾能力调查、巨灾风险与损失评估平台建设、巨灾重建规划与损失统计内容优化等方面的未来研究展望。

本书可供从事自然灾害研究的科研人员，从事公共安全、应急管理的科研与应用工作者，从事财产保险公司的管理人员和风险评价师等阅读使用。

图书在版编目（CIP）数据

巨灾风险形成机制与损失评估方法研究 / 周洪建等著. —北京：科学出版社，2018.10

ISBN 978-7-03-058933-0

Ⅰ. ①巨… Ⅱ. ①周… Ⅲ. ①灾害防治-研究-中国 ②灾害-损失-评估方法-研究-中国 Ⅳ. ①X4

中国版本图书馆CIP数据核字（2018）第220941号

责任编辑：王 倩 / 责任校对：彭 涛

责任印制：张 伟 / 封面设计：无极书装

科学出版社出版

北京东黄城根北街16号

邮政编码：100717

http://www.sciencep.com

北京虎彩文化传播有限公司 印刷

科学出版社发行 各地新华书店经销

*

2018年10月第 一 版 开本：787×1092 1/16

2018年10月第一次印刷 印张：10 3/4

字数：255 000

定价：138.00 元

（如有印装质量问题，我社负责调换）

前　言

近年来，重特大自然灾害在全球范围内的多个国家和地区频繁发生，导致大量人员伤亡和严重经济损失。中国是世界上自然灾害最为严重的国家之一，灾害种类多、分布地域广、发生频率高、造成损失重，这是一个基本国情。面对严重的重特大自然灾害及其风险形势，世界各国政府以及科技、产业与社会各界人士高度关注灾害应对工作。2015 年 3 月第三届世界减灾大会通过的《2015-2030 年仙台减轻灾害风险框架》明确提出，全球各国（地区）要实施包括理解灾害风险；加强灾害风险治理、管理灾害风险；投资于减轻灾害风险，提高恢复力；加强备灾以作出有效响应，并在复原、恢复和重建中让灾区“重建得更好”在内的 4 项优先行动。过去很长一段时期，中国学者开展了大量灾害风险与损失评估的理论研究与实践探索，获得了许多成果，为政府防灾减灾救灾科学决策、最大限度地降低灾害损失提供了重要依据。但与国外相比，中国巨灾风险形成与损失评估研究起步较晚，成果相对较少。

机缘巧合，近十年来笔者一直参与巨灾风险与损失评估的相关科研与业务工作，本书也是在 2013 年申报国家自然科学青年基金时就确定下来的目标。2009 年 7 月，笔者进入民政部国家减灾中心工作，从事自然灾害风险与损失评估理论、技术方法的研究与业务应用，目的是将业界最新的科学研究成果转化为业务能力，为综合减灾救灾决策提供相对科学的依据。期间，笔者先后参与研究制定《特别重大自然灾害损失统计制度》，参与研发国家特别重大自然灾害损失综合评估业务系统、自然灾害快速评估业务系统，还参与了 2010 年青海玉树 7.1 级地震灾害、2010 年甘肃舟曲特大山洪泥石流灾害、2013 年四川芦山 7.0 级地震灾害、2014 年云南鲁甸 6.5 级地震灾害、2015 年尼泊尔 8.1 级地震灾害（西藏灾区）5 次重特大自然灾害损失综合评估工作，也有机会远赴尼泊尔 8.1 级地震灾区、厄瓜多尔 7.5 级地震灾区开展损失综合评估。上述经历在积累巨灾风险形成机制与损失综合评估认识、深化理解的同时，也让笔者屡屡感觉到总结相关实践经验并开展专题研究的重要性与紧迫性。本书正是在国家自然科学青年基金项目——灾害链型巨灾风险评估方法研究（编号：41201553）成果和相关业务实践总结的基础上写成的。

本书内容主要分五章。第 1 章重点对全球 30 个知名灾害风险与损失评估系统进行整理分析，并与国内现有灾害评估系统进行对比，为读者提供一个较为系统的国际背景和前沿进展。第 2 章在分析大量国内外最新研究进展和 1990~2016 年全球重特大自然灾害案例的基础上，提出“巨灾”定义与划分标准，并从区域灾害系统角度分析巨灾风险的基本特征。第 3 章透过典型案例分析，提出单灾种型巨灾、多灾种型巨灾、灾害链型巨灾风险形成的概念模型。第 4 章总结中国历次重特大灾害损失评估内容及其主要变化，重点阐述巨灾损失统计上报、巨灾损失现场调查评估、巨灾损失遥感监测评估等评估方法并辅以具体案例说明。第 5 章重点从灾害风险与减灾能力调查、巨灾风险与损失评估平台建设、巨灾重建规划与损失统计内容优化 3 个方面提出了未来研究展望。附录汇集了 1949~2016 年全球范围内发生的重特大自然灾害案例及其主要损失与救灾情况。

全书由周洪建负责整体构架并组织编写工作，各章的主要贡献者如下：第 1 章周洪建、王曦、张弛、林森、韩鹏；第 2 章周洪建、史培军、张卫星；第 3 章周洪建、史培军；第 4 章周洪建、袁艺、王丹丹、史培军；第 5 章周洪建、袁艺、王曦。全书由周洪建统稿并最终定稿。

本书在撰写过程中，得到许多专家、学者的大力协助。特别感谢笔者的硕士、博士导师——北京师范大学王静爱教授，以及在学习、研究、工作重要节点上给予肯定与帮助的史培军教授。感谢民政部国家减灾中心领导和同事在工作上一如既往的支持。

由于作者能力有限，书中不足之处敬请读者批评指正。

周洪建

2018 年 4 月

目　　录

第 1 章　绪　　论

1.1　背景与意义

近年来，重特大自然灾害在全球多个国家和地区频繁发生，导致大量人员伤亡和严重经济损失（图 1-1）。2004 年印度洋地震及其引发的海啸灾害，造成 27.5 万人遇难（含失踪）；2005 年美国卡特里娜飓风灾害造成 1800 人遇难，20 多万所住宅被毁，直接经济损失近 1000 亿美元；2008 年 5 月 12 日中国汶川 8.0 级特大地震灾害造成超过 8.5 万人遇难（含失踪），直接经济损失约 8500 亿元；2008 年缅甸台风暴雨灾害导致 7 万多人遇难；2010 年 1 月 12 日海地 7.3 级地震造成约 30 万人遇难；2011 年 3 月 11 日日本 9.0 级地震及海啸灾害造成 2.8 万人遇难（含失踪）；2015 年 4 月 25 日尼泊尔 8.1 级地震至少造成 8786 人遇难，22303 人受伤。

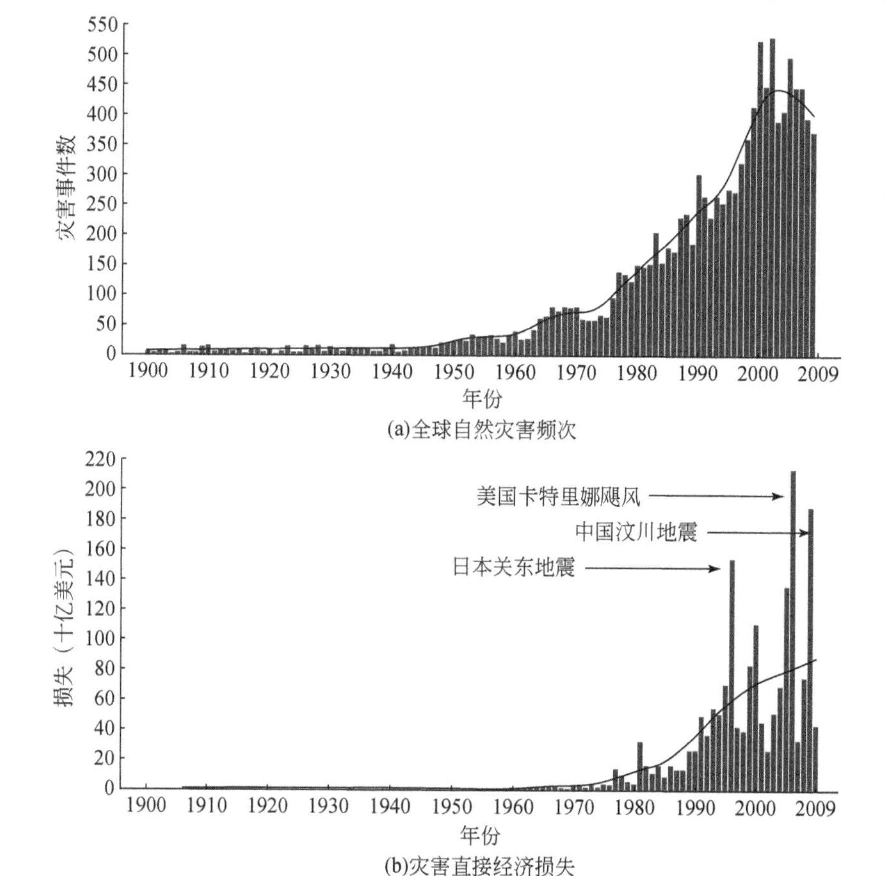

图 1-1　1900～2010 年全球自然灾害频次和灾害直接经济损失

面对严重的重特大自然灾害及其风险形势，世界各国政府以及科技、产业与社会各界人士高度关注灾害应对工作。在政治界，包括联合国国际减灾战略（UNISDR）、经济合作与发展组织（OECD）、中国、美国、日本等都通过加强应急管理工作、巨灾防范的金融保障工作等，提升应对巨灾的能力；学术界开展对巨灾标准划分、巨灾风险评估和巨灾形成机制的相关研究；产业界通过提高安全设防水平，强化巨灾风险转移能力建设，提升巨灾应对水平；社会公众通过提高自身防范巨灾风险的意识，改进社区安全管理工作和自救互救技能等，进一步加强巨灾防范工作（史培军等，2009）。

2015 年 3 月 14～18 日在日本东北宫城县仙台市召开的第三届世界减灾大会，是继 1994 年日本横滨第一届世界减灾大会以来，联合国举行的全球最大规模的减轻灾害风险大会。大会经过深入的讨论与辩论，于 2015 年 3 月 18 日晚通过了《2015-2030 年仙台减轻灾害风险框架》（以下简称《仙台框架》）（UNISDR，2015）。《仙台框架》明确各国和地区应结合本国和本地区自身的情况，在与本国和本地区相关法律保持一致的情况下，实施四项优先行动，即理解灾害风险；加强灾害风险防范，提升管理灾害风险的能力；投资减轻灾害风险，提升综合防灾、减灾、救灾能力；加强备灾以提升有效响应能力，在恢复、安置、重建方面做到让灾区“建设得更好”。其中，理解灾害风险的主要内容包括脆弱性、防范风险能力、人员与财产的暴露、致灾因子与孕灾环境的特征等；并从国家和地方与全球和区域两组空间尺度，就了解灾害风险的内容作了详细的阐述（史培军，2015）。

灾害损失评估是区域灾害综合风险防范的重要组成部分，及时准确地评估灾害损失为判断灾害发生的空间范围、严重程度和损失的分布情况，了解受灾对象和比例，科学制定应急救援和恢复重建决策等具有重要意义。灾害损失评估成果主要包括国际组织、国家、机构或学者论述灾害损失评估的基本概念和评估框架。比较有影响的有美国国家研究理事会于 1999 年完成的《自然灾害的影响：损失评估框架》报告（NRC，1999）；为了规范和统一评估灾害的社会经济影响方法，20 世纪 70 年代早期联合国拉丁美洲和加勒比经济事务委员会（Economic Commission for Latin America and the Caribbean，ECLAC）编写了《灾害社会经济和环境影响评估手册》，其后经过 30 多年的不断改进，2003 年形成了修订版（ECLAC，2003）；澳大利亚应急管理署（EMA，2002）制定了《灾害损失评估手册》；亚太经济合作组织（APEC，2009）也相继发布了《灾后损失评估手册与实践》。许多国家和地区的灾害评估都以这些评估手册为基础，结合自身情况，由不同的部门基于不同的假设条件进行灾害损失评估。发达国家凭借较多的研究积累，评估取得了良好效果，如美国卡特里娜飓风损失评估、日本阪神地震损失评估等；而发展中国家，因数据统计不完备、灾害评估技术方法不完善等原因，灾害损失评估工作相对滞后，亟须加强灾害评估技术层面的科学研究，推动灾害，尤其是巨灾损失评估工作。

中国是世界上自然灾害最为严重的国家之一，灾害种类多、分布地域广、发生频率高、灾害损失重，这是一个基本国情。据统计，1978～2009 年，中国因自然灾害年均受灾人口达 3.6 亿人（次），年均遇难 7900 余人，年均倒塌房屋超过 300 万间，年均直接经济损失超过 2200 亿元（邹铭等，2011）。另据统计，“十一五”期间（2006～2010 年），中国重特大自然灾害连续发生（172 次），年均 34.4 次，灾害影响范围广、人员伤亡多、房屋倒塌和基础设施损毁严重；各类自然灾害共造成22亿人（次）受灾，因灾遇难、失踪10.3万人，紧急转移安置8028万人（次），农作物受灾面积2.2亿hm^2、绝收面积0.2亿hm^2，倒塌房屋1799万间、损坏房屋4618万间，直接经济损失2.4万亿元。与“十五”期间（2001～2005年）相比，各类自然灾害造成的损失明显增加，其中，受灾人口增长1成、遇难人数增加了6倍，倒塌房屋增长近8成，损坏房屋增长6成，直接经济损失增长两倍。“十二五”时期（2011～2015年），中国因自然灾害造成的年均受灾人数达3.1亿人（次），年均遇难或失踪1500余人，年均紧急转移安置900万人（次），年均农作物受灾面积2700万hm^2，年均倒塌房屋近70万间，年均直接经济损失3800多亿元（国家减灾委员会办公室等，2017）。面对严重的自然灾害，学术界开展了大量针对灾害风险形成与损失评估的理论研究和实践工作，为政府制定应对方案，最大限度地降低灾害损失提供了重要依据。但与国外相比，巨灾风险形成机制与损失系统性评估研究起步较晚，且存在相关理论与方法不健全，灾害风险与损失评估内容体系、方法模型等尚有较大差距。

防灾减灾救灾工作事关人民群众生命财产安全，事关社会和谐稳定，是衡量执政党领导力、检验政府执行力、评判国家动员力、彰显民族凝聚力的一个重要方面。为进一步做好防灾减灾救灾工作，2016年12月19日，中共中央、国务院印发了《关于推进防灾减灾救灾体制机制改革的意见》（以下简称《防灾减灾救灾体制机制改革意见》），明确了未来中国防灾减灾救灾工作的指导思想、基本原则，并从健全统筹协调体制、健全属地管理体制、完善社会力量和市场参与机制、全面提升综合减灾能力四大方面提出了具体的任务与内容。

因此，开展巨灾风险形成机制及损失评估研究，一方面符合我国经济社会可持续发展的要求，是落实《防灾减灾救灾体制机制改革意见》的重要举措，同时，对防范巨灾风险，科学准确地进行巨灾损失评定，更好地指导灾后恢复重建与综合减灾能力提升具有重要的现实意义；另一方面紧扣国际研究热点，与《仙台框架》提出的未来15年的四大优先行动领域高度契合，也可为进一步发展区域灾害系统理论，尤其巨灾风险形成与损失评估理论提供依据和案例，具有重要的理论意义。

1.2 全球知名灾害风险与损失评估系统

2014年1月1日，全球减灾和恢复基金（Global Facility for Disaster Reduction and Recovery，GFDRR）发布了名为“理解风险：全球范围内定量评估自然灾害风险的软件包及开源资源综述”（Understanding risk：review of open source and open access software packages available to quantify risk from natural hazards）的研究报告（GFDRR，2014）。考虑现有国际知名的灾害风险与保险公司已开展的相关研究与实践工作，本书对全球范围内开展的地震、洪涝、台风、风雹、海啸、地质灾害等自然灾害风险与损失评估系统进行了整理汇总与初步分析（表1-1）。

表 1-1 全球知名灾害风险与损失评估系统列表

序号	名称	研发单位/国家	主要目标	简要描述（功能、技术特点等）
1	AIR Worldwide	美国	使用行业领先的巨灾风险评估模型和软件量化风险，使风险管理和减灾决策与业务目标相一致	建立权威数据库，对暴露性数据和数据收集过程进行广泛严格审查；评估结果提供了必要的细节，以确定致灾因子、受灾地区及可能政策，这些都是能导致巨大损失的潜在因素；提供精算实务标准应用（ASOPs）和基于规避风险的方案设计
2	Aon	美国	全球领先的风险管理供应商，与超过120个国家客户合作	已被多次命名为世界上最好的经纪人，最好的保险中介，主要从事保险与风险管理及相关技术支持工作
3	BASEMENT-Flood	—	计算环境流体和自然灾害事件的数值模拟软件	提供了很多模型，包括沉积搬运、侵蚀和稳态、不稳态两种模式；还包括许多算法和计算方法（优化技术）。BASEchain 是一维的河流数值模拟工具，BASEplane 是一个二维的河流数值模拟工具，两者都是基于风险的最初级的分析工具
4	CAPRA-Earthquake	中美洲自然灾害防御协调中心	用连续的易损函数计算建筑物的确定性和事件序列的概率风险	CRISIS2007 是一个可以使用特定的事件年均发生频率的 3D 几何数据生成事件序列的风险模块，可使用不同的地震震动参数；CAPRA-GIS 根据输入的既定灾害量化损失
5	CAPRA-Flood	中美洲自然灾害防御协调中心	—	使用生成的降水数据模块、CAPPA-Lluvia 和水力计算，参考多种影响因素；其对 HEC-RAS 计算引擎的使用，使其基于降水数据的风险评估和重现期变得快速而简单
6	CAPRA-Hurricane	中美洲自然灾害防御协调中心	软件计算确定性和事件集的风险概率，采用建筑系列脆弱函数，为飓风路径创建事件集的风险模块	与 CAPRA-Flood 组合测水体深度，并且可基于洪水的高度和风速开展评估
7	Delft-3D-FLOW (Flood)	—	利用气象和潮汐绘制曲线（或矩形网格）计算紊流方案	可模拟所有的潮汐机制、海啸、河流的模型；软件兼容 Delft3D 其他全部的模块；允许工程结构内或相关的 3 维流体建模
8	DESINVENTAR	联合国开发计划署（UNDP）	一个概念性和方法学的工具，为数据库的丢失、损坏，或由于突发事件或灾害造成的影响服务	包括伊朗、印度尼西亚等 7 个国家/地区自然灾害数据的亚洲数据库；圭亚那、牙买加等 5 个国家/地区自然灾害数据的北美和加勒比数据库；印度尼西亚海啸灾害数据等专门数据库
9	EQECAT	美国	量化和管理巨灾风险	提供广泛的自然灾害巨灾风险模型，覆盖全球；基于最新的科学，创新应用工程技术、索赔和暴露性数据
10	EQRM	澳大利亚	区域性地震风险评估模型	模型建立在 HAZUS 模型基础上，适用于澳大利亚的建筑与桥梁类型和其他建筑变形，特别是灾害区域的地质条件；包括区域地震活动性模型、衰减模型，风化层原地响应模型，人口伤亡模型，经济损失模型等
11	GDACS (Global Disaster Alert and Coordination System)	欧洲委员会、联合国人道主义事务协调办公室（UNOCHA）	在全球范围内提供重大灾害警报，并在突发性重大灾害后的第一阶段进行信息交流和协调	提供灾害警报，开展多灾害影响评估服务；灾害地图和卫星图像的产生和传播合作
12	GLIDE number	亚洲减灾中心（ADRC）	灾害的全球统一 ID 编码	GLIDE 号码是特殊的灾害事件的通用标识，由 2 个字母组成的灾害类型、灾害年份、一个连续的六位灾害码和一个 3 位国家 ISO 代码；当号码分配给事件之后，将包括在所有特定事件相关联的数据中，以一个数字相连接

续表

序号	名称	研发单位/国家	主要目标	简要描述（功能、技术特点等）
13	GLOBAL RISK DATA PLATFORM	联合国环境开发署（UNEP）	全球风险数据平台支持多机构共同分享自然灾害风险的全球空间数据信息	提供致灾因子、暴露性（人口与经济）和风险的数据可视化；图层可以添加事件，下载或提取过去的灾害事件；涵盖了热带气旋和风暴潮、地震、干旱、洪水、山体滑坡、海啸和火山喷发等
14	Guy Carpenter	美国	帮助客户识别、减轻和转移风险，优化风险调整资本收益	管理风险，与全球经济论坛合作，为全球风险报告提供技术支持；参与资本与商务管理，包括自然灾害相关风险管理
15	InaSAFE-Flood	印度尼西亚、澳大利亚、世界银行	评估洪涝灾害影响，为更好地规划、备灾和响应行为提供支持	可从任何模型中得到暴露性输入（人口、建筑等）和致灾输入（降雨、水文、灾害区的强度），利用脆弱性函数计算得出结果
16	InaSAFE-Earthquake	印度尼西亚、澳大利亚、世界银行	评估地震灾害影响，为更好地规划、备灾和响应行为提供支持	可从任何模型中得到暴露性输入（人口、建筑等）和致灾输入（震级、灾害区的强度），利用脆弱性函数计算得出结果
17	Kalypso-Flood	德国	洪水计算和风险预测	关注点在流域计算和洪水的确定性上；可从水文分析入手，考虑降水等因素，计算灾害风险
18	MAEviz/mHARP-Earthquake	美国	评估美国中部地区的地震风险	与HAZUS系统相结合，软件很易扩展，并增加了脆弱性函数管理器
19	NoFDP IDSS-Flood	—	开发、优化和分析解决减少风险方案	包含多个导入地理信息的模块和一个GIS引擎编辑数据
20	OpenQuake-Earthquake	—	评估地球上任何位置的地震灾害，包括各行政区域（国家、地区、乡镇）	灾害的计算可以使用多个计算震源方法(经典的和基于事件），以及通过NRML（自然标记语言）的XML文件进行的确定性场景分析
21	PALISADE	美国	市场领先的风险分析工具	使用蒙特卡罗模拟执行风险分析，提供与各个方案有关的可能性和风险；使用遗传算法或OptQuest，以及@RISK函数后，RISKOptimizer可确定最佳资源配置、最佳资产配置
22	RiskScape- Earthquake	新西兰	可计算地震的概率性（未来），直接和间接的社会经济损失，包括各类的资产、网络和人口，以及所有的次生灾害	使用一系列生成器，资产结合（输入建筑物、基础设施等）、聚合（组合资产方法），致灾因子（定义灾害模型的使用）、脆弱性（描绘脆弱性曲线）等
23	RiskScape- Flood	新西兰	可计算洪涝的确定性和概率性（未来），直接和间接的社会经济损失评估，包括各类的资产、网络和人口，以及所有的次生灾害	使用一系列生成器，资产结合（输入建筑物、基础设施等）、聚合（组合资产方法），致灾因子（定义灾害模型的使用）、脆弱性（描绘脆弱性曲线）等
24	RiskScape-Wind	新西兰	可计算大风的确定性和概率性（未来），直接和间接的社会经济损失评估，包括各类的资产、网络和人口，以及所有的次生灾害	使用一系列生成器，资产结合（输入建筑物、基础设施等）、聚合（组合资产方法），致灾因子（定义灾害模型的使用）、脆弱性（描绘脆弱性曲线）等

续表

序号	名称	研发单位/国家	主要目标	简要描述（功能、技术特点等）
25	RMS（Risk Management Solution）	美国	通过更好地了解灾难性事件，创造一个更具弹性和可持续的全球社会	为超过400家保险公司、再保险公司、金融机构等提供技术服务，更好地了解世界各地的巨灾风险
26	Sobek Suite 1D/2D with HIS-SSM- Flood	—	通过在1D网络系统和2D水平网格求解流方程，可运行所有一维/二维水动力模型	可用在洪水预报和建模，内陆洪水、排水系统建模和工程结构测试（溃坝、缺口、农村和城市洪水）上
27	SRA（Society for Risk Analysis）	美国	促进专业之间的理解和合作；鼓励灾害分析方法的应用；推动风险分析研究和教育的最新进展	定义风险分析，包括风险评估、风险特征、风险沟通、风险管理和政策有关风险；关注物理、化学和生物制剂的威胁；关注个体，公共和私营部门的组织
28	TCRM-Tropical Cyclone	澳大利亚	热带气旋灾害随机模拟	利用数据和统计方法推导风场模型
29	TELEMAC-MASCARET-Flood	—	用于洪水和波浪灾害	模块包括ARTEMIS（港口波浪模型）、MASCARET（1维表面）、TELEMAC-2D（2D Saint-Venant方程）、TELEMAC-3D（3D Navier-Stokes方程）、SISYPHE（二维沉积搬运）和SEDI-3D（3维沉积搬运）
30	Verisk Maplecroft	英国	整合全球风险分析专家的见解，以用户为中心的平台	提供全球领先的风险分析、研究和战略预测意见与风险解决方案（组合）；开发了独具特色的可视化工具

1.3 全球十大灾害风险评估（信息）平台

结合表1-1中全球范围内30个自然灾害风险与损失评估系统的基本情况，本书重点从各平台概况与特点、相关启示等方面对全球十大灾害风险评估平台进行较为详细地梳理与分析。

1.3.1 概率风险评估的综合方案：CAPRA平台

CAPRA（Comprehensive Approach To Probabilistic Risk Assessment）平台于2008年1月启动，是由中美洲自然灾害防御协调中心、美洲开发银行、联合国国际减灾战略、世界银行等共同参与的一项合作计划。CAPRA平台旨在加强公共机构对灾害风险评估、理解和交流的能力，实现把灾害风险信息纳入社会发展的目标。2011年《减轻灾害风险全球评估报告》（GAR）以该平台作为基础，评估了哥伦比亚、墨西哥、尼泊尔等国家的灾害风险。目前，CAPRA平台在智利、哥伦比亚、哥斯达黎加、萨尔瓦多、巴拿马、秘鲁等国家开展了技术协助项目。

1.3.1.1 平台特点

CAPRA平台是一个模块化、可扩展、免费的自然灾害概率风险评估平台。该平台基于致灾因子（hazard）、暴露性（exposure）、物理脆弱性（physical vulnerability）来评估灾害风险，主要关注地震、海啸、飓风、洪涝和火山五大灾种。用户可以通过绘制致灾危险图、风险分析和成本效益分析等步骤完成风险评估。另外，该平台允许用户基于灾害链开展级联灾害风险评估，并支持灾害风险管理应用。

目前，CAPRA平台是提供一套基于客户端的应用软件，该软件包括多个模块（图1-2），用户可根据不同需求下载所需要模块，以对不同区域、不同灾种进行风险评估。同时，该软件还具有MAPVIEWER CAPRA-WW模块，可提供便捷的地图展示服务。

1）致灾因子模块：提供地震、海啸、飓风、洪涝和火山五大灾种的频率和强度模拟。

2）暴露性模块：提供不同灾种下暴露的承灾体清单，包括承灾体的空间位置、分类、资质、基础设施估值等工具。

3）物理脆弱性模块：提供不同灾种、不同承灾体的脆弱性曲线。

4）损失模块：根据用户定义的回归周期（如20年一遇的洪水是对灾害致灾强度的表达）或特定情景计算可能的灾害损失。

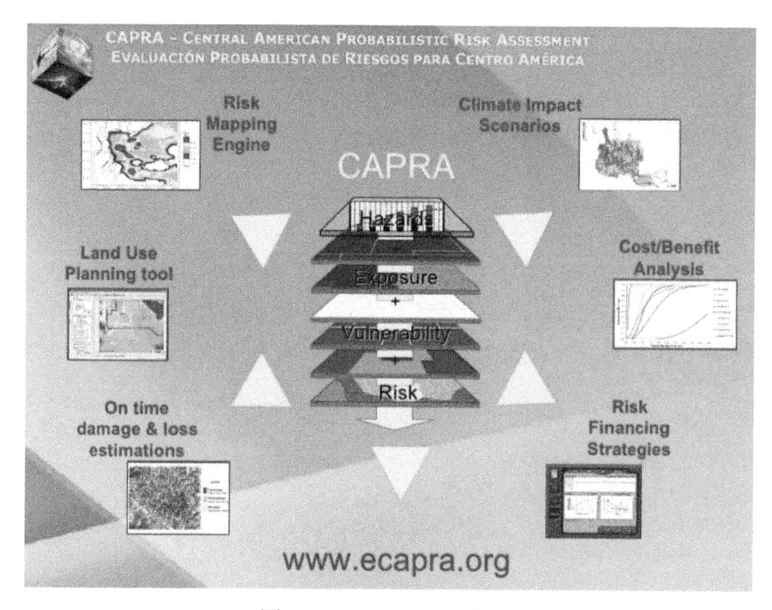

图1-2 CAPRA平台框架

1.3.1.2 相关启示

CAPRA平台在风险管理应用方面有较好的拓展，对气候影响情景、成本/效益分析、风险管理策略、损失快速评估等领域均有较好的支持。目前，作者所在单位每年进行的灾害风险评估应用主要聚焦于风险评估的结果与展示，对于风险管理的支持方面仍有较大潜力，可在借鉴此平台相关内容的基础上，研究更加全面的可支撑风险管理的风险评估体系（林森和周洪建，2017）。

1.3.2 灾害风险纵览：RiskScape平台

RiskScape平台（https：//riskscape.niwa.co.nz/）是由新西兰国家水和大气研究所（NIWA）和地质学与核科学研究所（GNS Science）联合开发研制，其目标是协助各类组织和相关研究人员评估自然灾害对资产的影响和损失。目前，该平台已在新西兰、越南、斐济等国家开展相关灾害风险评估。

1.3.2.1 平台特点

RiskScape 平台是基于客户端/服务器（client/server，C/S）架构开发，提供付费注册服务；主要关注地震、洪涝、海啸、火山和风暴潮五大灾种。该平台最重要的特色是一个组件式 GIS 系统，基于模块化框架集成，包括致灾因子模块、资产模块、脆弱性模块、集成模块 4 个模块。

1）致灾因子模块：主要是选择灾害种类，地震模块覆盖整个新西兰，但是其他灾种模块的情况根据地点有所不同。

2）资产模块：主要是选择要评估的资产内容，包括农业、建筑、电力电缆、网络连接点、开放空间、管道、道路、通信电缆、水道九大类。资产模块具体到不同区域，可选择感兴趣的城市、地区或县。

3）脆弱性模块：新西兰国内每个灾种的脆弱性模块是一样的，没有具体到地点。在新西兰之外，有其他脆弱性模块。

4）集成模块：根据不同的展示需求，选择不同的集成尺度。

RiskScape 平台具有较好的开放性，用户可根据平台提供的工具箱自行建立模块，并可上传到 RiskScape 平台的模块知识库中与其他用户分享。另外，RiskScape 平台提供了地图交互界面，类似于 GIS 空间分析与展示功能，可实现地图编辑、制作、展示等基本功能；地图展示还可以与 Excel、GoogleEarth 等软件结合，实现评估结果的表格、3D 展示（图 1-3）。

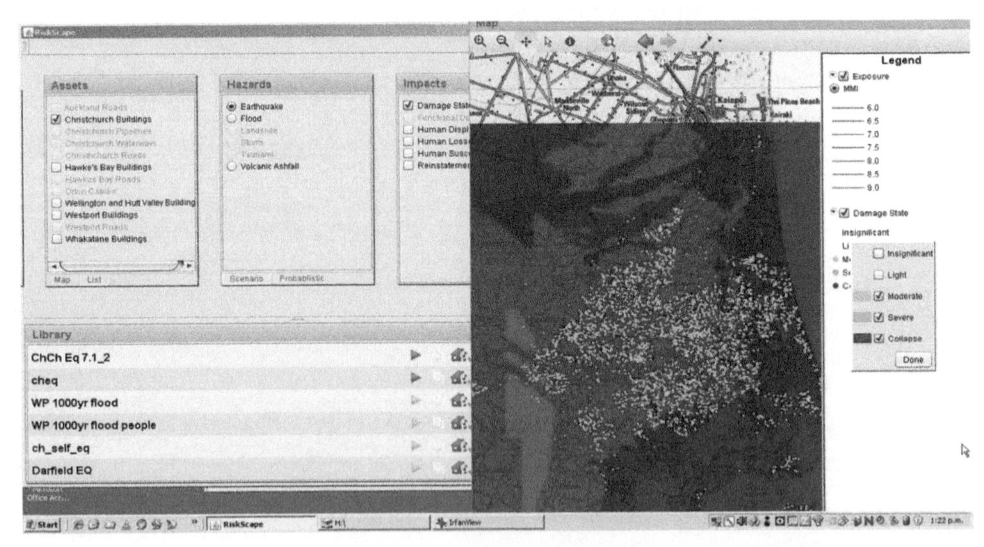

图 1-3 RiskScape 应用案例

1.3.2.2 相关启示

RiskScape 平台是一套组件式 GIS 软件系统，用户可以根据实际需要选择所需组件进行应用，平台使用较方便灵活，加之组件具有不同组合方式，可以配置生成多样化的满足用户需求的系统，故其有更好的开放性和交互性。目前，作者参与研究开发的多数灾害风险与损失评估软件系统都是集成式的封闭系统，软件升级、改造都需要大量维护时间，针对这种情况，在实际应用中可以考虑开发组件式软件系统（林森和周洪建，2017）。

1.3.3　灾害信息管理系统：DesInventar 平台

DesInventar 平台（http://www.desinventar.net/）是一个可持续化的数据库系统，可系统地收集、记录和分析与自然灾害风险、损失相关数据。该系统主要用于生成灾害清单和构建灾害损失、破坏等灾害影响方面的数据库。目前，该系统平台主要在南美洲、拉丁美洲、非洲和亚洲等 92 个国家和地区开展相关灾害风险案例评估。

1.3.3.1　平台特点

DesInventar 平台是基于客户端/服务器（C/S）架构开发，可提供开源免费软件，且支持多种标准（OGC、XML、Glide、Google API 等）和语言；几乎关注了所有的自然灾害类型。该平台可分析灾害的趋势和造成的影响，通过提前预防、缓解等措施来降低灾害影响。

DesInventar 平台包含两个主要组成部分。

1）管理和数据输入模块：关系和结构数据库，通过数据库可以存储预定义的字段（时空数据、事件类型和原因、来源）和直接与间接影响（人员死亡、房屋、基础设施和经济）。

2）分析模块：可查询多变量的效应、事件类型、原因、位置和数据等。该模块可同时生成图表和专题图。

DesInventar 平台提供了地图交互界面，具有 GIS 空间分析与地图展示功能，可实现地图编辑、制作、展示等基本功能；地图展示还可以与 Excel 等软件结合，实现评估结果的表格和 2D 展示；关注不同时间尺度和所有空间尺度的自然灾害（图 1-4）。

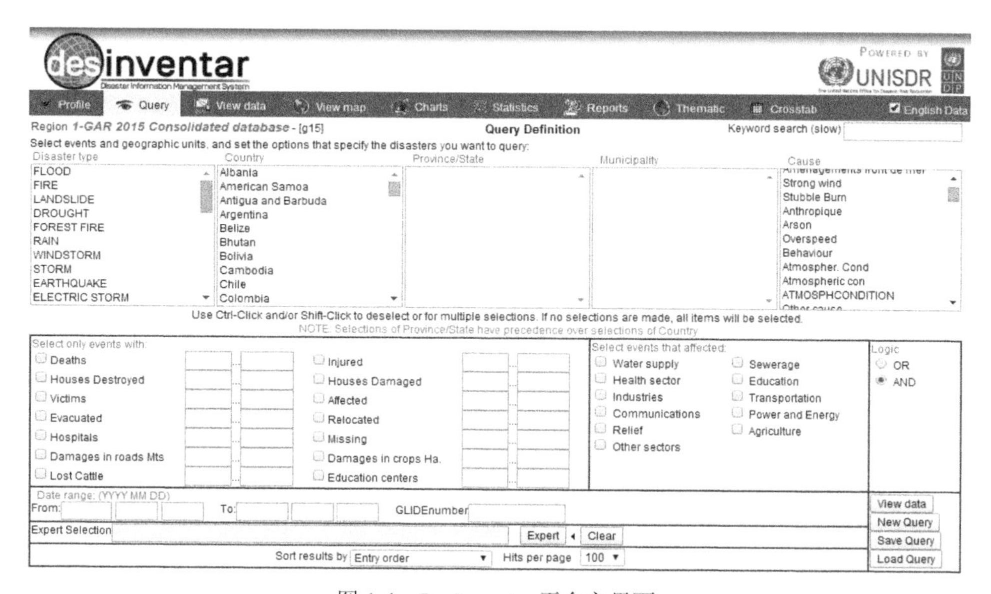

图 1-4　DesInventar 平台主界面

1.3.3.2 相关启示

DesInventar 平台旨在建立全球灾害信息数据库，关注不同时间尺度和所有空间尺度的自然灾害。全球很多国家和地区参考此做法建立了兼容便携式数据库，为政府部门和相关机构提供了防灾减灾救灾决策。该平台可为中国正在运行的各类灾害信息管理系统的优化升级和与国际接轨提供参考（韩鹏和周洪建，2017）。

1.3.4 全球灾害预警与协调系统：GDACS 平台

GDACS（global disaster alert and coordination system）平台（http: //www.gdacs.org/）成立于 2004 年，由联合国人道主义事务协调办公室和欧洲委员会共同创办。GDACS 平台是负责管理联合国、欧洲委员会和世界各国灾害管理者的合作性组织。通过该系统可实现重大突发性灾害发生后向国际社会发布灾害预警，同时在灾害应急救助阶段协调国际响应，填补大规模灾害爆发后第一阶段的信息与协调的空白，有效改善灾害信息传播，协调全球救援力量。

1.3.4.1 平台特点

GDACS 平台主要提供以下 4 种灾害信息系统和在线协调工具。

1）GDACS 灾害预警。当重大突发灾害发生时，自动提供全球灾害的早期预警和灾前影响评估。主要发布 4 种预警信号：①白色预警，小事件，不需要国际救助。②绿色预警，中等事件，需要国际救助可能性小。③橙色预警，潜在局部灾害，可能需要国际救助。④红色预警，潜在严重灾害，需要国际救助。GDACS 平台可监测和预警地震、海啸、飓风、洪涝和火山等灾害。

2）虚拟现场行动协调中心（Virtual OSOCC），即实时信息交流与协调平台。在灾害早期建立一个情报交流中心，告知救援者目前灾区的工作环境，分析相关救援行动的数据，协调救援队之间的行动，以便于灾害救援人员之间的信息交流及灾害救援管理者的决策。该平台旨在促进灾害响应者之间信息交流，并支持信息分析、决策制定和协调，它的建立解决了重大突发性灾害早期阶段信息收集和分析的难题，并给灾害救援相关领域人士提供一个无界限即时交流的平台。

3）地图和卫星影像。由多方提供，主要有联合国卫星运行项目（UN operational satellite applications programme，UNOSAT）和全球应急制图行动协会（MapAction），在虚拟现场协调中心平台上分享。GDACS 平台卫星制图与协调系统提供交流与协调平台，当紧急情况发生时，在此平台上提供完整的、当前和未来的制图活动（图 1-5）。

4）科学门户。由科学团体和工作组的专家成员组成，具体由欧洲委员会的联合研究中心管理。主要包括地震、海啸、飓风、洪涝和火山科学团体，危机响应与管理技术科学团体，地质空间基础设施与建模科学团体，危机管理的社交媒体科学团体。

1.3.4.2 相关启示

许多政府和灾害救援组织依靠 GDACS 平台灾害预警和影响评估来规划国际救援，大

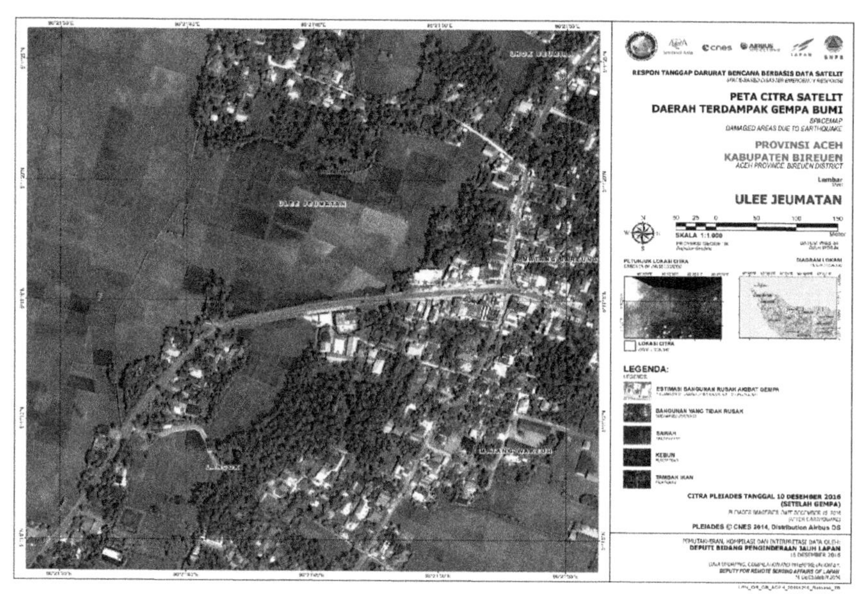

图 1-5　GDACS 地震评估卫星制图

约 1.4 万名灾害管理人员订阅 Virtual OSOCC，在灾后第一阶段用其进行信息交流。许多政府和组织在国家灾害救援规划中已经使用 GDACS 平台，特别是灾害预警、影响评估和 Virtual OSOCC 这三项服务。中国是世界上自然灾害最为严重的国家之一，未来可借鉴 GDACS 平台建设思路与服务理念，建设符合中国灾害与社会特征、兼具国际化的灾害预警与协调系统（韩鹏和周洪建，2017）。

1.3.5　全球灾害统一编码方法：GLIDE 平台

获取灾害数据是一项耗时耗力的任务，原因是数据不仅具有分散性，而且不同国家对于灾害事件的认定也不尽相同，容易混淆。因此，亚洲减灾中心（Asian Disaster Reduction Center，ADRC）提出了一套全球灾害统一编码方法——GLIDE number（http://www.glidenumber.net/），这套方法被许多研究机构分享、发布和推广，如灾后流行病研究中心（CRED）、联合国人道主义事务协调办公室（OCHA）、UNISDR、UNDP、世界气象组织（WMO）、红十字会与红新月会国际联合会（IFRC）、美国外国灾害援助办公室-美国国际开发署（OFDA-USAID）、联合国粮农署（FAO）和世界银行（World Bank）等。

1.3.5.1　平台特点

GLIDE 平台是基于浏览器/服务器（browser/server，B/S）架构开发，覆盖地震、海啸、洪涝、台风等全灾种（图 1-6）。具有如下特点。

1）简单易用性。GLIDE 平台由管理和维护的紧急灾难数据库（emergency events database，EM-DAT）的灾后流行病研究中心（CRED）确定。2004 年起，CRED 每周都会通过全球灾害编码自动生成器（Automatic GLIDE Generator）对所有符合 EM-DAT 数据库标准的新发灾害进行统一编码，生成 GLIDE 编码。GLIDE 编码由识别灾害类的两个字母、灾害发生年份、6位时序数字编号和3位国家ISO代码组成，如2015年中国新疆皮山县6.5级地震的GLIDE编码为EQ-2015-000082-CHN。灾害事件的时间地点关键指标都包含其中，这十分方便用户进行查询。目前灾害信息以文字存储方式为主，信息来源主要为全球公开报道的信息。

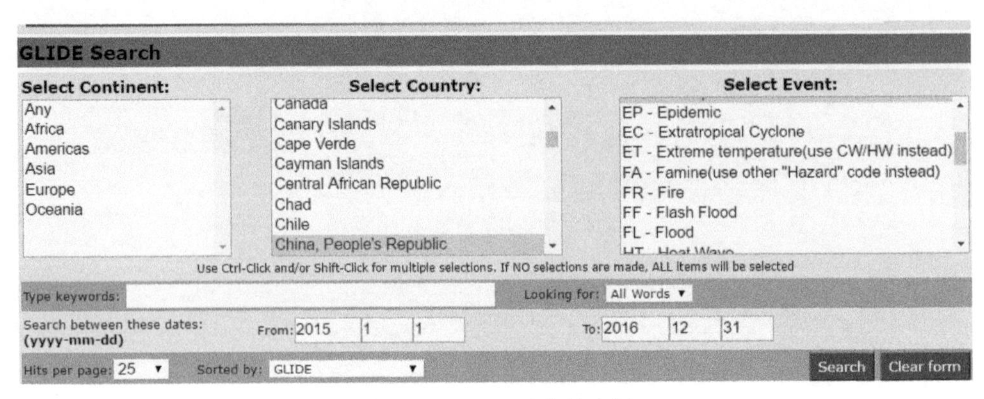

图 1-6　GLIDE 平台搜索栏

2）数据整合性。GLIDE平台被OCHAFSCC、UNISDR、UNDP、WMO等世界著名组织机构应用于其发布的灾害事件相关文件中。许多灾害信息提供机构支持GLIDE，用户可通过某次灾害事件的GLIDE编码迅速找到各个来源的灾害资料和数据。从某种意义上说，GLIDE起到了数据来源整合的作用。

1.3.5.2　相关启示

目前中国不同灾害数据库常常隶属不同灾害管理部门，数据无论格式还是范围都不相同，用户在使用这些数据库时，也经常因为数据库之间缺少的一致性而遇到困难。灾害事件因其自身的独一性可用于串联不同的数据库。GLIDE平台对于灾害事件的定义不仅简洁而且概括，大大规范了数据的采集录入。在以后的数据库管理工作中我们可借鉴GLIDE平台对于灾害事件的编码法，研究适合中国自身灾害特点的新方法（张弛和周洪建，2017）。

1.3.6　全球地震模型：GEM平台

GEM平台（https：//www.globalquakemodel.org）是OECD于2006在全球科学论坛发起的政府与社会资本合作项目，旨在开发全球开源风险评估软件和工具，帮助各国在全球范围内持续减轻地震风险。2009～2013年，GEM平台构建了首个全球地震模型，并为全球范围内的地震风险计算和交流提供了权威性的标准。GEM平台总部位于欧洲地震工程训练及研究中心（EUCENTRE）。

1.3.6.1　平台特点

GEM平台只针对地震灾种。该平台主要包括以下功能模块。

1）地震风险评估模块。GEM平台的核心业务模块，主要结合历史地震情况和地球受构造作用力的变形信息，分析全球地震风险情况。该模块提供1900～2009年全球5.5级（含）以上历史地震数据库、1000～1903年全球7.0级（含）以上历史地震数据库、地震动预测方程（GMPE）、全球断层数据库、应变力模型等。

2）综合风险评估模块。综合暴露和物理脆弱性（包括建筑结构脆弱性和居民脆弱性），并结合社会经济脆弱性和恢复力的指标，得到地震的综合风险强度。该模块提供暴露数据库（包括人口、建筑数量和建筑重置价格等）、建筑物分类数据库（定义了13个建筑物分类指标，如建筑用途、房顶和墙体材料等）、次生灾害数据库（地震引起的滑坡、海啸、火灾等次生灾害造成的损失）、实物量信息采集工具、物理脆弱性数据库（综合考虑经验、分析和专家意见的脆弱性方程，用来估算人口伤亡和房屋损失）、社会经济脆弱性和恢复性数据库及工具（图1-7）。

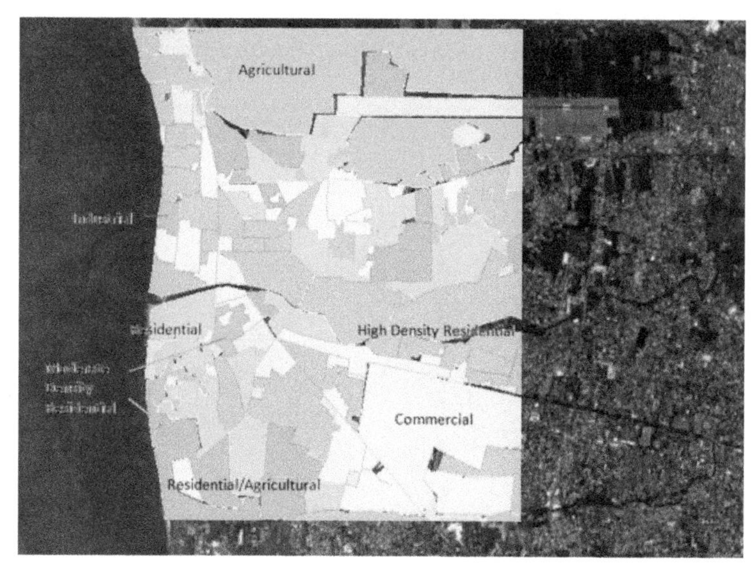

图1-7 GEM平台遥感应用案例

此外，GEM平台在全球范围内拥有众多专家团队，涵盖非洲、欧洲、中东、中亚、加勒比海、南美洲、东南亚、南亚和东亚等地区，专家团队参与到所在地区风险、暴露和脆弱性数据库的建设，并对全球标准和数据提供验证。

1.3.6.2 相关启示

GEM平台具有良好的交互性和开放性，注册用户可在GEM公司搭建的Openquake平台上进行数据交互使用，与GEM共同完善更新各个数据库模块。无论灾前还是灾后，用户均可使用移动APP及时采集上传建筑物的信息，审核后的数据会及时更新入库。目前，国内灾害评估系统大多数相对封闭，数据库的建设仅仅靠专业部门，民众缺乏提供信息的渠道。因此，中国目前的自然灾害评估系统可考虑分步骤、分模块开放，让更多的相关领域人员参与数据库的建设与更新（张弛和周洪建，2017）。

1.3.7 高分辨率的灾害风险解决方案：KatRisk 平台

2012 年，KatRisk 灾害模型公司（www.katrisk.com）在美国成立，公司主要业务是开展全球洪涝和热带气旋灾害风险的定量评估，并提供灾害风险模型和相关数据。KatRisk 平台与客户一起合作建立并测试解决方案，并且最大限度地向客户开放基础数据、模型等。目前，KatRisk 平台已为北美洲、南美洲、欧洲、澳大利亚和新西兰以及亚洲的大部分地区完成了风险评估及风险地图的制作（图 1-8）。

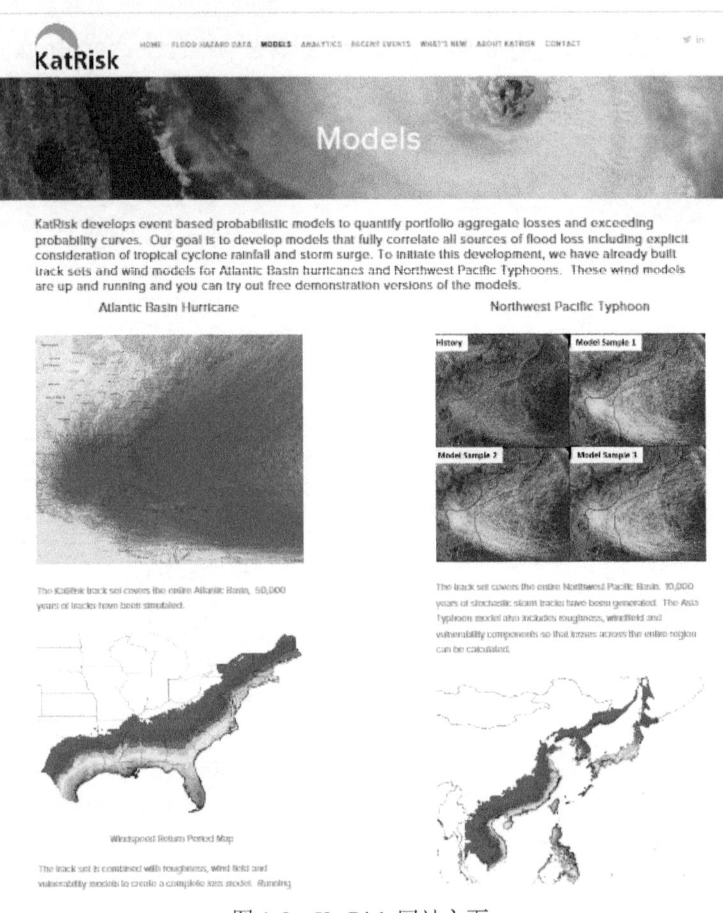

图 1-8 KatRisk 网站主页

1.3.7.1 平台特点

KatRisk 平台是基于浏览器/服务器（B/S）架构开发，主要针对洪涝、热带气旋两个灾种。该平台主要包括以下功能模块。

1）洪水灾害数据（洪涝灾害风险评估）。产品开发过程的第一个阶段是制作多种年遇型的洪水灾害风险图，并且可以开展个别地点的风险评估，包括风险定价。KatRisk 平台储备了几乎覆盖全球的洪水数据，这也是其能在全球范围内有效开展洪灾风险定量评估的基础。KatRisk 平台洪涝灾害风险评估的技术亮点主要有：①适用所有地区雨（地表水）和河流的二维水力模型；②模型可以对任意汇水面积进行计算；③提供所有地区的多个年遇型的洪水深度。

KatRisk 平台的最新成果是美国风暴潮模型，它可以基于全部大西洋飓风的一系列运行轨迹和 10m 网格的一些重要数据分析风暴潮。这一成果已融入 KatRisk 平台现有的一些模型中使用。

2）基于模型的事件创建。产品开发的第二阶段是基于概率模型的事件创建。KatRisk 平台基于概率模型量化总损失和超越概率曲线，由此建立事件。该平台会尽可能全面地将影响洪水损失的相关因素考虑在内，包括由热带气旋和风暴潮引起的降水。

3）访问数据和模型。从授权数据和软件到订阅在线分析工具和网页地图服务，访问 KatRisk 产品的方式有很多。用户可以通过使用免费在线演示工具试用 KatRisk 平台的一些解决方案，该工具主要包括美国/加勒比飓风、亚洲台风两种。

1.3.7.2 相关启示

目前国内灾害评估系统以政府灾害管理部门开发为主，基于市场运营的灾害模型公司较少，因此系统对外开放程度较低，一般仅供内部人员使用。我国可以借鉴 KatRisk 平台的运营模式，一是从政府层面鼓励风险评估引入市场机制，在增加经济效益的同时，促进平台建设主体的多元化，提高平台运行效率；二是政府平台应逐步推出多种对外开放的渠道，让公众了解灾害风险，这也是《仙台框架》明确的优先行动领域之一（王曦和周洪建，2017）。

1.3.8 全球风险评估（数据）平台：GAR 平台

GAR（Global Assessment Report）平台（http：//risk.preventionweb.net/capraviewer/main.jsp?countrycode=g15）是国际减灾战略在欧盟委员会提供的资金援助下，联合世界银行、国际工程数值方法研究中心（International Center for Numerical Methods in Engineering，CIMNE）和区域自然灾害评估中心（Estimation of Regional Natures，ERN）等共同开发的，它不仅可以提供全球自然灾害风险的空间数据信息，也可以共享空间基础数据和网页地图服务，是一个免费、开放的互联网资源。用户可以在网站上查看、下载、提取过去发生的灾害事件、社会经济暴露度以及自然灾害风险数据。平台涵盖了主要灾害种类，包括热带气旋、地震、风暴潮、干旱、洪水、滑坡、海啸和火山爆发等。

1.3.8.1 平台特点

GAR 平台的风险评估结果均以全球风险地图的形式展示（图 1-9），主要包括以下内容。

1）全球灾害风险分布。包括多灾种、分灾种的年均经济损失和年均相对经济损失，以及风险评估有关社会经济的其他衍生产品。

2）主要灾种的全球灾害风险分布。包括：①地震，1970～2014 年矩震级（6.0 级以上）、不同年份地震峰值加速度（PGA）等的全球分布。②海啸，不同级别的海啸全球分布。③热带气旋，全球热带气旋的历史路径，不同重现期不同海洋区域的风力强度分布。④风暴潮，不同年份风暴潮浪高的全球分布。⑤河道洪水，不同年份河道洪水上涨高度的全球分布。

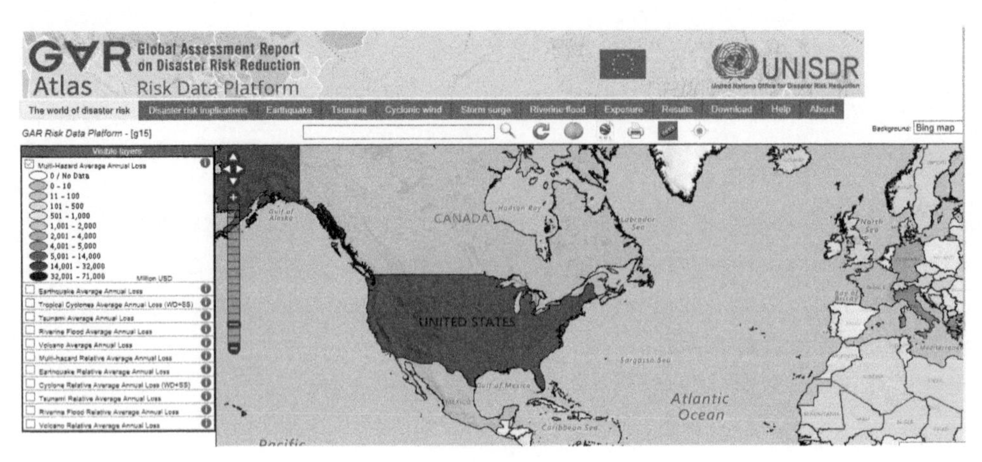

图 1-9　全球多灾种年均损失期望值分布

3）全球暴露度分布。包括人口、资本存量、社会性支出、生产资本、固定资本形成总额、国内生产总值等的全球分布。

4）评估结果与下载。GAR 平台可以提供损失频率曲线、脆弱性曲线等评估结果，并可以下载 shp 文件形式的评估结果，如年均人口死亡率、资本存量、台风历史路径等。

1.3.8.2　相关启示

GAR 平台上风险评估结果的展示具有直观、易操作、可读性强等特点，反观我国灾害管理部门发布的评估产品，专业性强、交互性差，不利于不同用户接受。建议相关部门设计符合公众阅读习惯的产品模板，增强可操作性，让更多企业和个人关注灾害风险评估，提高风险意识，使评估产品更多地服务于社会公众（王曦和周洪建，2017）。

1.3.9　世界风险指数平台：WRI 平台

2011 年，联合国大学环境与人类安全研究所（United Nations University，Institute for Environment and Human Security，UNU-EHS）、德国发展援助联盟共同发起并研究制定了世界风险指数（world risk index，WRI），之后，以国家和地区为单元，每年发布 1 次全球评估报告，并对所有国家和地区的灾害风险进行排名及变化情况分析。目前，WRI 平台已经成为全球范围内有较大影响力的世界灾害风险指数评估和发布平台，它为全球众多领域的相关决策与发展提供了重要的依据。

1.3.9.1　平台特点

与前 8 个平台不同，WRI 平台主要是以每年发布的世界风险指数报告为载体，评估全球不同国家和地区面临的自然灾害风险形势。该平台主要有以下特点。

（1）提供了全球普遍采用的灾害风险评估技术指标与方法

WRI 平台以全球范围内的地震、风暴、洪水、干旱和海平面上升为主要关注对象，评估灾害风险。评估指标主要包括致灾因子和脆弱性两大部分，其中致灾因子主要用暴露性刻画，而脆弱性则从敏感性、应对能力和适应性 3 个方面刻画。具体来讲，敏感性主要关注某一国家和地区的公共基础设施、住房、营养、贫困、经济能力和收入分配 5 个方面；应对能力则主要是政府管理、备灾与预警、医疗卫生服务、社会网络、设备设施的服务能力 5 个方面；适应性指标则主要是教育与科学研究、性别平等、环境与生态保护、适应策略、投资 5 个方面。

采用“风险=暴露性×脆弱性”的评估方法，其中，脆弱性的 3 个方面通过等权重求和得到。各部分均采用专家打分法获取权重，各部分的具体评估指标采用等权重。例如，适应性中的教育与科学研究、性别平等、环境与生态保护、投资 4 项指标的权重均为 25%，而性别平等中的教育性别对等度、国会女性代表比例两项指标的权重均为 50%。

需要说明的是，由于目前仍缺少相关全球标准，部分数据获取难度大，因此，具体评估中住房条件、备灾与预警、社会网络、适应策略等指标暂时未能体现。

（2）提供了一套风险系列地图的规范并开放评估数据下载

WRI 平台以暴露性、敏感性、应对能力和适应性四大因素为基础，设计了一套灾害风险地图系列规范。针对全球前 15 位的灾害暴露性最大、敏感性最大、应对能力最弱、适应能力最差和灾害风险最高的国家和地区名单进行发布。此外，WRI 平台还提供相关评估数据的下载，以供全球范围内的用户使用。

1.3.9.2 相关启示

我国以县域为单位的全国自然灾害综合风险与减灾能力调查可以借鉴 WRI 平台中关于脆弱性评估的分类体系与指标设计，建立一套适合县域范围的自然灾害综合风险与减灾能力调查评估内容与指标体系（周洪建，2017a）。

1.3.10 全球风险报告平台：GRR 平台

2007 年以来，在世界经济论坛（world economy forum，WEF）框架下，每年度发布全球风险报告（global risk report，GRR），对全球面临的包括自然灾害在内的风险进行评估，并对相关高风险进行排名及变化情况分析。目前，GRR 平台与 WRI 平台一起已经成为全球范围内有较大影响力的全球风险评估和发布平台。

1.3.10.1 平台特点

GRR 平台具有如下鲜明特点。

（1）高度关注不同风险间的深度联系

GRR 平台发布的全球风险报告一直关注全球风险演变和不同风险之间的深度联系，强调持续存在的长期趋势可能带来的风险，其中，与自然灾害相关的风险包含在环境风险中，分为极端天气气候事件（洪涝、风雹等）、未能调整和减缓气候变化、重大自然灾害风险（地震、海啸、火山、地磁暴等）。

2017 年 1 月 11 日世界经济论坛发布 2017 年全球风险报告（the Global Risks Report 2017），提出环境是全球风险格局中的核心风险，气候变化是排名第 2 位的重大趋势。极端气象事件、自然灾害、人为环境灾害、水危机以及未能调整和减缓气候变化五大环境风险，首次在调查中被同时列为发生概率高、影响力大的风险，其中极端气象事件被认为是所有环境风险中最突出的全球风险。

（2）高度关注风险的年度变化

GRR 平台中的风险评估方法为专家调查法，主要从各类风险发生的可能性与影响两个方面进行打分（1～7 分，1 代表发生的可能小极低或影响极小，7 代表发生的可能性极大或影响特别严重），在此基础上对每个风险进行空间定位并形成可对比的多年序列。2017 年全球风险报告称未来 10 年对全球发展具有深刻影响的 3 大趋势分别为经济不平等、社会两极分化及环境风险日益加剧。

1.3.10.2 相关启示

GRR 平台中多种风险的关联性、某一风险的长期跟踪评估对于丰富和完善中国自然灾害风险评估的内容体系，逐步形成具有较高影响的由中国主导的灾害风险评估产品有较好的借鉴意义（周洪建，2017a）。

综上，当前国际上主要的灾害风险系统设计理念、评估内容各不相同（表 1-2），尤其是在集成服务方面：CAPRA 平台都是基于 C/S 架构设计开发，用户必须在本地安装相关软件后使用；DESINVENTAR 平台则基于 B/S 架构设计开发，可以在线使用，也可下载软件安装后基于浏览器本地使用；GEM 平台、GDACS 平台、GRDP 平台则是基于 B/S 架构设计开发，用户可以在线使用，KatRisk 平台还可以支持在线评估；UNU-WRI 和 WEF-GRR 平台则更多地以文字报告形式集成。此外，强大的数据库支持，提供原始数据、分模块数据下载、核心参数下载，并以手机终端 APP 形式提供服务成为全球灾害风险评估技术集成与服务的新趋势。

表 1-2 全球十大灾害风险评估平台的集成特色

<table>
<tr><th>序号</th><th>名称</th><th>集成特色</th><th>展望</th></tr>
<tr><td>1</td><td>CAPRA 平台</td><td>基于 C/S 架构，提供各模块软件下载</td><td rowspan="10">评估成果以 B/S 集成为主，评估模型以 C/S 为主，个别提供在线评估（KatRisk）；
提供各类评估模型的详细说明，部分可提供模型下载或案例下载；
强大的数据库支持，多数可提供原始数据、分模块数据的下载；部分可提供核心参数下载；
平台部署以手机终端 APP 形式成为最新趋势</td></tr>
<tr><td>2</td><td>DESINVENTAR 平台</td><td>基于 B/S 架构，可以在线使用，也可下载软件安装后基于浏览器本地使用</td></tr>
<tr><td>3</td><td>GAR 平台</td><td>基于 B/S 架构，在线使用；提供数据直接下载，提供数据接口服务</td></tr>
<tr><td>4</td><td>GDACS 平台</td><td>基于 B/S 架构，在线使用</td></tr>
<tr><td>5</td><td>GEM 平台</td><td>基于 B/S 架构，在线使用</td></tr>
<tr><td>6</td><td>GLIDE 平台</td><td>基于 B/S 架构，在线使用</td></tr>
<tr><td>7</td><td>KatRisk 平台</td><td>基于 B/S 架构，支持在线评估</td></tr>
<tr><td>8</td><td>RiskScape 平台</td><td>基于 C/S 架构，提供付费的软件下载</td></tr>
<tr><td>9</td><td>UNU-WRI 平台</td><td>文字报告形式集成</td></tr>
<tr><td>10</td><td>WEF-GRR 平台</td><td>文字报告形式集成</td></tr>
</table>

1.4 全球十大知名灾害损失评估系统

本章重点阐述全球10个代表性较高、运行较成熟的灾害损失评估系统（表1-3）。

表1-3 全球主要的灾害损失评估系统

序号及名称	评估类型	评估内容/指标	评估方法	文献
1 美国 HAZUS-MH 系统	损失评估 风险评估 需求评估	地震对建筑物、基础设施、交通和公共事业生命线，以及人口等破坏及损失； 海湾、沿海地区和岛屿的飓风对居住、商业、工业用地建筑物的破坏、直接经济损失、避难所需求，以及建筑物、树木残骸数量等； 河流和海岸洪水对建筑物、交通生命线、交通工具以及农作物的破坏	模型模拟 脆弱性曲线	FEMA，2008
2 美国PAGER 系统	损失快速评估	可能造成的死亡人口数量、经济损失； 预警等级（用蓝、黄、橙、红色表达）； 附近区域类似灾害的损失； 基于地域特征可能发生的次生灾害信息	机理模拟 历史案例	PAGER，2010
3 日本Phoenix DMS系统	损失快速评估 需求评估	房屋、人员伤亡； 生命救助需求、生活救助、运送系统恢复需求等	经验模型 数理分析	Hyogo，2004
4 澳大利亚 EMA-DLA 系统	损失评估	直接-可衡量损失：建筑物与财产、汽车、牲畜、粮食和基础设施等； 直接-不可衡量损失：人员伤亡、文化遗产、生态环境等； 间接-可衡量损失：交通中断、工商业间 性停产/业等； 间接-不可衡量损失：心理、文化丧失等	平均法或快速评估 综合评估 调查评估	EMA，2002
5 俄罗斯 EXTREMUM 系统	损失快速评估	人员伤亡； 房屋倒损	模型模拟	Frolova，2009
6 土耳其ELER 系统	损失快速评估	建筑物倒损、人员伤亡； 城市管网破坏； 直接经济损失	模型模拟 经济学	NERIES，2010
7 QLARM系统	损失快速评估 风险评估	建筑物倒塌； 人员伤亡	模型模拟 情景分析	Erdik et al.，2010
8 PDNA系统	损失评估 恢复需求评估 重建需求评估	社会领域：房屋、卫生与人口、营养与食品、教育、文化遗产； 生产领域：农业、水利、商业和工业、旅游、财政部门； 基础设施领域：电力、通信、社区基础设施、交通、供排水与卫生； 跨部门领域：政府管理、减轻灾害风险、环境与林业、就业与生计、社会保障、性别平等与社会融入； 贫困与人类发展	部门/行业调查统计法 现场调查评估法 经验估算法 模型模拟法 专家会商法	Government of Nepal，2015

续表

序号及名称	评估类型	评估内容/指标	评估方法	文献
9 ECLAC 系统	损失评估 灾害影响评估	社会领域：受灾人口、房屋、教育和文化、健康等； 基础设施领域：能源、饮用水与卫生设施、交通与通讯设施等； 经济领域：农业、工业和商业、旅游业等； 其他领域：环境、妇女、宏观经济、就业与收入等	影子价格法 实地调查 利益相关者访谈 遥感监测	ECLAC，2003
10 DaLA 系统	损失评估 需求评估	社会行业：住房、教育、卫生； 生产部门：农业、工业、商业、旅游业； 基础设施部门：供水和卫生、供电、交通与通信	行业统计 实地调查 遥感解译	World Bank，2010

资料来源：周洪建，2017b；周洪建等，2017a

1.4.1　美国 HAZUS-MH 系统

HAZUS-MH 系统是美国联邦应急管理署（Federal Emergency Management Agency，FEMA）所属的 HAZad-United States of Multi-Hazard 的简称，即美国国家多灾种评估系统。该系统是建立在 GIS 综合平台上，结合当前自然科学、工程学和 3S 技术，对洪水、飓风和地震的物理破坏、经济损失和社会影响进行评估的（FEMA，2008）。主要针对地震、洪水和飓风灾害开展灾害风险评估、损失评估，包括地震评估模块、洪水评估模块和飓风评估模块。每个模块中灾害损失评估的基本内容包括致灾因子评估、直接物理破坏评估、间接物理破坏评估、直接经济和社会损失评估和间接损失评估 5 部分，在建立的公共数据库和特定数据库的支持下，应用概率分析、情景分析和历史资料分析等多种方法，从国家、地方和专家 3 个层面开展相关评估工作（周洪建，2015a）。

此外，美国 HAZUS-MH 系统在风险评估方面主要开展洪水、飓风灾害风险评估。美国 HAZUS-MH 系统的评估方法，利用 GIS 技术，结合国家数据库及国家标准，基于现有的历史损失记录，计算灾害发生的可能性和频率；基于不同承灾体类型的灾损曲线（stage-damage curve，脆弱性曲线），设置不同的灾害和资产函数模拟确定潜在破坏和损失，评估洪水、飓风灾害风险，评估结果通过 GIS 制图得到的专题地图显示。评估模块具体包括洪灾致灾因子风险评估、洪灾建筑物灾损曲线与矩阵、飓风致灾风险模型、飓风建筑物灾损曲线等。美国 HAZUS-MH 系统也可用于灾害发生后的现时评估，即快速评估，还可评估灾害对建筑、基础设施等造成的破坏，产生的直接和间接的经济影响、社会影响，确定需要应急的地区，分配救济资源，次生灾害等都可进行判断（FEMA，2008）。

1.4.2　美国 PAGER 系统

PAGER 系统是美国地质调查局（United States Geological Survey，USGS）所属的 Prompt Assessment of Global Earthquakes for Response 的简称，即全球地震响应快速评估系统。该系统基于全球地震台网观测系统，为地震紧急救援部门、政府组织以及媒体提供有关全球地震灾害的有效信息。通过移动电话和 E-mail 等方式，美国 PAGER 系统分发警报信息，包括最新确定的地震位置、强度和深度信息，灾害的初步影响估计信息（包括基于人口密度的地震烈度分布、不同地震烈度范围内的人口数量、主要城市及人口数量、地震可能造成的死亡人口数量、可能造成的经济损失、人口死亡与经济损失预警级别、周边历史地震及损失情况等)(PAGER,2010)。

通常情况下,美国 PAGER 系统会在地震发生后的 30 分钟内发布初步评估结果,并对可能死亡人口数量和经济损失给出相应的预警色,分为四色(绿色——死亡 0 人,经济损失小于 100 万美元,无需应急响应;黄色——死亡 1~99 人,经济损失介于 100 万~10000 万美元,地方应急响应;橙色——死亡 100~999 人,经济损失介于 1 亿~10 亿美元,国家应急响应;红色——死亡人口大于 1000 人,经济损失大于 10 亿美元,全球应急响应),为应急救援者、政府和救助单位提供数据支持;之后随着地震相关信息的丰富,对评估结果进行更新;同时美国 PAGER 系统与美国国家海洋和大气管理局(National Oceanic and Atmospheric Administration,NOAA)的海啸预警系统进行了整合,可通过美国 PAGER 系统快速查询由地震造成的海啸的基本情况(周洪建,2015a)。

1.4.3 日本 Phoenix DMS 系统

日本 Phoenix DMS 系统(Phoenix Disaster Management System),即菲尼克斯灾害管理系统,是日本兵库县防灾中心的核心系统,是当时日本最完善的防灾应急系统。该系统 24 小时监测运行,能够及时响应各种灾害;另外,它也是基于阪神地震实际经验教训上所建立的防灾响应系统,它能够快捷准确地响应包括地震在内的各种灾害,给出破坏信息、收集和发布环境信息以及灾害评估,同时,该系统的对策支持功能能够快速有效地支持初步的应急对策制定,应急指挥中心可支持各种重要决策的制定,根据所提供的气象信息、灾害评估信息和实际破坏情况报告,可进行各种重要的决策制定工作(Hyogo,2004;周洪建,2015a)。

日本 Phoenix DMS 系统是由地震仪器信息网络系统、环境信息收集发布系统、灾害评估系统、应急管理系统、地图信息系统、灾情信息系统、可视信息系统、灾害管理通信支持系统、灾害响应对策支持系统 9 个子系统组成,其中灾害评估系统主要开展房屋倒塌损坏、人口死亡、受伤和避难人员数量与空间分布评估;灾害响应对策支持系统主要是开展灾害救助需求评估,包括对于生命、受灾人员生活救助、次生灾害防治、运送系统恢复、生命线系统恢复需求等评估内容(Hyogo,2004;周洪建,2015a)。

1.4.4 澳大利亚 EMA-DLA 系统

澳大利亚 EMA-DLA 系统是由澳大利亚应急管理署(Emergency Management Australia,EMA)组织开发的灾害损失评估(Disaster Loss Assessment)系统。该系统开展灾害评估遵循 4 个原则:一是易操作性,确保评估流程容易操作;二是一致性与标准化,确保评估结果可比;三是可重复性,确保评估结果可多次重复评估;四是基于经济学原理,确保评估结果能够衡量灾害对经济的影响。在此基础上,评估内容分为两类:第一类是直接损失,即与致灾因子直接相关的损失,如洪水或大风对建筑物和基础设施的破坏等;第二类是间接损失,非因灾害事件直接影响而出现的损失,如交通中断、企业停产等。在直接损失中,包含两个次一级的损失类型,即可衡量损失(tangible losses)和不可衡量损失(intangible losses),前者指可用货币衡量的(或者可重置的)损失,如建筑物、牲畜、基础设施破坏造成的损失等；后者是指不可购买或出售的损失，如人口死亡、失踪和受伤，遗产和纪念物品的损失等（EMA，2002；周洪建，2015a）。

1.4.5 俄罗斯 EXTREMUM 系统

俄罗斯 EXTREMUM 系统最初于 20 世纪 90 年代由俄罗斯极端事件研究中心(Extreme Situations Research Center，ESRC)、地震研究中心、环境地理科学研究所、俄罗斯科学院等机构共同研究建立。俄罗斯 EXTREMUM 系统主要用于地震的快速评估，可随时接受来自全球地震监测部门［如欧洲-地中海地震中心（EMSC）、美国地质调查局国家地震信息中心（USGS-NEIC）、日本气象厅（JMA）等］的地震基本信息；信息输入该系统后，将自动模拟地震烈度分布、地震对不同类型建筑物的破坏及可能导致的人员伤亡等，并以直观地图形式向公众发布。俄罗斯 EXTREMUM 系统评估结果（专题地图）中，用点状符号表达地震造成的人口和建筑物损失情况，点的大小代表受灾人口的数量，不同的颜色代表建筑的破坏类型（黑色表示倒塌、褐色表示部分倒塌、红色表示严重破坏、黄色表示中等破坏、绿色表示轻微破坏、蓝色表示无破坏）(Frolova，2009；周洪建，2015a)。

1.4.6 土耳其 ELER 系统

土耳其 ELER 系统是土耳其地震损失评估系统（Earthquake Loss Estimation Routine）的简称，是快速评估欧洲—地中海地区地震灾害损失的系统。该系统可以实现地震烈度模拟、建筑物破坏评估、人员伤亡评估、由建筑破坏导致的直接经济损失评估、城市管网破坏评估等。ELER 系统可以实现 3 个等级（Level 0、Level 1 和 Level 2）的评估，其中，Level 0 评估系统基于地震强度图、城市点位和人口密度空间分布数据，评估区域人员伤亡；Level 1 评估系统基于地震强度图、建筑物类型与楼层数量、人口密度分布数据，评估建筑物破坏及由此导致的人员伤亡、安置费用和因破坏导致的损失率；Level 2 评估系统基于地震动图、建筑物类型与楼层数量、人口密度分布数据，评估不同系列的建筑物破坏及人员伤亡、安置费用和因破坏导致的损失率和城市管网破坏等（NERIES，2010；周洪建，2015b）。

1.4.7 QLARM 系统

QLARM 系统是世界行星监测与减缓地震危险组织（World Agency of Planetary Monitoring and Earthquake Risk Reduction，WAPMERR）所属的 Quake Loss Assessment for Response and Mitigation 的简称，该系统为开放系统，用于快速评估地震造成的建筑物破坏和人员伤亡。评估输出结果包括 3 类：一是 1 张表格，包括地震烈度、每种建筑物类型的平均破坏程度、总体的平均破坏程度、死亡人口数量、受伤人数量；二是两种类型的地图，建筑物所在地区的地震烈度和建筑物的期望平均破坏程度；三是地震预警信息，主要是基于死亡和受伤人口数量分级，预警信息可通过 E-mail 自动发送。通常情况下，QLARM 系统会在 30min 内完成快速评估，平均用时 29min。此外，该系统也可以用于情景模拟，为未来可能发生地震灾害备灾和风险区划提供依据（Erdik et al.，2010；周洪建，2015b）。

1.4.8 PDNA系统（灾后需求评估系统）

PDNA（Post-disaster Needs Assessment）系统是由联合国开发计划署牵头组织，联合国各机构参加的灾后早期恢复联合工作组（Cluster Working Group on Early Recovery）与世界银行和欧盟委员会共同合作发展出的一套多主体参与的灾害综合评估系统。灾后需求评估是一种特定的灾害评估工具，它主要收集受灾民众的受灾情况、现有资源情况及各种需求信息，并将信息数据和分析结果提供给外部援助者，以保证对受灾者开展及时有效的救援，并为灾后长期的恢复重建工作提供决策依据。灾后需求评估的主要内容包括：灾害给受灾民众带来的生命、健康、经济和社会等各方面的损失情况；受灾民众拥有的生产、生活资料以及人力资本、社会资本等资源；受灾民众对于紧急人道主义救援的需求，以及对于长期恢复重建的期望和需求等。灾后需求评估是开展灾害救援和灾后重建工作的基础，是保证救援和重建工作决策科学化、民主化的重要工具。各国政府、非政府组织、国际组织和灾害研究者越来越重视在灾害发生后开展各种需求评估调查，并努力发展在不同类型的灾害情境和阶段收集需求信息的评估工具（Government of Nepal，2015；赵延东等，2013）。

1.4.9 ECLAC系统

ECLAC系统是由联合国拉丁美洲和加勒比海经济委员会于2003年提出的一套“灾害的社会经济与环境影响评估”（estimating the socio-economic and environment effects of disasters）的方法，该方法的创新理念在于将自然灾害损失评估与国家（或区域）长期的社会经济发展规划相结合，从而将灾害风险管理与国家的宏观经济决策有机地结合在一起，同时有效地减轻贫困。ECLAC系统涵盖了水文-气象灾害对社会经济影响的各个方面，包括人口、住房与人居环境、教育文化、公共卫生、基础设施（包括能源、供水、交通通信）、各类经济活动（包括农业、工商业、旅游业等）等。具体评估水文-气象灾害对各种社会经济活动的影响时，ECLAC系统从4个方面进行评估：直接破坏、间接损失、宏观经济影响（GDP、总体投资、支付平衡、公共财政、物价和通货膨胀、雇佣与就业情况）和灾害损失的评估标准（ECLAC，2003；周洪建，2015b）。

1.4.10 DaLA系统

DaLA（the Damage Loss and Needs Assessment）系统（破坏、损失、需求评估系统）是在联合国拉丁美洲及加勒比经济委员会开发的灾害评估方法的基础上改进的，其评估指南由世界银行全球减灾和灾后恢复机制（Global Facility for Disaster Reduction and Recovery，GFDRR）委托起草，于2011年由国际复兴开发银行和世界银行联合发布。灾后破坏和损失的评估能便捷地确定灾后需求，包括经济恢复计划和重建项目设计。之后，还可用于监测经济恢复和重建项目的进展。破坏和损失评估的结果有两个独特的潜在用途：短期内，确定政府对灾害直接后果的干预，也就是减少人们所受的痛苦并启动经济恢复；从中长期来看，评估可用于确定全面恢复重建所必需的财政需求。除了能揭示灾害造成影响的数量，破坏和损失评估还为确定灾害对大部分地理地区和经济行业造成的后果和影响，以及整体经济的运行表现提供信息。评估结果随后可用于估算恢复重建活动所必需的资金来源要求或需求，利用损失的价值及其空间、时间及行业间分布来估算经济恢复的需求，利用破坏的价值和地域及行业间的分布来估算重建的需求。DaLA 系统主要考虑对两类由灾害造成的社会经济影响进行估值，即受灾地区有形资产（全部或部分）被毁、灾后经济流的变化或改变（Worldbank，2010；周洪建，2015b）。

综上，当前国际上主要的灾害损失系统设计理念、评估内容各不相同：有的灾害损失评估系统主要开展灾害对人、建筑物、基础设施、生命线等实物量的破坏评估，如美国 PAGER 系统、俄罗斯 EXTREMUM 系统、QLARM 系统；有的灾害损失评估系统以破坏评估和直接经济损失为主，如土耳其 ELER 系统；有的灾害损失评估系统在破坏、直接经济损失评估的基础上开展间接损失评估，如澳大利亚 EMA-DLA 系统、ECLAC 系统、PDNA 系统；有的灾害损失评估系统在破坏、经济损失评估的基础上还开展灾害救助需求评估，如美国 HAZUS-MH 系统、日本 Phenixs DMS 系统，或者恢复重建需求评估，包括毁损实物量的重建需求评估和经济损失的恢复需求评估，如 DaLA 系统、PDNA 系统。

1.5 中国灾害评估系统

1.5.1 基本情况

中国国家层面各涉灾行业部门积极开展灾害评估工作（表 1-4），总体来讲，涉及灾害评估的部门可分为 3 类：①致灾因子管理部门，如国土资源、水利、气象、地震、海洋等部门；②基础信息管理部门，如测绘与地理信息、统计等部门；③受灾对象管理部门，如民政、农业、林业、住房和城乡建设等部门（周洪建，2017）。

尽管中国参与灾害综合评估和应对的部门较多，但目前仍存在 3 个方面主要问题：①评估灾种单一，部分部门不具备评估业务。目前我国的灾害应对还未脱离分部门分灾种的分隔管理方式，地震部门、气象部门等致灾管理部门只对职责范围内的灾种进行评估研究，而统计部门等基础信息管理部门仅对相关统计数据进行管理，并无灾害评估业务。②评估要素单一，无法为灾害综合应对提供全过程支持。严格地说，自然灾害评估应该对自然灾害系统中所有因子或要素进行评估，然而在短期内，这一目标尚难以达到，各个部门仅针对灾害系统的某几个与自身职责密切相关的要素进行评估，一定程度上影响了部门间评估业务的协作和交流。③评估范围相对局限，目前各部门的灾害评估和应对仅覆盖中国大陆地区和少数周边区域，支撑“一带一路”沿线国家和地区乃至全球范围内的灾害评估能力不足。

表 1-4 中国相关涉灾部门评估业务开展情况

序号	名称	业务方面	数据方面
1	民政	构建了中短期灾害风险评估、灾害损失快速评估、特别重大自然灾害损失综合评估、灾害救助需求能力与绩效评估等业务系统，逐步形成了针对多灾种灾前、灾中、灾后评估能力	积累了 1978 年以来分省份多灾种灾情数据库，全国孕灾环境、致灾因子、承灾体数据库；并建立了典型地区主要灾害类型农作物、房屋、经济等脆弱性曲线等核心参数

续表

序号	名称	业务方面	数据方面
2	国土资源	具备地质灾害监测预警能力，每年汛期与气象部门合作，开展国家级地质灾害气象预警工作，及时发布预警信息；在地质灾害易发区开展工程建设前地质灾害危险性评估	通过开展全国土地调查和地质灾害调查，获取土地利用现状矢量和栅格数据，地质灾害调查监测数据，公开出版发布《全国典型县（市）地质灾害易发程度分区图集》等成果数据
3	水利	具备水旱灾害监测预警能力，发生洪涝、干旱灾情时，各级防汛主管部门分级组织洪涝、干旱灾情填报工作，并上报国家防办备案	开展水利普查，获取了包括河流湖泊基本情况、水利工程基本情况、经济社会用水情况、河流湖泊治理保护情况、水土保持情况、水利行业能力建设情况六大方面的数据；建立了《水旱灾害统计报表制度》，各省、自治区、直辖市防汛抗旱指挥部和新疆生产建设兵团防汛抗旱指挥部，各流域防汛抗旱总指挥部和各流域管理机构在水旱灾害发生后统计灾害基本情况、农林牧渔业、工业信息交通运输业、水利设施等方面的损失，死亡人员基本情况、城市受淹情况，受旱面积、受旱程度对城乡居民生活、工农业生产造成的影响，以及抗洪抢险和减灾效益、抗旱情况、抗旱效益等综合情况
4	气象	气象实况、预报、预警等信息的制作和汇总，其中气象灾害风险预警服务实现了从灾害性天气预报向气象灾害风险管理的延伸	通过部门间数据共享系统，向各相关单位提供气象观测数据与产品，包括温度、降水、风向、风力、相对湿度等气象要素
5	地震	建成覆盖我国大陆与海域的地震综合观测系统；强化地震风险管理能力建设，通过开展现场调查进行烈度评定工作	通过中国地震台网实时监测，采集地震科学相关数据，涵盖地震基本情况、烈度分布、灾害损失等，新灾害发生时，第一时间向各有关部门提供自动速报信息
6	海洋	海洋环境观测预警，指导开展海洋灾情调查、统计和评估工作，并制作和发布相关海洋灾情分析产品	开展海洋灾害调查，获取了主要海洋环境灾害、海岸带地质灾害、海洋生态灾害三方面的数据
7	测绘与地理信息	—	开展地理国情普查，获取道路、水体、地形地貌等数据，拥有全国 1∶25 万、1∶5 万基础数据库；国家基础影像数据库；全国 1∶25 万、1∶5 万行政区划单元数据等基础数据库
8	统计	—	比较完整的人口普查数据、经济普查数据和农业普查数据等
9	林业	初步建立森林防火预警机制，完善了沙尘暴灾害预警、监测、评估、指挥系统	全国森林资源清查数据
10	住房和城乡建设	灾区受损建筑进行危房鉴定评估	农村居民住房抽样调查数据和危房改造数据

资料来源：周洪建，2017a

1.5.2 与国际知名评估系统的差距分析

与国际知名评估系统相比，中国灾害评估系统在以下方面仍存在着较大差距。

1.5.2.1 灾害评估事项与内容方面

国际知名的灾害评估系统的评估事项与种类丰富，涵盖风险、损失和救助需求评估等多方面。①风险评估方面，多灾种、多尺度开展致灾因子危险性评估、承灾体脆弱性评估和综合风险评估。例如，美国 HAZUS-MH 系统利用 GIS 技术，结合国家数据库及国家标准，基于现有的历史损失记录，计算灾害发生的可能性和频率，基于不同承灾体类型的脆弱性曲线，设置不同的灾害和资产函数模拟确定潜在破坏和损失，评估洪水、飓风灾害风险（FEMA，2008）。②损失评估方面，多种手段开展灾害快速评估、高效判断灾害损失情势，基于灾后损失综合评估开展灾区恢复重建。例如，美国 HAZUS-MH 系统主要评估灾害对建筑、基础设施等造成的破坏（FEMA，2008），而美国 PAGER 系统重点评估可能造成的死亡人口数量和经济损失（PAGER，2010）。另外，间接损失的评估也纳入某些评估系统的业务范围，如澳大利亚 EMA-DLA 系统的评估结果中涵盖了间接损失指标，如交通中断、企业停产等（EMA，2002）。③救助需求评估方面，日本 Phoenix DMS 系统进行供应需求评估分析，有效分配救灾人员和资源到各灾区（Hyogo，2004）。

1.5.2.2 灾害评估时效性方面

目前，国际知名的灾害评估系统均可在第一时间对新发灾害进行快速评估，给出评估结果，时效性较强。例如，美国 PAGER 系统一般会在地震发生后的 30min 内发布初步评估结果，通过移动电话和 E-mail 等方式及时发送警报信息，包括最新确定的地震位置、强度和深度，灾害的初步影响估计等信息（PAGER，2010）。美国 HAZUS-MH 系统可在地震、洪水和飓风等灾害发生后进行现时评估，即快速评估（FEMA，2008）。日本 Phoenix DMS 系统可进行全天 24 h 监测运行，并能够快捷准确地响应包括地震在内的各种灾害，收集和发布环境信息，给出灾害破坏信息，并进行灾害评估（Hyogo，2004）。

1.5.2.3 灾害评估结果展示方面

部分评估系统通过新颖的专题图、表格展示方式，加强了评估结果的直观性和可读性。例如，美国 PAGER 系统对于不同级别的预警用不同的颜色表示：绿色表示死亡 0 人，经济损失小于 100 万美元，无需应急响应；黄色表示死亡 1～99 人，经济损失介于 100 万～10000 万美元，地方应急响应；橙色表示死亡 100～999 人，经济损失介于 1 亿～10 亿美元，国家应急响应；红色即死亡人口大于 1000 人，经济损失大于 10 亿美元（PAGER，2010）。俄罗斯 EXTREMUM 系统评估结果（专题地图）中，用点状符号表达地震造成的人口和建筑物损失情况，点的大小代表受灾人口的数量，不同的颜色代表建筑的破坏类型（黑色表示倒塌，褐色表示部分倒塌，红色表示严重破坏，黄色表示中等破坏，绿色表示轻微破坏，蓝色表示无破坏）（Frolova，2009）。

1.5.2.4 数据库方面

完备的数据库是开展灾害风险、损失与需求评估的基础。美国 HAZUS-MH 系统数据库包括人口、基础设施、生命线设施和公共事业数据和特定灾种需求数据，可满足国家、地方及专家不同对象的评估需要（FEMA，2008）；日本 Phoenix DMS 系统包括致灾因子数据库、承灾体数据库和环境数据库（Hyogo，2004）；澳大利亚 EMA-DLA 系统包括致灾因子数据库和承灾体数据库（EMA，2002）；DaLA 系统包括一般信息数据库和具体行业信息数据库，其中后者包括生产部门、社会行业、基础设施部门、跨部门、宏观经济、个人或家庭收入等数据库（World Bank，2010）。

与国外相比，中国自然灾害风险与损失评估体系建设存在的主要问题体现在：①风险评估方面，重致灾因子危险性评估、轻承灾体脆弱性评估、综合风险评估开展较少，全国性的综合风险调查评估尚未开展，社区风险评估覆盖率低。②损失评估方面，重灾后评估，轻灾前预警评估、灾中应急评估；特别重大自然灾害损失综合评估正处于起步阶段，中央层面初步研发了应用多方法、多手段开展综合评估的技术方法（史培军和袁艺，2014），而地方主要以统计报送、现场调查为主开展综合评估，技术支撑能力偏低。③防灾减灾救灾需求、能力和效果评估方面，对其重要性认识不够，部分专项评估处在探索阶段。因此，中国要借鉴国际先进经验，进一步强化灾害风险与损失评估在国家灾害风险管理与应急管理中的重要地位（周洪建，2017）。

1.6　本书的重点内容

本书以巨灾风险形成机制与损失评估方法研究为核心内容，并辅以近年来典型重大自然灾害案例进行详细说明，既是落实《防灾减灾救灾体制机制改革意见》的重要举措，也紧扣国际研究热点和难点，与《仙台框架》提出的未来 15 年的四大优先行动领域高度契合。

本书内容主要分为 5 章（图 1-10）。第 1 章为绪论，重点对全球知名灾害风险与损失评估系统开展系统性的资料收集与整理分析，并从中挑选出 10 个灾害风险评估（信息）平台和 10 个灾害损失评估系统，对其进行较为详细地阐述，总结其特点并提出了可能的相关启示；在此基础上，总结了中国目前以灾害主管部门为主线的灾害评估系统建设情况，并从多个方面进行了国内外评估系统的对比分析。本章内容旨在为读者提供一个较为系统的国际背景和前沿进展，同时通过对比国内外情况，使读者了解中国灾害评估系统研究与建设的基本情况。

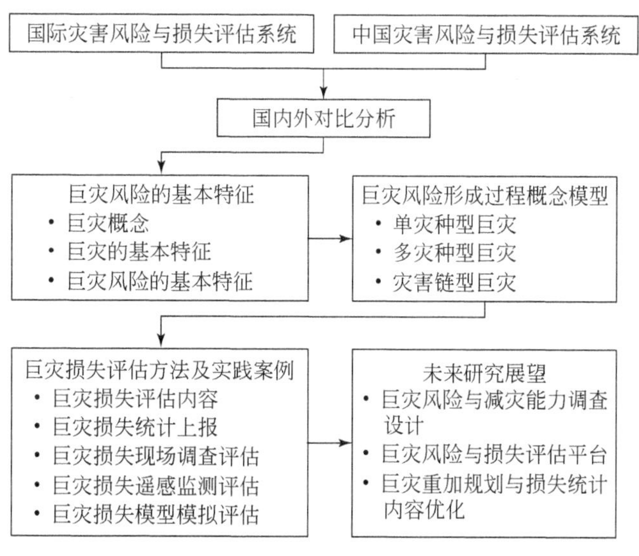

图 1-10　本书的内容框架

第 2 章重点对巨灾风险的基本特征进行分析。首先从中国现有的法律法规和预案体系、国内外学术研究两个方面阐述“巨灾”（“特别重大自然灾害”）的相关提法；其次，系统收集整理 1981 年以来国内外关于巨灾定义和标准的研究成果，通过区分突发性巨灾、渐发性巨灾类型，在 1990～2016 年全球巨灾案例数据的基础上，给出了巨灾定义的界定和相关定量指标与标准。通过分析巨灾的基本特征，本书从风险构成视角总结提炼了巨灾风险的基本特征。

第 3 章重点阐述巨灾风险形成过程概念模型。从区域灾害系统理论出发，较为详细地阐述了灾害链、多灾种、灾害机制等最新研究进展。通过引入 1998 年长江流域特大洪涝灾害、2008 年南方特大低温雨雪冰冻灾害案例，在分析灾害基本特点、形成过程的基础上，提出了单灾种型巨灾风险形成的概念模型。通过分析长江三角洲多灾种群发、西南地区多灾种群聚基本特点与形成过程，提出了多灾种型巨灾风险形成的概念模型。通过分析 2008 年汶川 8.0 级特大地震灾害、2011 年日本 9.0 级特大地震灾害案例，在基本特点与形成过程梳理的基础上，提出了灾害链型巨灾风险形成的概念模型。总体上形成了由单灾种型巨灾、多灾种型巨灾和灾害链型巨灾构成的巨灾风险形成机制。

第 4 章重点阐述巨灾损失评估方法及典型案例实践。首先列举 2008 年汶川地震以来中国历次巨灾损失评估实践，总结了其中体现出来的巨灾损失评估内容及其主要变化。之后，重点对巨灾损失统计上报、巨灾损失现场调查评估、巨灾损失遥感监测评估 3 种主要的巨灾损失评估方法进行了详细阐述，并辅以典型案例的分析，旨在让读者更为全面了解巨灾损失评估方法及其业务应用，也为该领域众多专家学者完善巨灾损失综合评估技术方法提供一个讨论的素材。

第 5 章是未来的研究展望。重点从灾害风险与减灾能力调查设计、巨灾风险与损失评估平台建设、巨灾重建规划与损失统计内容优化 3 个方面展开讨论，通过已有的业务实践探讨、国际减灾风险平台热点讨论、国际上广泛使用的灾后需求评估体系的对比分析等提出了未来研究展望。附录部分总结了全球 1949～2016 年全球发生的重特大自然灾害案例及其主要损失与救灾情况。

第2章　巨灾风险的基本特征

2.1　巨灾概念的提出

"巨灾"（catastrophe）一词在中国目前的相关法律法规中尚不多见，主要以"特别重大自然灾害"居多，多属于自然灾害等级的范畴，用于刻画某一自然灾害的损失程度。本章从现行的相关法律法规及预案体系、学术研究成果两个方面分析巨灾概念提出的相关背景。

2.1.1　法律法规与预案体系中的"特别重大自然灾害"

2.1.1.1　《中华人民共和国突发事件应对法》

《中华人民共和国突发事件应对法》（2007年11月1日起施行）第三条规定：本法所称突发事件，是指突然发生，造成或者可能造成严重社会危害，需要采取应急处置措施予以应对的自然灾害、事故灾难、公共卫生事件和社会安全事件。按照社会危害程度、影响范围等因素，自然灾害、事故灾难、公共卫生事件分为特别重大、重大、较大和一般四级。法律、行政法规或者国务院另有规定的，从其规定。

第八条规定：国务院在总理领导下研究、决定和部署特别重大突发事件的应对工作；根据实际需要，设立国家突发事件应急指挥机构，负责突发事件应对工作；必要时，国务院可以派出工作组指导有关工作。

2.1.1.2　《中华人民共和国防震减灾法》

《中华人民共和国防震减灾法》（2009年5月1日起施行）第四十九条规定：按照社会危害程度、影响范围等因素，地震灾害分为一般、较大、重大和特别重大四级。具体分级标准按照国务院规定执行。一般或者较大地震灾害发生后，地震发生地的市、县人民政府负责组织有关部门启动地震应急预案；重大地震灾害发生后，地震发生地的省、自治区、直辖市人民政府负责组织有关部门启动地震应急预案；特别重大地震灾害发生后，国务院负责组织有关部门启动地震应急预案。

第五十一条规定：特别重大地震灾害发生后，国务院抗震救灾指挥机构在地震灾区成立现场指挥机构，并根据需要设立相应的工作组，统一组织领导、指挥和协调抗震救灾工作。各级人民政府及有关部门和单位、中国人民解放军、中国人民武装警察部队和民兵组织，应当按照统一部署，分工负责，密切配合，共同做好地震应急救援工作。

第六十六条规定：特别重大地震灾害发生后，国务院经济综合宏观调控部门会同国务院有关部门与地震灾区的省、自治区、直辖市人民政府共同组织编制地震灾后恢复重建规划，报国务院批准后组织实施；重大、较大、一般地震灾害发生后，由地震灾区的省、自治区、直辖市人民政府根据实际需要组织编制地震灾后恢复重建规划。地震灾害损失调查评估获得的地质、勘察、测绘、土地、气象、水文、环境等基础资料和经国务院地震工作主管部门复核的地震动参数区划图，应当作为编制地震灾后恢复重建规划的依据。编制地震灾后恢复重建规划，应当征求有关部门、单位、专家和公众特别是地震灾区受灾群众的意见；重大事项应当组织有关专家进行专题论证。

2.1.1.3 《自然灾害救助条例》

《自然灾害救助条例》（2010 年 9 月 1 日起施行）第十六条规定：自然灾害造成特别重大或者重大人员伤亡、财产损失的，受灾地区县级人民政府民政部门应当按照有关法律、行政法规和国务院应急预案规定的程序及时报告，必要时可以直接报告国务院。

2.1.1.4 《森林防火条例》

《森林防火条例》（2009 年 1 月 1 日起施行）第十六条规定：国务院林业主管部门应当按照有关规定编制国家重大、特别重大森林火灾应急预案，报国务院批准。

第三十三条规定：发生森林火灾，县级以上地方人民政府森林防火指挥机构应当按照规定立即启动森林火灾应急预案；发生重大、特别重大森林火灾，国家森林防火指挥机构应当立即启动重大、特别重大森林火灾应急预案。

第四十条规定：按照受害森林面积和伤亡人数，森林火灾分为一般森林火灾、较大森林火灾、重大森林火灾和特别重大森林火灾；特别重大森林火灾是指受害森林面积在 1000 公顷以上的，或者死亡 30 人以上的，或者重伤 100 人以上的。本条所称“以上”包括本数，“以下”不包括本数。

第四十三条规定：森林火灾信息由县级以上人民政府森林防火指挥机构或者林业主管部门向社会发布。重大、特别重大森林火灾信息由国务院林业主管部门发布。

2.1.1.5 《草原防火条例》

《草原防火条例》（2009 年 1 月 1 日起施行）第十六条规定：草原火灾应急预案应当主要包括下列内容：（一）草原火灾应急组织机构及其职责；（二）草原火灾预警与预防机制；（三）草原火灾报告程序；（四）不同等级草原火灾的应急处置措施；（五）扑救草原火灾所需物资、资金和队伍的应急保障；（六）人员财产撤离、医疗救治、疾病控制等应急方案。草原火灾根据受害草原面积、伤亡人数、受灾牲畜数量以及对城乡居民点、重要设施、名胜古迹、自然保护区的威胁程度等，分为特别重大、重大、较大、一般四个等级。具体划分标准由国务院草原行政主管部门制定。

第二十八条规定：县级以上地方人民政府应当根据草原火灾发生情况确定火灾等级，并及时启动草原火灾应急预案。特别重大、重大草原火灾以及境外草原火灾威胁到我国草原安全的，国务院草原行政主管部门应当及时启动草原火灾应急预案。

第三十三条规定：发生特别重大、重大草原火灾的，国务院草原行政主管部门应当立即派员赶赴火灾现场，组织、协调、督导火灾扑救，并做好跨省、自治区、直辖市草原防火物资的调用工作。

第三十四条规定：国家实行草原火灾信息统一发布制度。特别重大、重大草原火灾以及威胁到我国草原安全的境外草原火灾信息，由国务院草原行政主管部门发布；其他草原火灾信息，由省、自治区、直辖市人民政府草原防火主管部门发布。

2.1.1.6 《国家突发公共事件总体应急预案》

《国家突发公共事件总体应急预案》（2006 年 1 月 8 日起施行）“总则”中“分类分级”部分明确：本预案所称突发公共事件是指突然发生，造成或者可能造成重大人员伤亡、财产损失、生态环境破坏和严重社会危害，危及公共安全的紧急事件。根据突发公共事件的发生过程、性质和机理，突发公共事件主要分为以下四类：①自然灾害。主要包括水旱灾害，气象灾害，地震灾害，地质灾害，海洋灾害，生物灾害和森林草原火灾等。②事故灾难。主要包括工矿商贸等企业的各类安全事故，交通运输事故，公共设施和设备事故，环境污染和生态破坏事件等。③公共卫生事件。主要包括传染病疫情，群体性不明原因疾病，食品安全和职业危害，动物疫情，以及其他严重影响公众健康和生命安全的事件。④社会安全事件。主要包括恐怖袭击事件，经济安全事件和涉外突发事件等。各类突发公共事件按照其性质、严重程度、可控性和影响范围等因素，一般分为四级：Ⅰ级（特别重大）、Ⅱ级（重大）、Ⅲ级（较大）和Ⅳ级（一般）。

“适用范围”部分明确提出：本预案适用于涉及跨省级行政区划的，或超出事发地省级人民政府处置能力的特别重大突发公共事件应对工作。本预案指导全国的突发公共事件应对工作。

“运行机制”中“恢复与重建”部分的“调查与评估”明确提出：要对特别重大突发公共事件的起因、性质、影响、责任、经验教训和恢复重建等问题进行调查评估。

2.1.1.7 《国家自然灾害救助应急预案》

《国家自然灾害救助应急预案》（2016 年 3 月 10 日修订施行）中“国家应急响应”部分明确：根据自然灾害的危害程度等因素，国家自然灾害救助应急响应分为Ⅰ、Ⅱ、Ⅲ、Ⅳ四级。

Ⅰ级响应的启动条件为：某一省（自治区、直辖市）行政区域内发生特别重大自然灾害，一次灾害过程出现下列情况之一的，启动Ⅰ级响应：①死亡 200 人以上（含本数，下同）；②紧急转移安置或需紧急生活救助 200 万人以上；③倒塌和严重损坏房屋 30 万间或 10 万户以上；④干旱灾害造成缺粮或缺水等生活困难，需政府救助人数占该省（自治区、直辖市）农牧业人口 30%以上或 400 万人以上。

启动程序为：灾害发生后，国家减灾委员会办公室经分析评估，认定灾情达到启动标准，向国家减灾委员会提出启动Ⅰ级响应的建议；国家减灾委员会决定启动Ⅰ级响应。

响应措施为：国家减灾委员会主任统一组织、领导、协调国家层面自然灾害救助工作，指导支持受灾省（自治区、直辖市）自然灾害救助工作。国家减灾委员会及其成员单位视情采取以下措施：①召开国家减灾委会商会，国家减灾委员会各成员单位、专家委员会及有关受灾省（自治区、直辖市）参加，对指导支持灾区减灾救灾重大事项作出决定。②国家减灾委员会负责人率有关部门赴灾区指导自然灾害救助工作，或派出工作组赴灾区指导自然灾害救助工作。③国家减灾委员会办公室及时掌握灾情和救灾工作动态信息，组织灾情会商，按照有关规定统一发布灾情，及时发布灾区需求。国家减灾委员会有关成员单位做好灾情、灾区需求及救灾工作动态等信息共享，每日向国家减灾委办公室通报有关情况。必要时，国家减灾委专家委员会组织专家进行实时灾情、灾情发展趋势以及灾区需求评估。……⑩灾情稳定后，根据国务院关于灾害评估工作的有关部署，民政部、受灾省（自治区、直辖市）人民政府、国务院有关部门组织开展灾害损失综合评估工作。国家减灾委员会办公室按有关规定统一发布自然灾害损失情况。⑪国家减灾委员会其他成员单位按照职责分工，做好有关工作。

2.1.1.8 《国家地震应急预案》

《国家地震应急预案》（国务院办公厅 2012 年 8 月 28 日修订施行）中“响应机制”部分明确：地震灾害分为特别重大、重大、较大、一般四级，其中，特别重大地震灾害是指造成 300 人以上死亡（含失踪），或者直接经济损失占地震发生地省（自治区、直辖市）上年国内生产总值 1%以上的地震灾害。当人口较密集地区发生 7.0 级以上地震，人口密集地区发生 6.0 级以上地震，初判为特别重大地震灾害。

“分级响应”中明确：根据地震灾害分级情况，将地震灾害应急响应分为Ⅰ级、Ⅱ级、Ⅲ级和Ⅳ级。①应对特别重大地震灾害，启动Ⅰ级响应。由灾区所在省级抗震救灾指挥部领导灾区地震应急工作；国务院抗震救灾指挥机构负责统一领导、指挥和协调全国抗震救灾工作。……中国地震局等国家有关部门和单位根据灾区需求，协助做好抗震救灾工作。地震发生在边疆地区、少数民族聚居地区和其他特殊地区，可根据需要适当提高响应级别。地震应急响应启动后，可视灾情及其发展情况对响应级别及时进行相应调整，避免响应不足或响应过度。

恢复重建规划部分明确：特别重大地震灾害发生后，按照国务院决策部署，国务院有关部门和灾区省级人民政府组织编制灾后恢复重建规划；重大、较大、一般地震灾害发生后，灾区省级人民政府根据实际工作需要组织编制地震灾后恢复重建规划。

2.1.1.9 《国家防汛抗旱应急预案》

《国家防汛抗旱应急预案》（国务院 2006 年 1 年 11 日颁布）中“应急响应”部分明确：按洪涝、旱灾的严重程度和范围，将应急响应行动分为四级。

出现下列情况之一者，为Ⅰ级响应：①某个流域发生特大洪水；②多个流域同时发生大洪水；③大江大河干流重要河段堤防发生决口；④重点大型水库发生垮坝；⑤多个省（自治区、直辖市）发生特大干旱；⑥多座大型以上城市发生极度干旱。其中，特大洪水是指洪峰流量或洪量的重现期大于 50 年一遇的洪水；大洪水是指洪峰流量或洪量的重现期 20～50 年一遇的洪水；特大干旱是指受旱区域作物受旱面积占播种面积的比例在 80%以上；以及因旱造成农（牧）区临时性饮水困难人口占所在地区人口比例高于 60%；城市极度干旱是指因旱城市供水量低于正常日用水量的 30%，出现极为严重的缺水局面或发电供水危机，城市生活、生产用水受到极大影响。

Ⅰ级响应行动为：①国家防总总指挥主持会商，防总成员参加。视情启动国务院批准的防御特大洪水方案，作出防汛抗旱应急工作部署，加强工作指导，并将情况上报党中央、国务院。国家防总密切监视汛情、旱情和工情的发展变化，做好汛情、旱情预测预报，做好重点工程调度，并在24小时内派专家组赴一线加强技术指导。国家防总增加值班人员，加强值班，每天在中央电视台发布《汛（旱）情通报》，报道汛（旱）情及抗洪抢险、抗旱措施。……国家防总其他成员单位按照职责分工，做好有关工作。②相关流域防汛指挥机构按照权限调度水利、防洪工程；为国家防总提供调度参谋意见。派出工作组、专家组，支援地方抗洪抢险、抗旱。③相关省、自治区、直辖市的流域防汛指挥机构，省、自治区、直辖市的防汛抗旱指挥机构启动Ⅰ级响应，可依法宣布本地区进入紧急防汛期，按照《中华人民共和国防洪法》的相关规定，行使权力。同时，增加值班人员，加强值班，动员部署防汛抗旱工作；按照权限调度水利、防洪工程；根据预案转移危险地区群众，组织强化巡堤查险和堤防防守，及时控制险情，或组织强化抗旱工作。受灾地区的各级防汛抗旱指挥机构负责人、成员单位负责人，应按照职责到分管的区域组织指挥防汛抗旱工作，或驻点具体帮助重灾区做好防汛抗旱工作。各省、自治区、直辖市的防汛抗旱指挥机构应将工作情况上报当地人民政府和国家防总。相关省、自治区、直辖市的防汛抗旱指挥机构成员单位全力配合做好防汛抗旱和抗灾救灾工作。

2.1.1.10 《国家突发地质灾害应急预案》

《国家突发地质灾害应急预案》（国务院2006年1年13日颁布）中“组织体系和职责”部分明确：出现超出事发地省级人民政府处置能力，需要由国务院负责处置的特大型地质灾害时，根据国务院国土资源行政主管部门的建议，国务院可以成立临时性的地质灾害应急防治总指挥部，负责特大型地质灾害应急防治工作的指挥和部署。

“地质灾害险情和灾情分级”部分明确：地质灾害按危害程度和规模大小分为特大型、大型、中型、小型地质灾害险情和地质灾害灾情四级。其中，大型地质灾害险情和灾情（Ⅰ级）为受灾害威胁，需搬迁转移人数在1000人以上或潜在可能造成的经济损失1亿元以上的地质灾害险情为特大型地质灾害险情;因灾死亡30人以上或因灾造成直接经济损失1000万元以上的地质灾害灾情为特大型地质灾害灾情。

“应急响应”部分明确：地质灾害应急工作遵循分级响应程序，根据地质灾害的等级确定相应级别的应急机构。特大型地质灾害险情和灾情应急响应（Ⅰ级），出现特大型地质灾害险情和特大型地质灾害灾情的县（市）、市（地、州）、省（自治区、直辖市）人民政府立即启动相关的应急防治预案和应急指挥系统，部署本行政区域内的地质灾害应急防治与救灾工作。

2.1.1.11 《国家森林火灾应急预案》

《国家森林火灾应急预案》（国务院2012年12年25日颁布）中“灾害分级”部分明确：按照受害森林面积和伤亡人数，森林火灾分为一般森林火灾、较大森林火灾、重大森林火灾和特别重大森林火灾，其中，特别重大森林火灾是指受害森林面积在1000公顷以上的，或者死亡30人以上的，或者重伤100人以上的。

“应急响应”中“分级响应”部分明确：根据森林火灾发展态势，按照分级响应的原则，及时调整扑火组织指挥机构和力量。火灾发生后，基层森林防火指挥机构第一时间采取措施，做到打早、打小、打了。初判发生一般森林火灾和较大森林火灾，由县级森林防火指挥机构负责指挥；初判发生重大、特别重大森林火灾，分别由市级、省级森林防火指挥机构负责指挥；必要时，可对指挥层级进行调整。

“应急响应”中“国家层面应对工作”部分明确：森林火灾发生后，根据火灾严重程度、火场发展态势和当地扑救情况，国家层面应对工作设定Ⅳ级、Ⅲ级、Ⅱ级、Ⅰ级四个响应等级。

Ⅰ级响应启动条件应满足下述条件之一，国家森林防火指挥部向国务院提出启动Ⅰ级响应的建议，国务院决定启动Ⅰ级响应；必要时，国务院直接决定启动Ⅰ级响应。①森林火灾已达到特别重大森林火灾，火势持续蔓延，过火面积超过10万公顷；②国土安全和社会稳定受到严重威胁，有关行业遭受重创，经济损失特别巨大；③发生森林火灾的省级人民政府已经没有能力和条件有效控制火场蔓延。

Ⅰ级响应措施，国家森林防火指挥部设立火灾扑救、人员转移、应急保障、宣传报道、社会稳定等工作组，组织实施以下应急措施：①指导火灾发生地省级人民政府或森林防火指挥机构制定森林火灾扑救方案。②协调增调解放军、武警、公安、专业森林消防队及民兵、预备役部队等跨区域参加火灾扑救工作；增调航空消防飞机等扑火装备及物资支援火灾扑救工作。③根据省级森林防火指挥机构或省级人民政府的请求，安排生活救助物资，增派卫生应急队伍加强伤员救治，协调实施跨省（自治区、直辖市）转移受威胁群众。……⑧决定森林火灾扑救其他重大事项。

2.1.1.12 《国家气象灾害应急预案》

《国家气象灾害应急预案》（国务院2010年颁布）在“监测预警”中“预警信息发布”部分明确：气象部门根据对各类气象灾害的发展态势，综合预评估分析确定预警级别；预警级别分为Ⅰ级（特别重大）、Ⅱ级（重大）、Ⅲ级（较大）、Ⅳ级（一般），分别用红、橙、黄、蓝四种颜色标示，Ⅰ级为最高级别，具体标准如下。

1）台风：预计未来48小时将有强台风、超强台风登陆或影响我国沿海。

2）暴雨：过去48小时2个及以上省（自治区、直辖市）大部地区出现特大暴雨天气，预计未来24小时上述地区仍将出现大暴雨天气。

3）暴雪：过去24小时2个及以上省（自治区、直辖市）大部地区出现暴雪天气，预计未来24小时上述地区仍将出现暴雪天气。

4）干旱：5个以上省（自治区、直辖市）大部地区达到气象干旱重旱等级，且至少2个省（自治区、直辖市）部分地区或两个大城市出现气象干旱特旱等级，预计干旱天气或干旱范围进一步发展。

5）各种灾害性天气已对群众生产生活造成特别重大损失和影响，超出本省（自治区、直辖市）处置能力，需要由国务院组织处置的，以及上述灾害已经启动Ⅱ级响应但仍可能持续发展或影响其他地区的。

“恢复与重建”中“制订规划和组织实施”部分明确：发生特别重大灾害，超出事发地人民政府恢复重建能力的，为支持和帮助受灾地区积极开展生产自救、重建家园，国家制订恢复重建规划，出台相关扶持优惠政策，中央财政给予支持；同时，依据支援方经济能力和受援方灾害程度，建立地区之间对口支援机制，为受灾地区提供人力、物力、财力、智力等各种形式的支援；积极鼓励和引导社会各方面力量参与灾后恢复重建工作。

“恢复与重建”中“调查评估”中明确：灾害发生地人民政府或应急指挥机构应当组织有关部门对气象灾害造成的损失及气象灾害的起因、性质、影响等问题进行调查、评估与总结，分析气象灾害应对处置工作经验教训，提出改进措施。灾情核定由各级民政部门会同有关部门开展。灾害结束后，灾害发生地人民政府或应急指挥机构应将调查评估结果与应急工作情况报送上级人民政府。特别重大灾害的调查评估结果与应急工作情况应逐级报至国务院。

2.1.1.13　小结

纵观中国现行的自然灾害相关法律法规、应急预案体系，关于“特别重大自然灾害”概念基本呈现如下 3 个特点。

1）部分现行法律法规中都将灾害进行分级，提出“特别重大自然灾害”的概念，这充分体现了国家对灾害实行“分级管理”的原则。在初步掌握的 15 项自然灾害相关法律、条例中，两项法律、3 项条例明确提出了“特别重大自然灾害”的概念，且各有侧重，部分还详细规定了应对特别重大自然灾害的相关工作机制和多部门协作应对的职责分工等内容；其中，《森林防火条例》明确给出了特别重大森林火灾的定量化指标与标准，便于实际操作。《中华人民共和国防洪法》《中华人民共和国气象法》《中华人民共和国防沙治沙法》《中华人民共和国草原法》《气象灾害防御条例》《破坏性地震应急条例》《地震安全性评价管理条例》《地质灾害防治条例》《中华人民共和国防汛条例》《中华人民共和国抗旱条例》中未提及“特别重大自然灾害”。

2）应急预案根据相关法律法规规定明确提出了“特别重大自然灾害”的判定指标与标准，可操作性强。2006 年《国家突发公共事件总体应急预案》颁布实施以来，先后有 19 项国家专项应急预案（包括 6 项自然灾害类应急预案）、两项国务院部门应急预案（未明确涉及自然灾害）发布实施，《国家自然灾害救助应急预案》《国家地震应急预案》《国家防汛抗旱应急预案》《国家突发地质灾害应急预案》《国家森林火灾应急预案》《国家气象灾害应急预案》6 项自然灾害类应急预案中，均从不同角度明确了“特别重大自然灾害”的量化指标与标准，基本涵盖严重程度、可控性和影响范围等因素，但由于出发点和关注对象不同，指标类型和具体标准有明显差异（表 2-1）。

表 2-1　自然灾害类应急预案中的救灾相关内容

序号	名称	启动条件*	救灾主体	救灾时段与内容
1	《国家自然灾害救助应急预案》	①死亡 200 人以上（含本数，下同）； ②紧急转移安置或需紧急生活救助 200 万人以上； ③倒塌和严重损坏房屋 30 万间或 10 万户以上； ④干旱灾害造成缺粮或缺水等生活困难，需政府救助人数占该省（自治区、直辖市）农牧业人口 30%以上或 400 万人以上	①政府主导、社会互助、灾民自救； ②充分发挥基层群众自治组织和公益性社会组织的作用； ③分级负责、属地管理	①应急准备：资金、物资、设备设施、人力资源等； ②预警响应：避险转移 ③应急响应：生活补助资金、生活救助、医疗救助、心理援助、转移安置； ④灾后：过渡性生活救助、冬春救助、倒损住房恢复重建

续表

序号	名称	启动条件*	救灾主体	救灾时段与内容
2	《国家防汛抗旱应急预案》	①某个流域发生洪峰流量或洪量的重现期大于50年一遇的洪水； ②多个流域同时发生洪峰流量或洪量的重现期20～50年一遇的洪水； ③大江大河干流重要河段堤防发生决口； ④重点大型水库发生垮坝； ⑤多个省（自治区、直辖市）发生特大干旱[作物受旱面积占播种面积的比例在80%以上以及因旱造成农（牧）区临时性饮水困难人口占总人口比例高于60%]； ⑥多座大型以上城市发生极度干旱（因旱城市供水量低于正常日用水量的30%）	①行政首长负责制，分级分部门负责 ②公众参与，军民结合	①应急响应：生活救助、医疗救助、转移安置； ②灾后重建+
3	《国家地震应急预案》	①300人以上死亡（含失踪）； ②直接经济损失占地震发生地省（自治区、直辖市）上年国内生产总值1%以上； ③人口较密集地区发生7.0级以上地震； ④人口密集地区发生6.0级以上地震	统一领导、军地联动，分级负责、属地为主	①应急响应：安置受灾群众、医疗救助、心理援助； ②恢复重建+
4	《国家突发地质灾害应急预案》	①需搬迁转移人数在1000人以上； ②潜在可能造成的经济损失1亿元以上； ③因灾死亡30人以上； ④因灾造成直接经济损失1000万元以上	分级管理，属地为主	应急响应：避灾疏散
5	《国家森林火灾应急预案》	①森林火灾已达到特别重大森林火灾，火势持续蔓延，过火面积超过$10\times10^4hm^2$，或者死亡30人以上的，或者重伤100人以上的； ②国土安全和社会稳定受到严重威胁，有关行业遭受重创，经济损失特别巨大； ③发生森林火灾的省级人民政府已经没有能力和条件有效控制火场蔓延	统一领导、军地联动，分级负责、属地为主	应急响应：安置受灾群众、医疗救助
6	《国家气象灾害应急预案》	依照各部门启动响应条件	①分级管理、属地管理 ②社会力量捐赠	①应急响应：转移安置受灾群众、医疗救助； ②恢复重建：灾害保险

*启动条件是指预案中规定的最高响应级别的启动条件，出现所列情况之一即可启动响应

+未对内容进行详细规定

3）应急预案中明确提出了“特别重大自然灾害”的响应措施，利于灾害的全过程应对。①从特别重大自然灾害救助主体来看，目前各项预案主要规定政府实施灾害救助的责任，尤其是不同层级政府在灾害救助中的指责划分。例如，《国家地震应急预案》和《国家森林火灾应急预案》都将救助主体界定为“统一领导、军地联动，分级负责、属地为主”，《国家突发地质灾害应急预案》将救助主体界定为“分级管理、属地为主”；其余3项预案在明确政府救助责任的基础上，提及鼓励公众参与灾害救助，《国家自然灾害救助应急预案》中明确提出发生特别重大自然灾害，民政部指导社会组织、志愿者等社会力量参与灾害救助

工作。②从灾害救助时段来看，目前各项预案中除《国家自然灾害救助应急预案》规定了救助时段分为应急准备、应急响应、灾后救助 3 个灾害时段外，其余 5 项预案要么仅规定某一个时段，要么规定了两个时段，但未对具体救助内容做出明确说明。③从灾害救助内容来看，灾中应急救助是 6 项应急预案的核心内容，各项预案中均对应急阶段的救助内容给出了较为详细的规定，具有较强的操作性，有利于灾中受灾群众生活需求的满足。对于灾后救助，尤其是灾后恢复重建，《国家突发地质灾害应急预案》《国家森林火灾应急预案》中未提及此救助阶段；《国家防汛抗旱应急预案》《国家地震应急预案》虽提到灾后救助，但并未对救助的主要内容进行说明；《国家气象灾害应急预案》在灾后救助中重点提及灾害保险，突出了灾害保险在灾后救助中的作用；《国家自然灾害救助应急预案》的救助内容相对全面。

2.1.2　学术研究中的“巨灾”

学术界一直关注着自然灾害的分级问题，也提出“巨灾”“特别重大自然灾害”等概念，但至今，尚未形成统一的概念，原因是各自划分标准不一，所用指标不同。

“巨灾”来源于法语，是指系统内或系统外的突变，导致系统无法承受不利影响（Roopnarine，2008）；其英文目前也多被翻译为“large-scale disaster”或“catastrophic disaster”。“巨灾”一词在中国最早出现于 1986 年，主要阐述建立巨灾保险基金（蒋恂，1986），随后受到学术界普遍关注，巨灾概念不断涌现（表 2-2）。

表 2-2　“巨灾”定义及划分标准

序号	定义	划分标准	文献
1	以受灾对象的极端不幸、绝对性颠覆或毁灭为标志的重大悲剧式突发性自然灾害	—	Gove，1981
2	由超强度致灾因子导致的严重人员伤亡和财产损失的自然灾害	—	Schwarzl，1991
3	各类灾害级别中最高级别的灾害和接近最高级别的灾害。其特征是：在频度上的低发生率，在成因上的多因强化，在预报上的高度非线性，在相关时空上的大尺度，在对策上的超预案	若发生在人烟稠密和经济较发达地区：①10000 人以上死亡；②100 亿元以上经济损失。 地震巨灾为≥7.7 级	郭增建和秦保燕，1991
4	—	直接灾损率（G）=灾害的直接经济损失/（受灾地区灾害事件发生前一年的社会生产总量×物价指数）；G>0.5	赵阿兴和马宗晋，1993
5	—	考虑死亡人数（x，人）、经济损失（y，亿元）：$x^2+y^2 \geqslant 20000$	于庆东，1993
6	—	考虑重伤和死亡比率（A）、直接经济损失比例（B）二因子。①国家级：$A>8\times10^{-4}$，$B>2\times10^{-3}$；②省（市）级：$A>5\times10^{-3}$，B>1%；③市、县级：A >3%（人口百万级），A>10%（人口十万级），B >20%	汤爱平，1999

续表

序号	定义	划分标准	文献
7	—	考虑死亡人数、重伤人数及经济损失三因子计算灾害指数（G=Id+Ih+Ie），Id=ln$d$−1，Ih=ln$h$−2，Ie=ln$e$−2：G>9 时认为是巨灾。	冯志泽等，1994
8	巨灾是指对整个国计民生产生重大社会和经济影响，需要国务院直接动员和组织进行抗灾救灾的灾害	须达到以下其中两项标准：①死亡 10000 人以上；②直接经济损失（按 1990 年价格计算）大于等于 100 亿元，或损失超过该省前三年的年平均财政收入 100%；③干旱受灾率在 70%以上，或洪涝受灾率在 70%以上；或粮食损失超过该省前三年年平均粮食收成的 36%；④倒塌房屋 30 万间以上，牧区成畜死亡 100 万头以上	马宗晋，1994
9	—	以受灾人口数、死亡人口数、受灾面积数、成灾面积数和直接经济损失值 5 个指标为灾害损失定量评估的绝对指标：①受灾大于 1000 万人，死亡大于 10000 人；②受灾面积大于 666.7×10^4hm^2，成灾面积大于 333.3×10^4hm^2；③直接经济损失（1990 年价格）大于 100 亿元。以受灾人口占总人口的比值、受灾面积占总播种面积的比值和直接经济损失占工农业生产总值的比值 3 个指标为灾害损失的相对指标：④受灾人口比例大于 40%；⑤受灾面积比例大于 40%；⑥直接经济损失占工农业总产值的 20%	刘燕华等，1995
10	—	考虑死亡人数（D，人）、重伤人数（H，人）和直接经济损失（E，万元）： $G=\lg DHE-5\geqslant8.1$	冯利华和骆高远，1996
11	定义同郭增建和秦保燕（1991）。其特征是：发生率低；孕灾过程就是能量积累过程和能量转换过程，且大都是多因素非线性叠加的结果；次生灾害频繁，灾能放大途径多，影响深远；难于预报；超常规性	①地震，≥7 级； ②洪水和干旱，50 年以上一遇； ③强台风，风力≥12 级，风速>32.6m/s； ④大火山爆发，大海啸，大飓风及陨星碰撞地球等	张林源和苏桂武，1996
12	地震巨灾是人员死亡大于 1 万人，直接经济损失超过 100 亿人民币的地震灾害	①10000 人以上死亡； ②100 亿元以上经济损失	高庆华和张业成，1997
13	巨灾是某种能够被人类社会所感知到的社会威胁现象，面对这种社会威胁现象，人类社会必须采取额外的保护措施，否则人类社会将遭受巨大的破坏性损失	—	Lewis and Murdock，1999
14	巨灾是指影响不同地区，在时间和空间上相互作用而产生巨大损失的破坏性事件	—	Murlidharanl，2001
15	由于巨大灾难（如地震、火灾、水灾、暴风雨、战争、暴乱等）造成的严重损失；导致保险人赔付 100 万美元以上的灾难事故	—	单其昌，2002
16	由多种效应叠加而成，是局部地壳均衡累加为整体地壳均衡的产物	—	杨学祥等，2003
17	造成严重的成本损失，甚至可能威胁人类生存的事件；巨灾影响人群广泛并且对该群体每个人都造成严重的伤害	—	Richard，2004
18	旱涝巨灾是指 50 年一遇以上的旱涝灾害	50 年一遇以上	范垂仁和李秀斌，2004

续表

序号	定义	划分标准	文献
19	某一灾害发生后，发生地已无力控制灾害造成的破坏，必须借助外部力量才能进行处置	—	OECD，2004
20	造成的严重影响足以威胁人类生存的事件，这种危险事件的发生将会给整个人类的发展带来毁灭性的影响	—	Richard，2004
21	巨灾后果有可能超过国家财政的救济能力；在风险分类上属频率极低而强度极高的风险	—	第一财经日报，2004
22	巨灾是低概率自然或认为时间，对现有的社会、经济或/和环境框架产生巨大冲击，并拥有造成极大的人员和/或财产损失的可能性	财产损失超过 2500 万美元（美国）；财产损失超过 750 亿日元（日本）；财产损失超过 3870 万美元（瑞士再保险公司）	Bank，2005
23	环境巨灾可从时间、区域和社会特征 3 方面理解	①突发并持续一定时间； ②受灾面积或受灾比例大，甚至是整个国家或者地区（如太平洋岛国）； ③承灾体中包括呆板僵硬的社会组织系统	Leroy，2006
24	巨灾是指地震、洪灾、台风等可能造成严重人身与财产损失的巨大自然灾害；其特点是发生概率小、损失大，发生呈现一定的区域性，发生带来的损失因地而异	—	韩立岩和支昱，2006
25	造成重大人员伤亡（1000 人以上）或直接经济损失巨大（50 亿元以上）的地震灾害定义为巨灾	①1000 人以上死亡； ②50 亿元以上经济损失	曲国胜等，2006
26	保险界认定的巨灾通常用经济损失表达	①财产损失超过 2500 万美元（美国）； ②财产损失超过 750 亿日元（日本）； ③财产损失超过 3870 万美元（瑞士再保险公司）	ISO；SwissRe；Bank，2005
27	巨灾就其社会属性来讲，表现出给人类带来巨大的财产损失甚至是大量人员伤亡的特征；就其自然属性来讲，具有突发性、不可避免性，而且往往具有链性特征	—	陈波等，2006
28	巨灾是指对人民生命财产造成特别、巨大损失，对区域或全国社会经济产生严重影响的自然灾害事件。灾害活动规模或强度巨大，远远超过现有减灾能力	①受灾面积达 1 省（自治区、直辖市）或几个省（自治区、直辖市）以至十几个省（自治区、直辖市）的上百个县（市、区、旗）； ②受灾人口达几千万或 1 亿以上； ③死亡上千人或数万人，几百万或上千万人无家可归； ④倒塌房屋几百万或上千万间； ⑤经济损失百亿元以上； ⑥农业生产受到严重破坏，几百万或上千万公顷农作物受灾； ⑦铁路、公路、桥梁、电站、水库、堤防以及电力、通信、矿山等工程设施大量破坏，交通中断，成千上万企业停产、半停产； ⑧当年以及次年、后年的 GDP、财政收入、个人收入明显下降	张业成等，2006

续表

序号	定义	划分标准	文献
29	—	须达到以下其中一项标准：①死亡5000人以上；②直接经济损失100亿元（以1990年价格标准）以上	高建国，2008
30	—	须达到以下其中一项标准：①死亡10000人以上；②受灾面积大于1000km^2	Mohamed，2008
31	巨灾是指系统内或系统外的突变，导致系统无法承受不利影响	—	Roopnarine，2008
32	—	须达到以下其中两项标准：①致灾强度为7.0（地震）或百年一遇；②造成10000人以上的死亡（包括失踪1个月以上的人口）；③1000亿元以上直接经济损失（因灾造成的当年财产世纪损毁的价值）；④100000km^{2}以上的成灾面积（因灾造成的有人员伤亡或财产损失，或生态系统受损的灾区面积）	史培军等，2009
33	—	①死亡人数超过100人； ②直接经济损失超过两亿美元	石兴，2010
34	—	根据联合国的定义，巨灾是受灾地区不能自我救助，需要跨区域和国际性援助，通常情况下，成千人死亡，数十万人无家可归，受灾国家的经济环境受到致命的打击（损失程度因国家发展情况而定），或者保险损失巨大，超过了保险人难以承受的赔偿限度	石兴，2010
35	巨灾是一个突然爆发的交互影响、螺旋下降的导致社会系统基本崩溃的事件	—	Andrea et al.，2010
36	巨灾是指突然发生的、无法预料且无法避免、并带来巨大损失的严重灾害或灾难，包括台风、暴雨、洪水、干旱，冷冻、冰雹以及地震、海啸等自然巨灾和大火、爆炸、恐怖事件、环境污染等人为巨灾	—	谷洪波等，2011
37	巨灾也称非常规性灾害，指的是具有明显的复杂性特征，以及潜在的次生、衍生危险，破坏性极强，采用常规管理方式难以克服的大型灾害	巨灾事件自身表现出难预测性（发生原因）、不确定性（演变过程）和严重的社会危害性（影响后果）等特征或者这些特征的集合；对应对主体而言，表现为超过其既有的风险认知范围和常规的手段下的可控程度，需要使用非常规方式来应对	应松年，2011
38	巨灾是造成人类痛苦的最严重的自然灾害	用灾度来表达： $D^2=\{3\times[\lg(R+1)]^2+2(\lg CJ)^2+(\lg K)^2\}/6$ 式中，D为灾度；R为死亡人数（人）；J为直接经济损失（亿元）；C为物价指数，以2000年价格；K为受灾人数（百人）。 当$D\geqslant5$时，属于巨灾	高建国，2011
39	巨灾指一定物理级别以上的，造成直接财产经济损失，深度达到某一比值，或者人员伤亡达到某一数额的自然灾害	—	卓志和丁元昊，2011

续表

序号	定义	划分标准	文献
40	—	用灾度来表达：$$D=\lg(P+1)+10^{\frac{E}{\text{GDP}}}+\lg K$$ 式中，D 为灾度；P 为死亡人数（人）；E 为直接经济损失（单位与 GDP 统一）；K 为受灾人数（万人）；GDP 为灾害发生当年 GDP（单位与 E 统一）。当 $D\geqslant 8$ 时，属于亚洲巨灾	徐敬海等，2012
41	巨灾风险事件往往是（汶川地震）局部的、瞬间的、而巨灾事件带来的冲击却远不局囿巨灾风险的发生地和发生时。巨灾不仅造成客观世界的物质损失还会通过人们的主观认知产生涟漪反应	—	卓志和周志刚，2013
42	巨灾是指导致大量人员伤亡和巨大经济损失，对区域或国家经济社会产生严重影响的自然灾害和人为灾难	农业巨灾至少满足下列条件之一：①户均损失超过家庭年预期纯收入的 50%及以上，并对农业生产和恢复带来严重的破坏性；②赔付率 140%～200%；③政府角度，一次农业灾害经济损失发生数大于当期国内农业生产总值的 0.01%	王和，2013
43	巨灾是人与环境之间的，由自然或者人引起的瞬时的或者是持续的灾害，很难依靠自己使用现有的资源应对因灾导致的大量需求，通常需要外界甚至是国际上的援助才能应对的导致巨大生态灾难的事件	—	William，2013
44	小概率且一次损失大于预期、累计损失超过风险主体承受能力的特大灾害	—	谢家智和周振，2014
45	巨灾对全球贸易的影响是显著的，发生在进口国家与地区巨灾频次的增加，会导致其进口量的增加；发生在出口国家与地区巨灾频次的增加，会导致其出口量的减少。从全球平均水平来看，巨灾对出口的抑制作用大于对进口的促进作用	—	孟永昌等，2016

表 2-2 中的众多定义大致可分三类：①从事地学研究的专家，通常以致灾因子强度及其造成的人员伤亡和财产损失或受灾范围作为划分巨灾的标准。马宗晋等（1994）把死亡 10000 人以上，直接经济损失（按 1990 年价格）100 亿元（含）以上视为巨灾；Gad-Hak（2008）把死亡人口 10000 人以上或受灾面积大于 1000km^2 定义为巨灾；史培军等（2009）定义巨灾为由百年一遇的致灾因子造成的人员伤亡多，财产损失大和影响范围广，且一旦发生就使受灾地区无力自我应对，必须借助外界力量进行处置的重大灾害；一般来说，这样的巨灾通常造成 10000 人以上的死亡，1000 亿元以上的直接经济损失，100000km^2 以上的成灾地区。②从事保险及金融管理研发的专家，以造成的承保财产损失大小确定是否是巨灾。美国联邦保险服务局（ISO）将巨灾定义为造成至少 2500 万美元的直接承保财产损失，且影响相当数目的保险人和被保险人的事件；瑞士再保险公司则将巨灾损失额定为 3870 万美元（姚庆海，2007）。③经济合作与发展组织，高度关注巨灾造成的大量人员伤亡，财产损失和基础设施的大面积破坏，使受灾地区及邻近地区的政府束手无策，甚至形成广大公民的恐慌，并通过分析巨灾对经济和社会的影响，提出一系列应对未来巨灾的对策，特别强调更好地预防巨灾和提高对巨灾的恢复和重建能力（OECD，2004）；OECD 没有给出

巨灾标准，但强调其造成的大量人员伤亡、财产损失和基础设施的大面积破坏，以及在应对时需要成员国间通力合作和帮助（OECD，2008）。

巨灾划分标准不统一，所用指标也不同，可分为三类：①致灾因子论，仅考虑致灾因子指标而不考虑灾情指标，将巨灾致灾因子强度大于某一阈值的灾害定义为巨灾。张林源和苏桂武（1996）将地震震级大于等于7级、洪水和干旱频率高于50年一遇、强台风等引发的灾害定义为巨灾；范垂仁和李秀斌（2004）将旱涝巨灾定义为50年一遇以上的旱涝灾害。②灾情论，仅考虑单一灾情指标，或多个灾情指标，或由多个灾情指标组成的新指标，将灾害造成的损失与相应指标标准比较，大于或者等于相应标准的灾害即认定为巨灾。瑞士再保险公司将损失额达到或超过3870万美元的灾害定义为巨灾；刘燕华等（1995）以受灾人口、死亡人口、受灾面积、成灾面积和直接经济损失5个指标作为灾害损失定量评估的绝对指标，以受灾人口占总人口的比例、受灾面积占总播种面积的比例和直接经济损失占工农业生产总值的比例3个指标作为灾害损失的相对指标，给出每个指标的数量标准，将达到这一标准的灾害认定为巨灾；高建国（2011）应用死亡人数、直接经济损失、物价指数、受灾人数等指标构建了衡量灾害程度的新指标"灾度"，并给出灾度≥5的自然灾害即为巨灾。③灾害系统论，即综合考虑致灾因子强度和灾害损失程度指标，将致灾强度和灾害损失程度超过给定阈值的灾害认定为巨灾。郭增建和秦保燕（1991）认为地震震级≥7.7级，10000人以上死亡和100亿元以上直接经济损失的灾害为巨灾；史培军等（2009）提出由100年一遇的致灾因子（地震震级大于7.0级），造成10000人以上的死亡（包括失踪1个月以上的人口），1000亿元以上直接经济损失（因灾造成的当年财产实际损毁的价值），100000km^{2}以上的成灾面积（因灾造成的有人员伤亡或财产损失，或生态系统受损的灾区面积）的自然灾害为巨灾。

综上，不同领域的学者，或从事不同职业的学者，对巨灾的理解与认识有一定的差异，并没有统一的划分标准，且针对突发性巨灾（如地震、洪涝等）考虑较多，渐发性巨灾（如旱灾、雪灾等）标准考虑较少。然而，学者对巨灾的特征方面却存在相对一致性，即巨灾具有很高的致灾强度（频率低、强度大，多灾种或者灾害链），能造成大量人员伤亡、财产损失和广大影响范围，需要国家层面乃至国际援助（张卫星等，2013）。

2.1.3 小结

尽管当前法律法规、各类应急预案和学术界对巨灾（特别重大自然灾害）的界定和划分标准不统一，但是巨灾（特别重大自然灾害）与一般自然灾害不同之处是相对明确和存在一定共识的，即巨灾（特别重大自然灾害）具有超强致灾因子、低发生概率、特别严重的人员伤亡和财产损失、灾害影响范围大、灾害影响时间长、出现多灾种群发或（和）群聚现象、出现灾害链现象等特征，其可能造成损失的领域与行业也更为广泛，需要国家层面乃至国际援助。

巨灾（特别重大自然灾害）与一般自然灾害的特征差异可从时间、空间和属性3个维度分析（图2-1）：①时间维上，巨灾影响时间长于常规灾害，尤其是在灾害应急阶段和灾后恢复重建阶段，巨灾更是表现出与常规灾害显著不同的超长性。②空间维上，主要表现为巨灾影响的广度和深度，单灾种叠加、多灾种空间群聚、多灾种时间群发、灾害链是促使常规灾害演变为巨灾的主要途径，导致灾害影响范围被“放大”，灾害影响程度被“加深”，灾害损失与影响巨大，灾害救助与恢复重建难度大大提高。③属性维上，主要表现为灾害应对的超预案性、弹性或灵活性、社会脆弱性（social vulnerability）和综合恢复性，各属性的具体内容将在 2.4.3 节详细阐述。

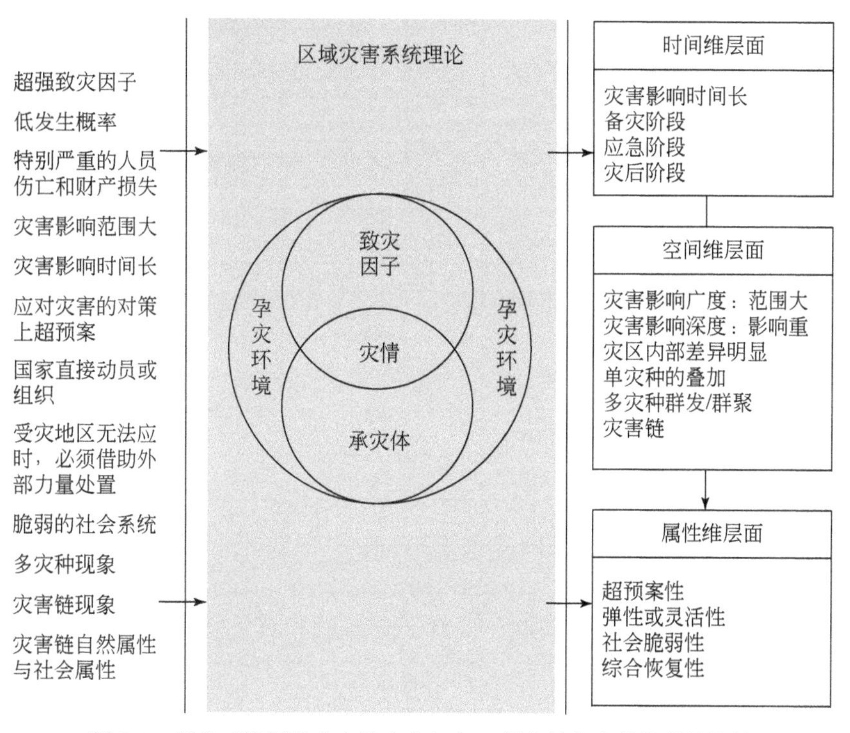

图 2-1　巨灾（特别重大自然灾害）与一般自然灾害的差异性比较

2.2　巨灾的定义与标准

目前，学术界对巨灾的科学定义认识不一，且巨灾定义存在于自然灾害、事故灾难、生态与环境灾难等领域，覆盖范围广，不利于对自然灾害巨灾的准确把握。基于此，参照《中华人民共和国突发事件应对法》中对突发事件的分类，即自然灾害、事故灾难、公共卫生事件、社会安全事件 4 大类，本书的巨灾仅指自然灾害巨灾，其包括水旱灾害、气象灾害、地震灾害、地质灾害、海洋灾害和森林草原火灾等巨灾，不包括因事故灾难、公共卫生事件、社会安全事件引发的巨灾。

2.2.1　突发性巨灾划分标准

史培军等（2009）详细分析了 1990～2009 年世界巨灾案例（主要是突发性巨灾），在此基础上张卫星等（2013）增加了 2010～2012 年世界巨灾案例，本书梳理并增加了 2013～2016 年世界巨灾案例，形成了目前比较完整的案例列表（表 2-3）。在综述国内外巨灾研究最新进展的基础上认为：不同领域的学者，或从事不同职业的学者，对巨灾的理解与认识

表 2-3 1990～2016 年世界巨灾案例

时间	灾害名称	强度/年遇水平①	死亡（或失踪）人数/人	成灾面积	经济损失/亿元②
1995 年	日本神户大地震灾害	7.3	6434	约 $12.0\times10^4km^2$	7175
1998 年	中国长江流域水灾	1/50～1/100a	1562	$22.3\times10^4km^2$③	1070
2004 年	印度洋地震-海啸灾害	8.9	230210（死亡） 45752（失踪）	800km 海岸线严重受损，深入内陆达 5km④	约 70⑤
2005 年	美国卡特里娜飓风灾害	1/100a	1300	约 $40.0\times10^4km^2$⑥	约 8750
2005 年	南亚克什米尔大地震灾害	7.6	约 80000	约 $20.0\times10^4km^2$	约 350
2008 年	缅甸飓风灾害	1/50～1/100a	78000（死亡） 56000（失踪）	约 $20.0\times10^4km^2$	约 280⑦
2008 年	中国南方低温雨雪冰冻灾害	1/50～1/100a	129（死亡） 4（失踪）	约 $100.0\times10^4km^2$	1517
2008 年	中国汶川“5·12”特大地震灾害	8.0	69227（死亡） 17923（失踪）	约 $50.0\times10^4km^2$	约 8500
2010 年	巴基斯坦洪灾	1/80～1/100a⑧	3000⑧	$16\times10^4km^2$⑨	约 700⑧
2010 年	智利大地震⑩	8.8	802	约 $60\times10^4km^2$	1050～2100
2010 年	海地地震⑪	7.3	22.25	约 $1.5\times10^4km^2$	约 550
2011 年	日本“3·11”地震海啸灾害	9.0	约 28000⑫	$0.04\times10^4km^2$⑬	13000～22000⑭
2013 年	菲律宾“海燕”台风灾害⑮	>1/50a	16232	菲律宾、越南，以及中国的台湾、广西、海南	—
2015 年	尼泊尔强烈地震灾害⑯	8.1	8786	>$22km^2$	>410

注：①地震震级按照里氏震级标准划分，达到 7.0 级以上即认为达到 1/100a（百年一遇）

②美元与人民币兑换按照 1∶7 计算

③资料来源于：http://www.cws.net.cn/gpwyh/fhygl/ArticleView.asp?ArticleID=22106

④资料来源于：http://www.globaleducation.edna.edu.au/globaled/go/pid/2258

⑤资料来源于：http://rspas.anu.edu.au/economics/publish/papers/wp2005/wp-econ-2005-05.pdf

⑥资料来源于：http://en.wikipedia.org/wiki/Hurricane_Katrina

⑦资料来源于：http://www.smeyn.gov.cn/view_news.asp?myfrom=smekm&id=66652

⑧资料来源于：http://wenku.baidu.com/view/0c9ca0db7f1922791688e88f.html

⑨资料来源于：http://baike.baidu.com/view/4163802.htm

⑩资料来源于：http://news.qq.com/zt/2010/zldz/

⑪资料来源于：http://baike.baidu.com/view/3164031.htm

⑫资料来源于：顾朝林，2011

⑬资料来源于：http://myweb.nutn.edu.tw/—hycheng/1today/2011Mar11Sunami.html

⑭资料来源于：http://forex.hexun.com/2011-03-23/128143899.html

⑮资料来源于：https://baike.baidu.com/item/%E5%8F%B0%E9%A3%8E%E6%B5%B7%E7%87%95/12182262?fr=aladdin

⑯资料来源于：http://ilo.ch/employment/areas/crisis-response/WCMS_397970/lang-en/index.htm

有一定的差异，并没有一个统一的划分标准，但对巨灾主要特征的认识是一致的，即巨灾造成的大量人员伤亡、财产损失和广大影响范围。①巨灾造成大量人员伤亡。例如，2008 年汶川“5·12”特大地震造成 69227 人遇难，17923 人失踪，受伤人数达到 37.46 万人；2004 年印度洋地震及其引发的海啸造成 230210 人死亡，45752 人失踪，125000 人受伤。②巨灾造成巨额财产损失。例如，2008 年的中国汶川“5·12”特大地震造成约 8500 亿元的直接经济损失；2005 年美国卡特里娜飓风造成近 1000 亿美元的直接经济损失；而汶川“5·12”特大地震和卡特里娜飓风造成的间接损失，特别是对生态系统造成的破坏难以估量。③巨灾形成大范围灾区。例如，2008 年汶川“5·12”特大地震造成 10 个省（自治区、直辖市）的 417 个县（市、区），4667 个乡（镇），48810 个村庄受灾，总面积超过 50 万 km^2，其中重灾区、极重灾区的县（市、区）达 51 个，面积为 13.2 万 km^2；2004 年 12 月印度洋地震海啸灾害则造成印度洋沿岸的 15 个国家受灾。

史培军等（2009）定义巨灾为：由百年一遇的致灾因子造成的人员伤亡多、财产损失大和影响范围广，且一旦发生就使受灾地区无力自我应对，必须借助外界力量进行处置的重大灾害；一般来说，巨灾通常造成 10000 人以上的死亡，1000 亿元以上的直接经济损失，100000km^2 以上的成灾地区（表 2-4）。按照此定义，表 2-3 中的案例都属于巨灾。

表 2-4　灾害等级划分标准

指标 类型	强度 /年遇水平	死亡人口/人	直接经济损失/亿元	成灾面积/km^2
巨灾	7.0 级（地震）或超过 1/100a	≥10000	≥1000	≥100000
大灾	6.5～7.0 级（地震）或 1/50～1/100a	1000～9999	100～999	10000～99999
中灾	6.0～6.5 级（地震）或 1/10～1/50a	100～999	10～99	1000～9999
小灾	小于 6.0 级（地震）或低于 1/10a	≤99	≤9	≤999

注：①各类灾害等级标准须达到任何两项指标；②死亡人口包括因灾死亡和失踪 1 个月以上的人口；③直接财产损失为因灾造成的当年财产实际损毁的价值；④成灾面积为因灾造成的有人员伤亡或财产损失，或生态系统受损的灾区面积；⑤地震震级按照里氏震级标准划分，达到 7.0 级以上即认为达到 1/100a（百年一遇）

资料来源：史培军等，2009

2.2.2　渐发性巨灾划分标准

目前，各界对巨灾定义的研究中，几乎全部都是关注突发性巨灾的界定及划分标准，尚未查询到对渐发性巨灾定义及划分标准的讨论。渐发性灾害作为与突发性灾害共存的灾害类型，其形成过程体现为灾害生态过程，而致灾与成害的生态作用关系中，临界值域与环境的相互作用机制是认识区域渐发性灾害形成过程的关键（史培军，2002）（图 2-2）。我国近代也不乏因旱灾、雪灾等造成重大人员伤亡和财产损失的案例，如 1959～1961 年三年自然灾害造成两万余人死亡。因此，本书以渐发性灾害的典型灾种——旱灾为例，探讨渐发性巨灾的定义及划分标准。

旱灾属于典型的渐发性自然灾害，具有历时长、影响范围广、对农业生产影响大等特点；由于其致灾与成害过程的复杂性与难以确定性，学术界常将干旱分为气象干旱、水文干旱、土壤干旱和社会经济干旱（American Meteorological Society，1997）以及旱灾等领域，各种类型的干旱实质上仅关注旱灾的致灾部分，而旱灾更多地关注旱灾的成害过程及后果。巨灾研究更多地强调灾害的后果，即从某一强度致灾因子导致的区域经济社会损失的结果来界定灾害的等级。

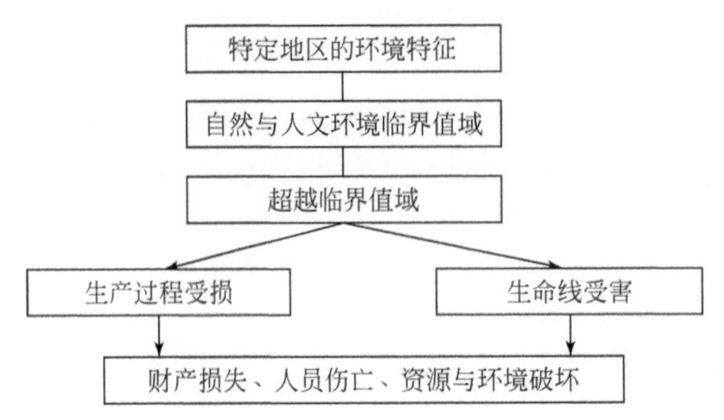

图 2-2　渐发性灾害形成过程（灾害生态过程）（史培军，2002）

旱灾巨灾的划分标准不适合用致灾强度表达。旱灾致灾与成害过程十分复杂，经济社会损失是随着干旱的不断持续，干旱程度递进并超过区域承灾体的可恢复性阈值而出现的，这个过程一般会经历气象干旱、土壤干旱、水文干旱和社会经济干旱（图 2-3），且四种类型干旱强度的衡量标准不统一，与最终损失的关系尚不明确。

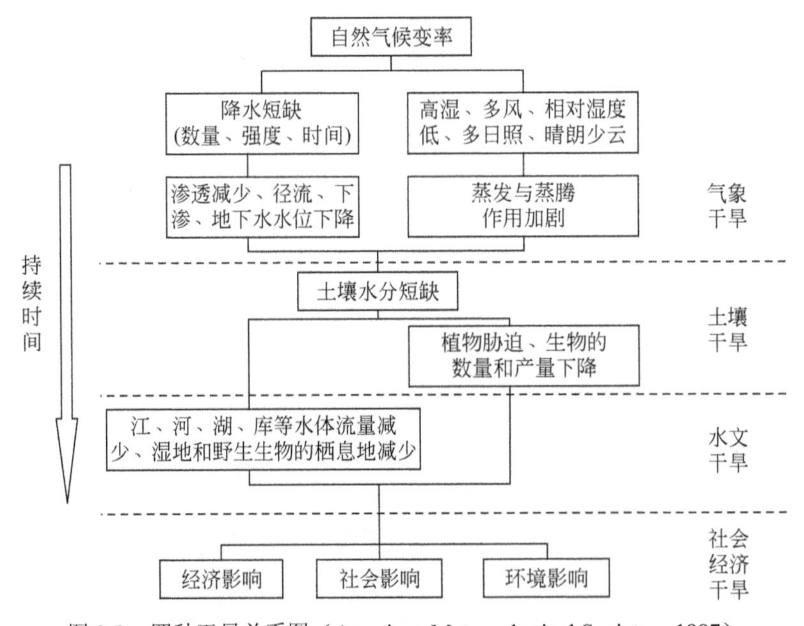

图 2-3　四种干旱关系图（American Meteorological Society，1997）

从农作物损失和需救助人口角度可表征旱灾巨灾。旱灾对农业生产影响最大也最直接，导致农作物歉收或绝收、人畜饮水困难等诸多问题。随着旱灾的持续，工业生产、城市供水、生态环境等都会受到不同程度影响，进而在一定程度上限制经济社会的可持续发展。

当前，对旱灾直接影响的计量、描述和相关分析，涉及农作物受灾面积、成灾面积、绝收面积，作物减产数量、地区食物短缺数量和缺粮人口数量，畜牧业损失情况，干旱期地表水资源减少和地下水水位下降状况、机井报废数量，人口和大牲畜饮水困难数量，土壤、池塘干涸程度，蝗虫发生状况，土地沙漠化扩展面积与速率等方面（刘明和朱景武，1994；方修琦等，1997；庄锡潮等，2000；武永峰等，2006；尹建军等，2008）。国家自然灾害情况统计制度[①]中明确将受灾人口、因旱饮水困难需救助人口、农作物受灾面积、成灾面积、绝收面积、草场受灾面积、因灾死亡大牲畜、因灾死亡羊只、需救助人口（需口粮救助人口等）、已救助人口（已口粮救助人口）等指标列入旱灾情况统计制度中。不难看出，统计制度中除了农作物受灾情况等一般指标，饮水困难人口、需救助人口、已救助人口等体现“以人为本”救灾理念的指标成为新亮点。与此同时，《国家自然灾害救助应急预案》中也明确提出干旱灾害造成缺粮或缺水等生活困难，需政府救助人数占到农牧业人口一定比例，或者达到一定数量级别时，国家启动相应等级的响应，开展灾害救助工作，确保受灾人员基本生活。鉴于此，本章综合考虑旱灾损失程度和需救助规模等指标，来界定旱灾程度，其中，旱灾损失程度综合农作物受灾面积与成灾面积指标而成，需救助规模则综合需救助人口、受灾人口和成灾人口等指标而成。

1949～2016 年，中国遭受多次重特大旱灾影响，基于《中国灾情报告（1949～1995 年）》（中华人民共和国国家统计局和中华人民共和国民政部，1996）、《影响中国社会经济发展的重大自然灾害案例（1949～2004）》[②]《中国自然灾害年报（2005～2011）》[③]和《多难兴邦——新中国 60 年抗灾史诗》（郑功成，2009）等资料，结合受灾省份人均耕地面积等基础数据，得到 1949 年以来中国经历的重特大旱灾损失情况（表 2-5）。

根据以上重特大旱灾案例损失数据，结合多方文献资料对旱灾损失程度的描述，从旱灾农作物损失、旱灾需救助人口和旱灾直接经济损失 3 个方面，农作物成灾面积、农作物成灾比例、成灾人口、需救助人口比例和直接经济损失 5 个指标确定旱灾巨灾标准（表 2-6）。其中，农作物成灾面积确定标准是依据突发性巨灾划分标准中对成灾面积的相关规定（100000km^2），结合主要农业省份耕地面积比例，测算得到农作物成灾面积标准为 50000km^2；根据表 2-5 中列出的参阅资料对农作物成灾比例和成灾人口的描述，确定农作物成灾比例标准为 60%，成灾人口标准为 5000 万人；结合相关文献资料和《国家自然灾害救助应急预案》中对国家救灾应急 I 级响应的描述（需救助人口占农牧业人口的比例超过 30%），确定需救助人口比例（需救助人口占受灾人口的比例）标准为 30%；直接经济损失标准按照突发性巨灾划分标准，即 1000 亿元。

① 中华人民共和国民政部. 自然灾害情况统计制度，2016 年 3 月
② 中华人民共和国民政部救灾司，2005 年，内部资料
③ 中国减灾，2005～2011 年

表 2-5　1949～2016 年中国重特大旱灾损失统计

序号	灾害名称	重灾区域	农作物受灾面积/万 hm²	农作物成灾面积/万 hm²	需救助人口/万人	受灾人口/万人	农作物成灾面积/万 km²	农作物成灾比例/%	成灾人口/万人	需救助人口比例/%	直接经济损失/亿元
1	1959～1961 年三年自然灾害	河南、山东、安徽、湖北、河北、内蒙古、湖南、陕西、山西、四川、安徽等	10980	4600	58643	161122	46.0	42	38141	36	—
2	1972 年北方大旱	北京、天津、河北、山西、内蒙古	2149	1061	1034	8483	21.0	49	4189	12	—
3	1978 年长江流域大旱	江苏、安徽、江西、湖北、湖南、四川	1527	673	1547	15903	6.7	44	7014	10	—
4	1982 年东北大旱	辽宁、吉林、黑龙江	665	323	154	1306	3.2	49	634	12	—
5	1986 全国严重干旱	山东、陕西、山西、内蒙古、湖南、湖北、江苏、安徽	3104	1476	1881	16630	14.8	48	7910	11	—
6	1988 年东中部夏伏旱	山东、河南、湖北、湖南、安徽、江苏	1800	843	2580	17647	9.7	47	9542	15	—
7	1989 年东北山东大旱	山东、辽宁、吉林、黑龙江	2349	1021	778	5756	12.2	43	2993	14	—
8	1990 年南方伏秋旱	湖南、湖北、广西、四川	752	403	1180	8231	4.0	54	4408	14	—
9	1992 年全国大旱	—	3298	1705	2139	16010	17.0	52	8276	13	—
10	1994 年全国大旱	—	3028	1784	2550	14700	17.8	59	8658	17	—
11	1999～2001 年三年大旱	—	10910	6709	10014	52961	67.1	61	32568	19	约 2600
12	2006 年川渝大旱	四川、重庆	378	203	1537	6647	2.0	54	2289	23	223
13	2009 年蒙辽夏伏旱	辽宁、内蒙古	429	317	179	1096	3.2	74	723	16	179
14	2010 年西南大旱	云南、贵州、四川、重庆、广西	648	425	1817	7405	4.3	66	4800	25	447
15	2011 年长江中下游春夏连旱	湖南、湖北、江西、安徽和江苏	428	240	619	4269	2.4	56	2384	14	191

注：①指标解释：农作物受灾面积——因灾减产 1 成以上的农作物播种面积；农作物成灾面积——农作物受灾面积中，因灾减产 3 成以上的农作物播种面积；农作物成灾比例——农作物成灾面积与农作物受灾面积的比值；受灾人口——因自然灾害遭受损失的人员数量（含非常住人口）；成灾人口——因农作物成灾而影响到的人口，按照农作物成灾面积与受灾省份人均耕地面积推算得到；需救助人口——因自然灾害直接造成需政府予以口粮、饮用水等临时生活救助或伤病救治的人员数量（含非常住人口）；需救助人口比例——需救助人口总数与受灾人口总数的比例；直接经济损失——承灾体遭受自然灾害后，自身价值降低或丧失所造成的损失，本书当年财产实际损毁的价值

②序号 1～11 案例中成灾人口按照农作物成灾面积与受灾省份人均耕地面积推算得到，部分案例的受灾人口、需救助人口根据上述文献资料推算得到

资料来源：中华人民共和国国家统计局和中华人民共和国民政部，1996；中华人民共和国民政部救灾司内部资料，2005；中国减灾，2005～2011；郑功成，2009

2.2.3 本书对巨灾的界定

上述两部分重点阐述了依据突发性自然灾害、渐发性自然灾害（以旱灾为例）造成的各类损失和（或）致灾强度等指标划分巨灾的标准。可以看出，突发性与渐发性灾害由于其致灾机理与成灾形式的差异，巨灾划分指标及其标准也不同。雪灾等自然灾害也属于渐发性自然灾害，但由于其造成的损失形式（人口死亡、房屋倒损、农作物受损、直接经济损失等）与旱灾存在一定差异，但与突发性自然灾害，如地震、洪涝、台风等灾害类型造成的损失形式基本一致。因此，雪灾等渐发性巨灾的划分标准采用突发性灾害划分标准。

综上，本书将巨灾界定为："巨灾是由超强致灾因子（100 年一遇，地震一般震级超过里氏 7.0 级）造成的人员伤亡多、财产损失大、影响范围广、救助需求高，且一旦发生就使受灾地区无力自我应对，必须借助外界力量进行处置的特大自然灾害。"依据突发性、渐发性自然灾害特征差异，巨灾划分标准不同（表 2-6），一般来说，突发性巨灾和雪灾等渐发性巨灾的划分标准，通常是由 100 年一遇的致灾因子引起，造成 10000 人以上死亡，1000 亿元以上的直接经济损失，100000km^2 以上的成灾地区；旱灾等渐发性巨灾的划分标准，通常造成 60%以上的受灾农作物成灾，50000km^2 以上的成灾地区，5000 万人的成灾人口，30%以上的受灾人口需要政府救助，1000 亿元以上的直接经济损失（张卫星等，2013）。

表 2-6 巨灾划分标准

<table>
<tr><th>巨灾类型</th><th>指标</th><th>划分标准</th><th>备注</th></tr>
<tr><td>突发性巨灾</td><td rowspan="2">①致灾强度（年遇水平）
②死亡人口
③直接经济损失
④成灾面积</td><td rowspan="2">≥7.0 级(地震)或超过 1/100a
≥10000 人
≥1000 亿元
≥100000km^2</td><td rowspan="2">①必须满足任何两项
②死亡人口包括因灾死亡人口和失踪 1 个月以上的人口
③直接财产损失为因灾造成的当年财产实际损毁的价值
④成灾面积为因灾造成的有人员伤亡或财产损失，或生态系统受损的灾区面积</td></tr>
<tr><td>雪灾等渐发性巨灾</td></tr>
<tr><td>旱灾等渐发性巨灾</td><td>①农作物成灾比例
②农作物成灾面积
③成灾人口
④需救助人口比例
⑤直接经济损失</td><td>≥60%
≥50000km^2
≥5000 万人
≥30%
≥1000 亿元</td><td>①必须满足任何 3 项
②农作物成灾比例为作物成灾面积与受灾面积的比值
③成灾人口为成灾作物所影响的人口
④需救助人口比例为需救助人数与受灾人数的比值
⑤直接财产损失为因灾造成的当年财产实际损毁的价值</td></tr>
</table>

资料来源：史培军等，2009；张卫星等，2013

当然，巨灾划分指标及其标准不是一成不变的，可以结合一个国家经济社会发展阶段与水平、公民收入水平、汇率、经济指数、物价指数等因素，适时调整巨灾损失金额，或毁坏数量标准。巨灾量化标准、巨灾损失金额或巨灾毁坏数量标准在不同国家之间的差异可能较大，需要继续深入讨论。

2.3 巨灾的基本特征

2.3.1 巨灾特征

学术界在讨论巨灾定义与划分标准的同时，也对巨灾特征进行了讨论。郭增建和秦保燕（1991）提出巨灾事件具备在频度上的低发生率，在成因上的多因强化，在预报上的高度非线性，在相关时空上的大尺度，在对策上的超预案；张林源和苏桂武（1996）也提出巨灾应具备发生率低，孕灾过程是能量积累过程和能量转换过程，且大都是多因素非线性叠加的结果，次生灾害频繁、灾能放大途径多，影响深远，难于预报和超常规性等特征；韩立岩和支昱（2006）认为巨灾事件具备发生概率小、损失大，发生呈现一定的区域性，发生带来的损失因地而异等特征；陈波等（2006）从社会属性、自然属性两个方面阐述，巨灾具备给人类带来巨大财产损失甚至是大量人员伤亡的特征，同时具有突发性、不可避免性，而且往往还具有链性特征等；Bank（2005）认为巨灾具有低概率性，对现有的社会、经济和（或）环境框架产生巨大冲击，并拥有造成极大的人员和财产损失的可能性，可以是突发性变化的单一大型事件，也可以是许多小事件造成的大规模的破坏或损失事件。可以看出，Bank 与其他研究者的不同在于提出了巨灾事件也可以是由低强度的多个因子长期叠加构成的，也就是渐发性自然灾害。

可以看出，巨灾特征可以初步概括为：①致灾强度大。巨灾通常由某一种特大致灾因子或者由重、特大致灾因子及其引发的一系列次生灾害形成的灾害链构成；或者一个特定地区和特定时段，多种致灾因子并存或并发形成的多灾种叠加构成。②灾害损失重。巨灾通常造成大量人员伤亡、巨额财产损失、严重的经济社会和自然环境影响，形成大范围的灾区。③救助需求高。巨灾的应急救助和恢复重建等通常需要国家层面的扶持救助，有时国际援助也不可或缺（邹铭等，2011）。

2.3.2 巨灾的社会影响

巨灾造成的社会经济影响呈现范围广、程度深、复杂多样等特点，严重威胁受灾群众的生命安全和心理健康，对人类财产造成巨大损失，影响社会经济可持续发展，破坏生态资源和环境，影响社会安定和安全（邹铭等，2011）。

2.3.2.1 严重威胁受灾群众的生命安全和心理健康

巨灾可以直接夺去数千上万人甚至数十至几十万人的生命，还可以通过破坏人的生存条件危及人的生命安全，如大旱之年饿死人、特大雪灾冻死人等；巨灾还可造成人体受伤、致残、害病，还可产生精神疾病和心理障碍，使人全部丧失或部分丧失劳动生产能力和生活自理能力，增加家庭和社会负担。例如，2008 年汶川“5·12”特大地震灾害造成 69227 人遇难、17923 人失踪；1975 年 8 月 5～7 日，河南省驻马店特大暴雨洪水灾害导致 3 万多人死亡；1976 年 7 月 28 日唐山 7.8 级大地震灾害造成 24 万人死亡。

巨灾对人们身心健康产生严重影响，特别是对老年人、妇女儿童、病弱者、残疾人等弱势群体影响更大。此外，巨灾还造成受灾者心理上的创伤，在经历了自然灾害伤害后，受灾群体可能需要较长的时间才能够从这种剧痛中摆脱出来（刘正奎等，2011）。突发性灾害造成房屋不同程度毁损，各种生活用品及食物被水冲走或被压埋，饥饿、寒冷和酷暑等都能扩大灾害（邹铭等，2011）。巨灾对通信、供电、供气、供水、供暖管网等生命线系统的破坏，造成社会服务功能全部或部分丧失，甚至瘫痪，并能引起火灾、有毒物质泄漏或散溢等系列次生灾害，进一步破坏人类的生存条件，造成吃、喝、穿、住、行、医等条件短期内全面恶化（赵昌文，2011）。

2.3.2.2　对人类财产造成巨大损失

巨灾毁坏人类创造的物质和精神财富，如房屋及其室内附属设备、室内财物等家庭财产，非住宅用房、三次产业、基础设施、社会事业、公共服务等社会公共财产以及社会历史文化等，降低生活的质量和水平，增加生存和发展的困难。2008 年汶川“5・12”特大地震造成四川、甘肃和陕西直接经济损失约 8452 亿元，占 2008 年国内生产总值的 2.81%，占三省生产总值的 37.5%（国家减灾委员会和科技部抗震救灾专家组，2008）。

2.3.2.3　影响社会经济可持续发展

巨灾常常破坏生产条件，冲击生产活动，使生产停顿、产出减少，经济发生波动，从而影响社会经济可持续发展。据统计，巨灾的损失量占到自然灾害总体损失量的一半以上。如果考虑到巨灾造成的伤员数量、经济恢复和重建，那么巨灾对社会冲击的强度，远大于大灾、中灾、小灾对社会影响之和。历史研究表明，社会稳定、自然灾害较轻时段均为经济持续快速发展时段；相反，经济停滞甚至倒退时段均为社会动荡或自然灾害较严重的时段。中国自然灾害直接经济损失相对较高的峰值时段基本与经济非可持续发展的谷值期相对应，如 1954 年、1956 年、1960～1963 年、1998 年等。

巨灾对社会经济发展全方位基本上都产生直接或间接的影响，主要表现在农业、工业生产和群众生活等方面。农业最容易受到灾害的影响，巨灾对经济的影响首先表现在对农业的影响上。巨灾常造成农作物受灾，从而造成粮食损失量巨大，农民生活受到重大影响。除了农业，巨灾还会直接影响工业生产和城市生活。城市具有人口、建筑物、生产和财富集中的特点，一旦遭受巨灾，其损失将特别惨重，影响特别巨大，特别是交通、供电、燃气等系统瘫痪，并引发火灾等次生灾害，交通瘫痪将会直接延误救援工作。例如，2008 年的南方低温雨雪冰冻灾害造成铁路、公路、民航交通大范围中断，煤电油运一度受阻，导致春运期间大量旅客滞留车站，不少地区用电中断，电信、通信、供水、取暖等方面都遭受了较为严重的影响。

2.3.2.4　破坏生态资源和环境

巨灾破坏土地、水、森林植被、海洋等资源和生态环境，恶化人类生存发展条件，对社会经济造成深远影响。巨灾对土地资源的破坏主要表现在：土地荒漠化、水土流失、土地盐渍化、河流改道、影响建筑场地稳定性和破坏耕地等；对水资源的破坏主要是引起海水入侵、地面沉降、地面塌陷等，从而加剧水资源危机；破坏水环境主要是通过病菌和寄生虫蔓延、有毒物质的扩散引起水体污染；对生态环境的破坏主要表现在：植被破坏加剧、生物多样性不断减少和引发疾病等（徐新良等，2008）。

2017 年 8 月 8 日 21 时 19 分，四川省阿坝藏族羌族自治州九寨沟县发生 7.0 级地震，波及四川、甘肃两省 4 个市（州）8 个县，其中，四川省受灾人口 21.7 万人，紧急转移安置 8.9 万人；地震共造成 25 人死亡、5 人失踪、543 人伤病，城乡住房不同程度受损，交通、通信、市政、学校、医院等基础设施和公共服务设施受到不同程度的破坏（四川省人民政府，2017）。此次地震灾情特殊，震中位于世界自然遗产地，属国内首次，国际罕见，九寨沟景区核心资源不同程度受损，代表性景点遭受的损失难以估量（四川省发展与改革委员会，2017）；汶川地震、九寨沟地震两次地震破坏叠加，灾区地质灾害隐患更加突出、威胁明显加重，次生灾害风险急剧增大；灾区生态环境破坏严重，大面积原生森林、湿地生态系统受到高烈度扰动影响，生态系统破碎化极为严重，川金丝猴等珍稀濒危野生动物以及生物多样性保护受到直接影响；灾区旅游业遭受重创，旅游收入大幅减少，波及关联行业及周边地区（四川省人民政府，2017）。《“8・8”九寨沟地震灾后恢复重建总体规划》显示，在生态环境修复保护方面，总投资 8.59 亿元，主要思路是以世界自然遗产地、自然保护区、风景名胜区为重点，坚持自然恢复为主，采用自然恢复与人工治理、生物措施与工程措施，维护世界自然遗产的完整性和突出普遍价值。到 2020 年，基本完成生态环境修复保护任务，生态环境总体质量基本达到震前水平。其间恢复受损林地植被 28.84 万亩[①]，草地植被 11.7 万亩，修复大熊猫栖息地走廊带 5 万亩（闫新宇，2017）。

2.4 巨灾风险的基本特征

巨灾风险是一个不确定性的概念，并不能笼统地认为巨灾发生并造成损失的可能性就是巨灾风险，单从风险的客观实体派角度（即单纯从统计学、工程学、精算等角度考虑巨灾发生的概率、损失的大小等）理解具有很大的局限性（卓志等，2014）。巨灾对于受灾地区、未受灾地区，受灾地区个人、未受灾地区个人都会产生影响，并且这种影响的持续期较长，影响范围不仅是经济层面，社会体系也受到巨大冲击，个人的身心状况、认知体系都会发生改变（卓志等，2014）。本书从风险构成视角初步分析总结巨灾风险的基本特征。

区域自然灾害风险是区域孕灾环境、致灾因子和承灾体相互作用的结果，是对某一灾害事件发生的概率和其后果的组合；风险的大小由孕灾环境的稳定性、致灾因子的危险性、承灾体的脆弱性（恢复性、适应性）等共同决定（史培军，2002）。

2.4.1 孕灾环境

孕灾环境是巨灾发生前的自然环境与人为环境及社会经济条件的总和。不同的致灾因子产生于不同的孕灾环境系统，学者往往利用层次分析法确定各指标间的组合关系和层次，再利用分级评分法、模糊评分法、信息量法、神经网络法、多元回归法、聚类分析等数学方法来确定各指标的数值和权重（葛全胜等，2008）。

① 1 亩≈667m^2

孕灾环境论是灾害理论的分支之一。孕灾环境论的主要内容包括区域环境演变时空分异规律（气候变化、地貌变化以及土地覆盖变化过程）的重建、编制不同空间尺度的自然环境动态图件；在这些图件基础上，建立环境变化与各种致灾因子时空分异规律的关系，即建立渐变过程与突变过程的相互联系，寻找在不同环境演变特征时期的区域自然灾害空间分布规律，进而结合区域承灾体的变化，对未来灾情进行评估（史培军，1996）。孕灾环境及其变化对灾害的影响表现在很多方面。例如，全球变暖对全球许多地区灾害的发生有着重要作用，海平面上升使沿海海拔较低地区的洪涝灾害的发生频率增加；冰缘地区因气温升高，季节性冻土分布范围改变，进而导致滑坡与泥石流的发生频率增加；干旱地区相对湿度下降，旱灾害的范围扩大且相对强度增加，发生频率也明显增加。

孕灾环境的重要性也在实际案例中得到体现。2009 年 2 月，中国北方冬麦区遭受了数十年未遇的严重干旱，贾慧聪等（2009）基于野外实地考察，判断本次干旱对冬小麦造成的实际影响比气象统计与遥感监测结果要小，同时因纬度、地貌类型、微地貌和田间管理水平的不同而呈现出明显的区域差异；在此基础上提出应在已有的旱灾致灾指标（气象干旱）基础上，综合考虑地带性、地貌类型、水库等孕灾环境指标和田间管理水平等灾害适应指标来构建冬小麦旱灾风险的综合评价指标体系，并以北方冬麦区为例，选取 SPI（标准化降水指数）、地貌类型、DEM（数字高程模型）和水库缓冲区等指标得到的旱灾综合风险等级与实际旱情存在较高的吻合性。尹衍雨（2012）将作物干旱致灾因子以当前生育期和上一个生育期的干旱致灾强度累积值作为致灾指标，采用回归方法得到致灾指标与海拔、坡度、坡向等孕灾环境要素的关系，在传统的地理空间插值方法的基础上进一步改进纠正，得到基于地形因素校正下的干旱致灾风险评估模型；在作物旱灾脆弱性模拟方面，选择 CROPWAT 模型，模拟得到作物在不同生育期以及全生育期因旱减产的损失率灾情指标，同时将孕灾环境要素（主要是考虑海拔、土壤持水性能等因子）对灾情影响作用在 CROPWAT 模型的相关参数设置中予以体现；基于上述孕灾环境参与校正得到的致灾危险性（H'）和承灾体脆弱性（V'）评估模型的基础上，采用 $R=H'\times V'$，构建了基于地形因子修正的干旱致灾危险性评估模型、“分区-分类-分时”的旱灾脆弱性评估模型和作物旱灾风险评估模型。

孕灾环境是巨灾的孕育环境，其稳定性在一定程度上决定着巨灾发生的周期。

2.4.2　致灾因子

致灾因子分析的重点是在对致灾因子分类的基础上评估其强度和频度，致灾因子的强度通常是根据自然因素的变异程度或承灾体所承受的灾害影响程度来确定；而致灾因子的发生概率通常是根据一定时期内该自然灾害发生次数来确定，通常用概率、频次、频率来表示；还有一种是对致灾因子强度、概率以及致灾环境的综合分析，它的目的是给出分析区域内的每一种灾害风险的致险危险性等级（葛全胜等，2008）。

巨灾风险发生概率分析的基本思想是通过超越概率模型来拟合某一时期内的发生次数，多用泊松分布和负二项分布来拟合。还有部分学者以时间序列的内部结构为出发点，假定风险系统是一个平稳的马尔可夫随机过程，即风险系统未来的发展状态只与过去 N 年的风险情况有关，而与更早之前的风险情况无关，相应的变化规律也不会因时间的平移而改变（庞西磊等，2012）。但需要注意的是，巨灾因发生频率较小，往往缺乏可靠数据，可测性较差，研究重点应该是上述方法是否能充分刻画巨灾事件的发生，目前这方面的研究从理论到实证均还较少。

2.4.3 承灾体

承灾体分析是对承灾体脆弱性、敏感性以及风险损失进行评估分析。承灾体脆弱性是指承灾体受到自然灾害风险冲击时的易损程度，一般是分析一系列影响承灾体系统对自然灾害冲击的敏感程度的自然、社会、经济与环境因素及相互作用的过程；敏感性是指由承灾体或系统本身的物理特性及特点决定在遭受灾害风险打击后受到损失的程度；而风险损失是承灾体在一定危险性的灾害风险事件下的损失大小，可以用绝对量化形式衡量，也可以用相对等级区分。

巨灾风险下的承灾体表现在两个方面：①巨灾风险的潜在影响范围广，一般风险的发生只影响一类或一小部分承灾体，而巨灾风险往往带来大范围高相关性的损失，无论何种巨灾，其发生都会在一定空间范围内造成众多类型承灾体的损失，正是这种大范围的损失，造成了巨灾发生后的大量人员伤亡和财产损失。②巨灾风险的潜在损失程度大，一般风险带来的损失，受灾地区可通过自身能力来应对，而巨灾风险带来的损失，常常是受灾地区，甚至受灾地区所在更大区域都难以承受的。巨灾风险的损失程度分析，基本思想是通过超越概率模型对直接经济损失金额进行拟合，其中对损失金额常用 Gamma、Lognormal、Weibull 及广义 Pareto 分布来拟合（卓志和王伟哲，2011）。另外，部分学者也提出应基于已有的实际数据，运用大量级的随机模拟来估计巨灾损失，因为从实际应用来看，随机模拟方法对于巨灾损失的估计提供了对于实际巨灾损失较好的近似。

巨灾风险下的承灾体分析，可从承灾体的脆弱性、恢复性两个方面进行较为深入的分析。

2.4.3.1 脆弱性与巨灾救灾需求的多元化

脆弱性研究的哲学思想和应用起源于 20 世纪 60 年代的自然灾害研究，当时追问的问题是为什么同样的灾害给不同人群造成的损失各不相同；当前，对脆弱性的理解也逐渐转变为“脆弱性的高低决定了灾害风险或损失的大小”（史培军，2002）。脆弱性可以分为自然脆弱性、社会脆弱性和综合脆弱性 3 个研究方向（Cutter，1996；Adger and Kelly，1999；Downing，2001）。随着近年来巨灾的频繁发生，尤其是 2005 年美国卡特里娜飓风袭击美国以来，西方灾害社会科学研究有了新的突破和发展，“社会脆弱性”（Cutter et al.，2003）也因此受到更多学者的高度重视而成为灾害研究的重要模式。

综合学术界不同定义，社会脆弱性概念至少包含三层含义（周利敏，2012）：其一，社会脆弱性强调灾害发生的潜在因素所构成的脆弱性，包括灾前特定的社会结构、社会地位或其他体制性力量等因素；其二，社会脆弱性强调特定的社会群体、组织或国家暴露在灾害冲击之下易于受到伤害或损失程度的大小，也即灾害对社会群体、组织或国家所形成的脆弱性程度；其三，社会脆弱性强调灾害调适与应对能力所反映的脆弱性，应对能力越强，脆弱性越小，应对能力的大小由个人和集体脆弱性及公共政策决定（Adger，2000）。简言之，社会脆弱性既包含灾前潜在的社会因素构成的脆弱性，又包含受害者的伤害程度所形成的脆弱性，还包含应对灾害能力的大小所反映的脆弱性；承灾体面对灾害时表现出的社会脆弱性受其特定经济状况、社会结构、社会地位、文化特性、年龄结构等多种复杂因素共同影响（陈磊等，2012）。

巨灾风险影响及救灾既有其普遍性，也有差异性，而这种差异性正是源于社会脆弱性。因此，考虑受灾地区和受灾群众的社会脆弱性，需要多元化参与巨灾，以满足受灾群众的普遍需求和差异性需求（图 2-4），具体可以理解如下（周洪建和张弛，2017）。

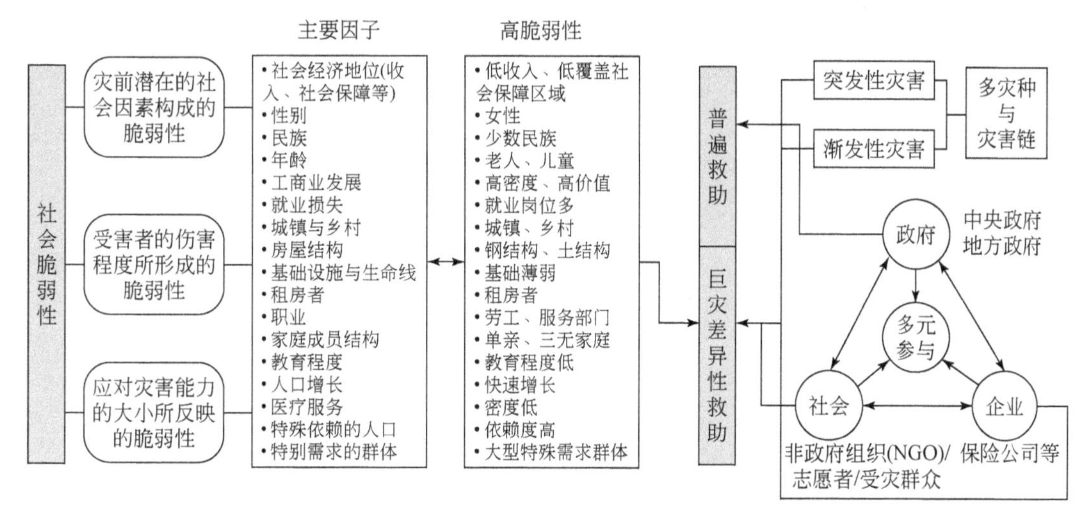

图 2-4　社会脆弱性与巨灾救灾参与多元化的关系概念模型

（Cutter et al.，2003；周洪建和张弛，2017）

1）社会脆弱性导致救灾出现差异性。社会脆弱性是社会不平等的产物，也是空间不平等的产物（Cutter et al.，2003），本书参考 Cutter 等（2003）的研究成果，通过列出的影响社会脆弱性的 17 个主要因子及其可能提高脆弱性的属性，可以发现：①仅从影响社会脆弱性主要因子的数量就可看出救灾需求的多元化，这在很大程度上决定着救灾的差异性；②社会脆弱性是一个异常复杂的灾害承灾体的性质，会出现随着承灾体类型不同（如个人的社会脆弱性、社区的社会脆弱性、区域的社会脆弱性）而出现差异较大的影响因子，同时，高脆弱性也最终导致了救灾的差异性。例如，家庭收入状况较差的家庭对于救灾的需求更多元（普遍救助、生计救助等）、持续时间更久；女性更容易受到灾害影响，感染疾病，面临更大的精神压力，需求也呈现多元化等。

2）突发性与渐发性灾害类型、多灾种与灾害链效应进一步加大了巨灾救灾的差异性。突发性与渐发性巨灾损失表现形式差异显著，这决定了救灾需求的差异，并进一步影响到救灾的差异性。与此同时，多灾种与灾害链效应易于形成巨灾，相关研究表明，巨灾的规模越大、损失越严重、持续时间越长，因社会脆弱性而产生的需求差异性就越突出（陈升等，2010；张海波等，2012）。

3）“政府—社会—企业”多元参与是应对巨灾社会脆弱性问题的关键。对于常规灾害而言，由于灾害规模小、涉及内容少且基本为普遍性需求，救灾需求相对简单，按照应对常规灾害的救灾准备，政府能较好地满足救灾需求；而对于巨灾而言，救灾需求规模巨大、类型多元，单靠政府自身无法在有限的时间内完全满足，通常该过程中政府以较好地满足普遍性需求为重点，需要社会组织及公众参与，而鉴于企业、NGO、志愿者、受灾社区与民众等的多元性特征，可以承担巨灾中的差异性救灾（张强等，2009），这也与部分研究提出的“成熟的巨灾保障机制”——政府的基础应急机制、保险行业的补充机制和慈善等民间救助（郭剑平，2009）相一致。《国家自然灾害救助应急预案》中也对此做出了相应规定：自然灾害救助“坚持政府主导、社会互助、灾民自救，充分发挥基层群众自治组织和公益性社会组织的作用”。

4）NGO、志愿者和受灾民众等是满足社会脆弱性带来的巨灾救灾差异化需求的重要力量。按照马斯洛的需求层次理论（hierarchy of needs），所揭示的一般规律，普遍性需求是基本生活需求，差异性需求则是在满足普遍性需求得到满足后才逐步凸显的需求，主要是在灾后恢复重建阶段或灾后更长时段发挥作用。当前，针对常规灾害救助，NGO、志愿者服务涉及较少，而针对汶川特大地震等巨灾的救灾则有大量的 NGO 和志愿者参与，但由于没有预先合理的分工协调与指导，在巨灾救助中也出现了少量不协调或者资源配置不合理的问题（陈健民，2011）。因此，迫切需要深入分析研究社会脆弱性的内涵与外在表现，采用行政吸纳模式（林闽钢等，2011），政府通过认可或者吸纳 NGO、志愿者的救灾参与，使得社会力量充任政府救灾的角色补充，同时实现差别化的多元管理，激励社会力量持续参与巨灾差异性救灾。

5）企业是专业化提供某一种或者几种巨灾救灾差异化需求的主要力量。企业参与巨灾救灾至少可以通过直接的物资与技术救助、间接的风险转移救助。本书重点对保险企业对巨灾风险转移等救灾方式进行探讨。国外经验表明，巨灾保险机制已成为管理巨灾风险的有效手段，是提高灾害防范和救助能力的重要制度安排。建立巨灾保险制度应把握两点：一是引导商业性保险机构积极参与，根据巨灾风险“大灾难、大范围、小概率”的特性，设计出能够帮助商业机构有效规避风险的机制；二是配套环节和配套措施要同步跟上，需要地质、地震、气象、水文、民政、财政、税收、金融、教育、项目建设管理等多个部门，包括地方政府的支持和协作配合（郭剑平，2009）。全面构建灾害风险的转移机制，大力倡导开展灾害保险、再保险和利用各种金融手段（史培军，2008），实现保险、再保险公司对风险的分散与政府兜底相结合，切实提高灾害风险的转移能力，通过保险赔付等方式实施巨灾差异化救助。

2.4.3.2 恢复性与巨灾影响的长期性

灾害领域恢复性是指社会单元（如各种组织和社区）减轻致灾因子的打击（包括灾害发生时的影响）、执行有效恢复措施（包括使社会受破坏达到最小和减少未来灾害的影响）的能力，一个具有良好恢复性的系统具备 3 个特性：系统被打击的可能性降低了；打击破坏的程度减小了；恢复的时间缩短了（Bruneau et al.，2012）；同时恢复性具有创新力（creativity），是恢复过程中的收获或者成果，可以通过对新环境的适应和对扰动打击经验的学习来获得（Folke et al.，2003）。

当前，学术界对恢复性的认识可分为两大类：一是认为恢复性是一种理想的结果，另一种认为恢复性是可得到理想结果的过程（Kaplan，1999）。将灾害领域恢复性看做一种结果的缺点在于其强化了灾害管理中传统管理，强调了灾害响应的状态（McEntire et al.，2002）；而将灾害领域恢复性看做一种预有准备的过程（促使理想结果的产生）包含着一系列的事件、行动或者变化来增强承灾体面对单一、多个或者特殊打击时的能力，强调了承灾体中人的能动性在灾害恢复过程中的作用。其实，灾害领域恢复性可看做是灾害过程中的一种适应，具有一种未来维，是预防未来灾害的一种策略，可使承灾体逐步调整适应并改变自身非本质属性来获得良好的生存环境，其目标是增强那些可以在适应极端环境条件下起作用的基础性的价值、资产和资源（Zhou et al.，2010）。巨灾救灾贯穿于灾害的全过程，尤其是灾后恢复重建阶段，灾害领域恢复性在灾中、灾后阶段表现出的特性（Zhou et al.，2010）决定了其在巨灾救灾过程中的重要指导作用。

灾害领域恢复性不仅具有自然恢复性的特点，也具备社会恢复性与经济恢复性的特点，属于综合恢复性的范畴（Folke et al.，2003）。巨灾后救灾过程就是满足自然系统、社会系统和经济系统重建与恢复条件的过程。因此，恢复性与巨灾救灾的关系可以概括为综合恢复性与巨灾救灾的长期性与社区化（图2-5），具体理解如下（周洪建和张弛，2017）。

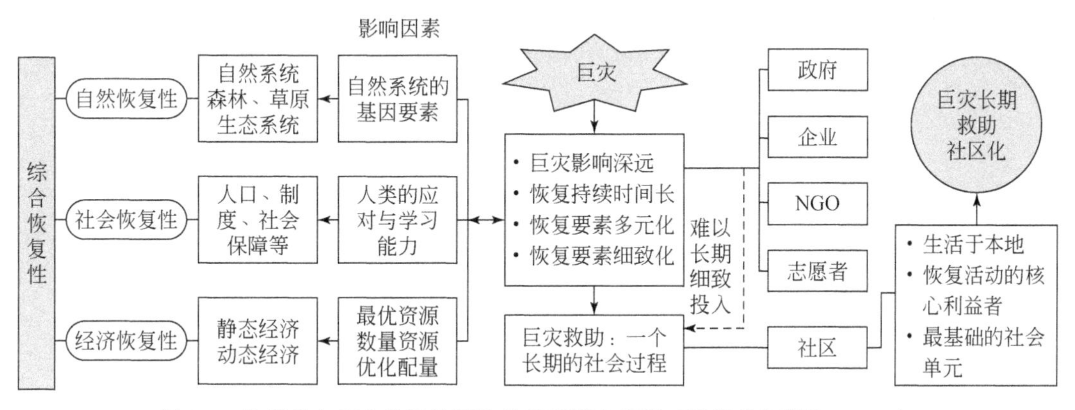

图2-5　恢复性与巨灾救助社区化的关系概念模型（周洪建和张弛，2017）

1）社会恢复性理论的一个强大优势是关注恢复性的根源，它更利于指导巨灾救灾。灾后恢复与重建作为巨灾救助的核心目标之一，其中，灾后重建基本上是技术问题，主要是巨灾损毁实物的重建、修复等，而灾后恢复是一个根植于社会结构的过程，更多地关注社会价值和群体核心利益。简言之，灾后恢复更强调社会过程。因为巨灾影响深远，灾后恢复必然是一个长期的过程，因此唯有透过社会恢复性，才能真正确认社会中恢复性最低的群体，只有这类群体的最终恢复才是巨灾救灾的完成与成功。

2）社区的特征决定了巨灾长期救灾的社区化。社区处于抵御自然灾害的一线，长期生活于巨灾影响地区，它既是巨灾的受灾群体，也是巨灾救助的对象（包括巨灾后的恢复重建）。同时，作为最基础的社会单元，社区较其他社会单元从事灾害救助的方式更为灵活，加之其分布广泛也最容易深入到巨灾影响的各个方面。由于巨灾灾后恢复持续时间长，政府、企业、NGO、志愿者等都难以长期投入到实际的灾害救助中，只有在政府—企业—社会的大力支持下，充分挖掘社区的能力，形成巨灾救灾的社区化，才能更好地完成灾后恢复的过程。

第 3 章　巨灾风险形成过程概念模型

3.1　巨灾风险类型划分

3.1.1　灾害系统

3.1.1.1　区域灾害系统的概念

区域灾害系统是由孕灾环境（*E*）、致灾因子（*H*）、承灾体（*S*）与灾情（*D*）共同组成的具有复杂特性的地球表层异变系统（图 3-1），是地球表层系统的重要组成部分，灾情是孕灾环境、致灾因子、承灾体相互作用的产物（史培军，1991，1996）。

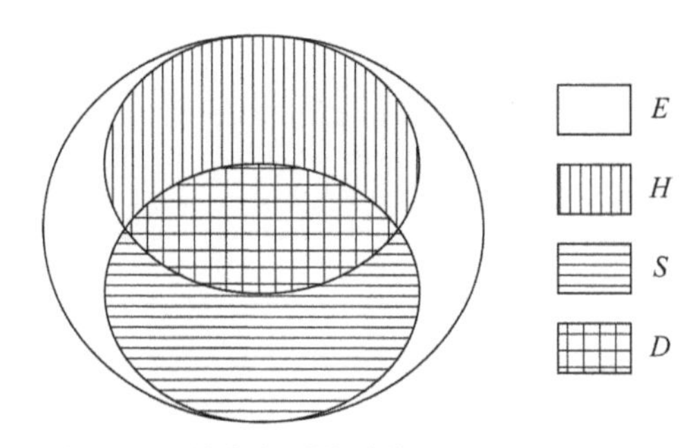

图 3-1　区域灾害系统结构（史培军，1996）

孕灾环境是由大气圈、岩石圈、水圈、人类圈所组成的综合地球表层系统，其稳定程度是表征区域孕灾环境特征的定量指标。孕灾环境对灾害系统的复杂程度、强度、灾情的大小以及灾害的群聚性，以及灾害链等的形成有着决定性作用。致灾因子是指可能造成人类社会经济系统损害的孕灾环境的异变因子，致灾因子包括自然致灾因子，如地震、火山喷发、滑坡、泥石流、台风、旱涝等，也包括环境以及人为的致灾因子（史培军，1991），本书主要指自然致灾因子；灾害的形成是致灾因子对承灾体作用的结果，没有致灾因子也就无所谓灾害。承灾体是各种致灾因子作用的对象，是人类及其活动所在的社会与各种资源的集合。灾情包括人员伤亡及造成的心理影响、直接经济损失和间接经济损失、建筑物破坏、生态环境及资源破坏等（史培军，1996）。

3.1.1.2　区域灾害系统的性质

区域灾害系统是地球表层系统中的社会—生态系统（史培军，2009）。人类不是一个孤立的系统，是复杂社会—生态系统的一部分，也有人称其为社会—生态系统（Berke et al.，

1993）或人类环境复合系统（Turner et al.，2003）。社会—生态系统可以在不同的空间尺度上展现在人类面前，在任何一个社会—生态系统中，人类与生态（或称环境、或称自然，或称生物物理）子系统都处在相互作用的状态。在区域灾害系统中，承灾体就是人类及其活动组成的社会系统，孕灾环境就是生态系统，致灾因子则是由社会系统与生态系统相互作用所产生的对人类构成危害的渐发或突发性因素。因此，可以认为，区域灾害系统就是地球表层系统中的社会—生态系统，它表现出一般生态系统所具有的能量流动、物质循环与信息传递的特征。因此，基于区域灾害系统的结构体系，可以应用建立区域生态系统动力学模型的方法，建立区域灾害系统动力学模型，即将致灾因子作为自变量，把承灾体作为因变量，而把孕灾环境作为一种限制（或催化）条件，建立其因果关系的动力学模型。

区域灾害系统也是地球表层系统中的人地关系地域系统（史培军，2009）。吴传钧（1991）认为，人地关系地域系统是地理学理论研究的核心，并反复强调，地理学要着重研究人地系统中人与自然的相互影响与反馈作用。人地关系地域系统研究的核心目标是协调人地关系，从空间结构、时间过程、组织序变、整体效应、协同互补等方面，认识和寻求不同尺度的人地关系系统的整体优化、综合平衡及有效调控的机理，为有效地进行区域开发和区域管理提供理论依据。区域灾害系统就是由作为承灾体的人类及其形成的社会经济系统与其依存的由孕灾环境和致灾因子组成的地域系统，共同组成的对人类可持续发展产生不同程度影响的人地关系地域系统。人地相互作用的适应性与脆弱性、恢复性有着密切的联系。脆弱性评价是恢复性改进的基础，恢复性的提高是适应性的一种具体措施。承灾体的适应性、脆弱性和恢复性三者与孕灾环境不稳定性和致灾因子危险性共同构成了人地系统中的风险性（史培军等，2006）（图3-2）。

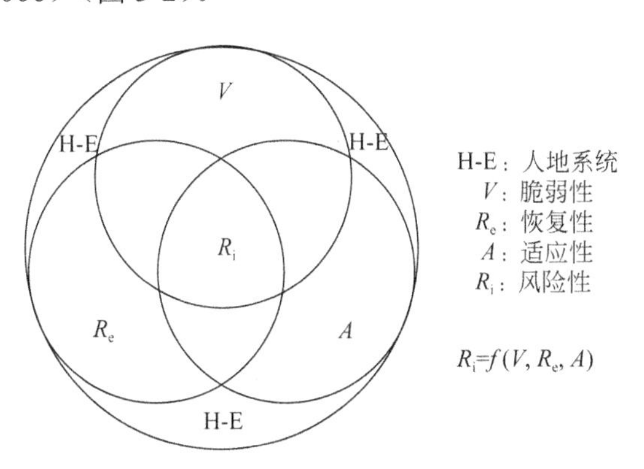

图3-2　人地系统的结构与功能特性（史培军等，2006）

区域灾害系统是可以在时空两个方面进行类型划分与区划的多级体系（史培军，2009）。当今在探索区域可持续发展模式的过程中，一方面要保障资源，另一方面要保护环境，同时还要防灾减灾与防范风险，并提出通过确定主体功能的途径，协调发展与保护的矛盾。因此，对区域灾害系统进行类型划分或予以区划，都将对建立“因害设防，防抗救一体化”的综合减灾体系起到极为重要的作用，也对确定具有不同灾害风险水平的地区可持续发展模式提供重要的科学依据，也为建立区域综合减灾模式提供了在空间上布局的依据。

3.1.2 灾害链

灾害链（disaster chain）是指因一种灾害发生而引起的一系列灾害发生的现象（史培军，1991），是某一原发灾害发生后引起一系列次生灾害，进而形成一个复杂的灾情传递与放大过程。可以看出，构成灾害链的要素包括：至少有两种不同的灾害发生，灾害链中灾害之间存在时空上的因果关系。灾害链的特点包括：①诱发性，灾害链存在引起与被引起的关系，即一种或多种灾害的发生是由另一种灾害的发生所诱发的，没有这种诱发作用，不能被称为灾害链；②时间延续性，灾害链的诱发作用使得灾害发生有一定的先后顺序，即原生灾害在前，次生灾害在后，且灾害链的时间尺度相对较短；③空间扩展性，灾害链中的次生灾害使其影响范围扩大。可见，灾害链概念强调了构成灾害链的不同种类灾害之间的相互引发关系。在国外的研究中，灾害链的提法有灾害链（Heiko，2006）、链式反应（chain reaction）（Nature Geoscience Editoral，2011）、多米诺效应（Domino effect）（Khan and Abbasi，2001）、伴生效应（couple effect）（Scira，2001）等。

20 世纪 80 年代末 90 年代初，灾害链概念作为灾害学基本理论问题被提出。郭增建和秦保燕（1987）认为，灾害链是一系列灾害相继发生的现象。史培军（1991）认为灾害链是因一种灾害发生而引起的一系列灾害发生的现象。马宗晋（1994）将灾害链定义为原发灾害派生出的一系列次生灾害是形成的次生灾害链。文传甲（1994）研究大气灾害链时，指出灾害链是一种灾害启动另一种灾害的现象，强调了灾种间的因果关系。随着灾害科学、灾害风险科学的不断完善与深入，不同背景和专业的研究者从各自角度出发，借鉴多学科的理论，对灾害链概念进行诠释与界定，推动了对于灾害链概念的深入认识（表 3-1），灾害链概念内涵已从最基本的理论问题成为实际灾害风险防范中关注的热点问题。李景保和肖洪（2005）为揭示生态灾害群发过程及其与灾害性洪水的内在联系，引用生态系统中食物链和食物网的概念来描述灾害链。黄崇福（2005）认为多态灾害链是一种灾害在不同条件下可能诱发不同灾害链的现象，并给出形式化的数学描述。肖盛燮（2006）把灾害链看作为“链式关系”或“链式效应”，认为其演化过程暴露了自然环境状态朝着不利于人类社会的偏移方向演绎，延续性的演化过程总是以一定的物质、能量等信息形式表现，体现了由量变到质变的内涵和外延关系的演化，重点为灾害链的演化过程。姚清林（2007）从物理学中“场论”的观点出发，认为灾害链是物理、化学场平衡—失衡—平衡的过程产物，链中的因果关系由“场”来传递，是场因果而非孤立的点因果，链中的事件皆是场态的“象”。门可佩和高建国（2008）认为重大自然灾害极易借助自然生态系统之间相互依存、相互制约的关系，产生连锁效应，由一种灾害引发出一系列灾害，从一个地域空间扩散到另一个更广阔的地域空间，这种呈链式有序结构的大灾传承效应即为灾害链。徐道一（2008）从自组织理论出发，提出灾害链具有隐性，有序性的变量，可类比为协同学中的“序参量”，用“似序参量”参数刻画灾害链。

表 3-1　不同学者对灾害链的理解

序号	定义	文献
1	灾害链是一系列灾害相继发生的现象	郭增建和秦保燕，1987

续表

序号	定义	文献
2	灾害链是由某一种致灾因子或生态环境变化引发的一系列灾害现象	史培军，1991
3	灾害链是一种灾害启动另一种灾害的现象，即前一种灾害为后续灾害的启动灾环，后一事件是源发灾害的被动灾环，突出强调了事件发生之间的关联性	文传甲，1994
4	灾害链是在一个相互联系的系统中，一个很小的初始事件就可能产生一连串连锁反应的现象	Khan and Abbasi，2001
5	灾害，特别是等级高、强度大的灾害发生后，常常诱发一连串的次生灾害接连发生，从而形成灾害链	刘哲民，2003
6	灾害链为由两种或多种灾害因因果关系或同源关系而形成接续发生或同步发生的序列	倪晋仁等，2004
7	灾害链是原生灾害及其引起的一种或多种次生灾害所形成的灾害系列；其中，原生灾害是由动力活动或环境异常变化直接形成的自然灾害；次生灾害是由原生灾害引起的“连带性”或“延续性”灾害	地球科学大辞典编辑委员会，2005
8	灾害链是将宇宙间自然或人为等因素导致的各类灾害，抽象为具有载体共性反映特征，以描绘单一或多灾种的形成、渗透、干涉、转化、分解、合成等相关的物化流信息过程，直至灾害发生给人类社会造成损坏和破坏等各种连锁关系的总称	肖盛燮，2006
9	灾害链是包括一组灾害元素的一个复合体系，链中诸灾害要素之间与诸灾害子系统之间存在着一系列自行连续发生反应的相互作用，其作用的强度使该组灾害要素具有整体性	刘文方等，2006
10	地质灾害链是成因上相似并呈线性分布的一系列地质灾害体组成的灾害链或者由一系列在时间上有先后，在空间上彼此相依，在成因上相互关联、互为因果，呈连锁反应依次出现的几种地质灾害组成的灾害链	韩金良等，2007
11	重大自然灾害一经发生，极易借助自然生态系统之间相互依存、相互制约的关系，产生连锁效应，由一种灾害引发出一系列灾害，从一个地域空间扩散到另一个更广阔的地域空间，这种呈链式有序结构的大灾传承效应称为灾害链	门可佩和高建国，2008
12	灾害链是对某种灾害从发生时到该种灾害对人类社会造成损失或破坏后的各种连锁关系的总称	王春振等，2009
13	灾害链是灾害事件间的相互作用而形成的多米诺现象	Carpignano et al.，2009
14	在复杂的自然灾害系统中多种灾害过程之间是相互关联的，灾害的发生会改变灾害系统的整体状态，从而影响另一灾害的发生	Kappes et al.，2012
15	灾害之间通常具有因果关系，这使得灾害系统的复杂性大大提高	Helbing，2013
16	灾害链为在特定空间尺度与时间范围内，受到孕灾环境约束的致灾因子引发一系列致灾因子链，使得承灾体可能受到多种形式的打击，形成灾情累积放大的灾害串发现象	余翰等，2014

纵观不同学者的定义发现，尽管因专业背景和关注点的不同而学者对灾害链的解释不同，但关于灾害链对孕灾环境和承灾体的破坏作用及对时空域的各种损失起到扩散、放大作用，甚至造成巨灾的形成等方面的认识较为一致。

有两个概念易与灾害链引起混淆：一是灾链，这一概念的核心在于讨论致灾因子之间宏观上的相互关系，目的是为了实现宏观层面的灾害预报，研究的时空范围尺度都比较大。

郭增建和秦保燕（1987）认为灾链包括因果、同源、互斥、偶排 4 种类型。耿庆国（1997）在天地生综合研究工作中，认为自然灾害并非孤立，而是存在地下、地表、地上的灾害链效应。二是灾害群发，灾害群也存在多种致灾因子群发、群聚以及灾情的累加放大效应，但它和灾害链的本质区别在于，灾害群中多种灾害不存在因果关系，且灾害群的出现是致灾因子与承灾体的时空分布不均所造成的（史培军，1991）。灾害群的相关理论将在 3.3 节详细阐述。

3.1.3 多灾种

3.1.3.1 多灾种的概念

多灾种（multi-hazard）是相对于单灾种而存在的一个概念，通常是指在一个特定地区和特定时段，多种致灾因子并存或并发的情况（史培军，2009），也称为灾害群，是灾害在空间上群聚和时间上群发的现象，是对灾害在时间、空间两个方面集散程度的标志。致灾因子与承灾体在空间上的不均匀性，产生了灾害在空间上相对聚集与分散的现象，即灾害群聚；灾害在时间上出现的不均匀性，产生了灾害在时间上多灾丛生于少生的现象，即灾害群发（史培军，1991；高庆华等，2006）。

多灾种各致灾因子之间的关系多样，从不同的角度呈现出各种复杂的关系（表 3-2）（史培军等，2013）：①从相互作用来看，不同的致灾因子可能是相互独立的，也称能存在相关关系，甚至是因果触发关系（因果触发关系也被认为是灾害链）。这些关系的存在与否及其关联程度也对区域灾情大小有着重要影响。②从发生时间来看，致灾因子存在同时发生和先后发生两种不同的关系，其危害性往往不同；而对于先后发生的致灾因子，其先后次序以及发生的间隔时间长短对于最终造成的损失也会有影响。③从影响范围来看，区域内各种致灾因子的影响范围可能相互叠交，也可能相互分离，有无叠加区域与叠加区域大小都影响最终的灾情。④从致灾效果来看，多种致灾因子共同作用既可能加重灾情，也可能减缓灾情，还可能无影响。

表 3-2　多灾种致灾因子间的关系

角度	关系
相互作用	独立/相关/触发
发生时间	同时发生/先后发生
影响范围	相互叠交/相互分离
致灾效果	加重灾情/减缓灾情/无影响

3.1.3.2 多灾种与灾害链的区别

多灾种与灾害链经常被混淆，但其实两者存在本质区别。与灾害链所具备的明确链式特征不同，多灾种本质上是灾害在空间上群聚或时间上群发的现象。例如，郭增建（2006，2007）认为 1956 年蒙古国台风引发了 1957 年的 8.4 级地震，1970 年孟加拉风暴与同年云南 7.7 级地震同为风暴—地震灾害链，尽管各灾种之间可能存在某种关联，但更适合将其归类为时间上群聚或空间上群发的现象；而灾害链则强调相对较短时间内灾害间诱发的链式反应。原生灾害与次生灾害环环相扣，是整个灾害系统某一要素改变而引发相关要素变动的现象。

多灾种与灾害链的区别主要表现在：①多灾种与灾害链的形成机制不同。多灾种是受地球系统某一因子触发所导致的致灾因子的群发现象，是一个多灾并发的过程。灾害链是某一致灾因子的发生引起的一系列次生灾害的链发现象，是一个“致灾成害”的过程，可分为并发性灾害链和串发型灾害链。②多灾种与灾害链的研究对象和目的不同。多灾种旨在通过研究致灾因子的时空分布、强度、相互联系等规律预测灾害的发生，例如，郭增建等（1996，2006，2007）根据灾害物理学，认为可从“经络学说”“穴位论”“地气耦合系统”3 个方面预测多灾种发生的可能性。灾害链是研究灾害的发生频次、强度、物理形态和传递过程等特征评估灾害风险。

3.1.4 灾害机制

3.1.4.1 基本概念

区域灾害系统中所讨论的灾害机制主要强调灾害系统的综合作用机制，即物质与能流耗散机制和生态机制。灾害系统是一类非平衡的耗散系统，表现出系统物质能量流的一系列扰动—涨落—相变—新态的耗散机制，具体表现为系统的波动、渐变与突变（史培军，1991）。

灾害系统物质与能流耗散机制的核心是灾害时空变化的动力学过程，它集中反映了灾害系统的致灾过程；灾害系统生态机制主要揭示成灾过程。灾害机制包括：①反馈机制，正反馈机制可以看作灾害系统的放大过程，当灾害发生引发链式反应时，结果逐级显示出灾害的正反馈作用，虽然能量的衰减对原发灾害来讲出现负反馈，致灾过程得到抑制，但链式作用使得次一级灾害加强，最终使成灾范围扩大。②阈值机制，在致灾因子与承灾体相互作用下，出现致灾的临界值（域）的机制。由于致灾强度的变化，承灾体承受致灾能力的差异，使灾害系统的致灾临界值（域）变化很大。③迟滞与综合加重机制，自然灾害表现出的迟滞现象是对孕灾环境与致灾发生时间的迟滞；综合加重是灾害系统致灾群发、群聚、链发在成灾过程中的集中表现（史培军，1991，1996，2002）。

3.1.4.2 区域灾害形成过程

致灾因子、孕灾环境与承灾体变化都存在随机性，孕灾环境与承灾体在特定时期还存在波动性与趋向性。对区域灾害形成过程的认识，必须从灾害系统的形成与演化的普遍规律中加以理解（图 3-3）。图 3-3 中，HR 为致灾因子风险变化过程，ES 为孕灾环境稳定性变化过程，SV 为承灾体脆弱性变化过程，DP 为区域灾害形成过程。区域灾害的形成过程既要重视致灾因子在区域灾害形成过程中的作用，更要重视孕灾环境与承灾体时空动态变化的研究。同时，根据灾害类型的不同，区域灾害形成过程存在明显的突发性灾害形成的动力过程和渐发性灾害形成的生态过程，其中，突发性灾害形成过程的关键是结构与致灾因子的相互作用机制；渐发性灾害形成过程的关键是临界值（域）与生态环境的相互作用机制（史培军，2002，2005）。

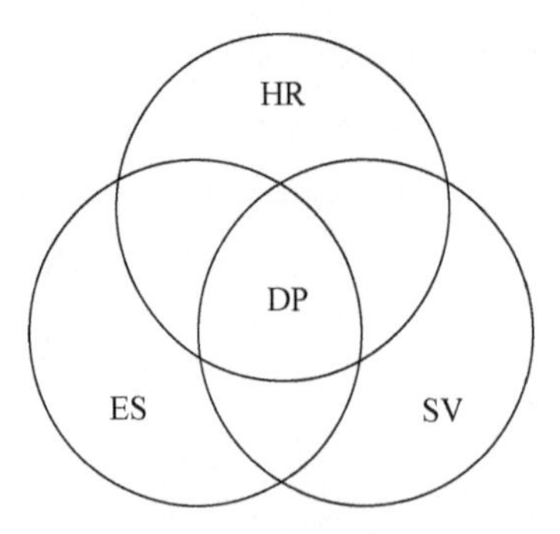

图 3-3　区域灾害动力学机制图（史培军，2002）

3.2　单灾种型巨灾风险

3.2.1　1998 年长江流域特大洪涝灾害案例

3.2.1.1　基本特点

1998 年汛期（6～8 月），长江流域连续遭受 4 个过程的暴雨袭击（表 3-3），暴雨强度大、水位高、持续时间长、洪水流量大，是 20 世纪一次全流域性的大洪水，给人民群众的生命财产与当地经济社会发展造成了巨大损失。

表 3-3　1998 年 6～8 月长江流域降雨过程

过程	名称	主要降雨区
第一次过程（6 月 11 日～7 月 3 日）	中下游第一度梅雨	鄱阳湖水系的昌江、乐安河、信江、赣江吉安以下、抚河、潦河、修水和湖区以及洞庭湖水系的湘江湘潭以下、资水、沅江和湖区，降水量均在 300mm 以上
第二次过程（7 月 4～15 日）	上游第一段集中降雨	长江上游及汉江上游地区，特别是四川省境内发生了较大范围的暴雨；降水量大于 300mm 的笼罩面积为 24469km^2；有两处暴雨中心，一处位于岷江水系的温江站，另一处位于嘉陵江水系的新民站
第三次过程（7 月 16～31 日）	中下游第二度梅雨	沅江、澧水、资水局部、武汉市、汉江下游、鄂东北、鄂东南和鄱阳湖水系的信江、饶河、抚河、赣江下游、修水等地出现大暴雨；降水量大于 300mm 的笼罩面积为 173529km^2，大于 400mm 的笼罩面积为 99501km^2
第四次过程（8 月 1～30 日）	上游第二段集中降雨	四川盆地、清江及汉江上游；降水量大于 300mm 的笼罩面积为 301769km^2

资料来源：水利部水文局，2002

此次灾害性天气过程为 1949 年以来罕见，这次灾害具有如下特点：①暴雨频繁，从 1998 年 6 月 11 日长江流域进入梅雨季节后，各地暴雨频繁，来势凶猛。6～8 月长江流域共出现 84 个暴雨日，日暴雨发生频率极高，其中大暴雨为 52 天，占暴雨日总数的 62%。

②暴雨稳定、历时长，6月11日～7月3日，强降雨带稳定维持在洞庭湖、鄱阳湖两水系，滞留时间长达23天；7月4～15日，强降雨带推移到长江上游广大地区，维持12天；7月16～31日强降雨带又回到洞庭湖、鄱阳湖水系，历时16天；8月1～29日长江上游再次出现稳定的强降水，暴雨到大暴雨区域徘徊于长江上游及汉江流域，时间长达29天；这种暴雨中心稳定少动，长时间维持在某个地区或水系的现象历史罕见。③笼罩面积范围广，笼罩面积最大的为6月13日发生在洞庭湖、鄱阳湖的大暴雨，笼罩面积为61997km^2；其次为7月22日发生在资水、沅江、澧水和洞庭湖区、鄱阳湖区的强降雨，大暴雨面积为54107km^2；7月21日发生在乌江、洞庭湖、鄂东北的大暴雨，笼罩面积为51777km^2，居第3位，跨贵州、湖南、湖北3省。④雨带南北拉锯、上下游摆动，6月中下旬雨带主要在中下游地区，特别是鄱阳湖、洞庭湖两湖水系；7月上旬雨带推移到上游地区；下旬雨带再次回到中下游地区；8月雨带又推移到上游地区，直到15日；16～18日，雨带又推至长江中下游及江南地区；19～25日，又回到嘉陵江、岷江流域及汉江；26～29日雨带再次推到长江中下游及江南；这种雨带南北拉锯、上下游摆动造成了1998年长江上、中、下游洪水的恶劣遭遇。⑤区间暴雨造成洪峰叠加，长江干流河道为东西走向，洪峰从上游往下游传播过程中，常遇区间暴雨而加大洪峰水位、流量；区间暴雨集中，突发性强，汇流迅速，使洪峰急剧抬高，加重了防汛的紧张形势（水利部水文局，2002）。

此次特大洪涝灾害造成的损失异常严重，远远超过常年同类灾害，仅长江中下游洪涝就淹没耕地约482万亩，溃垸1970个；据湖北、江西、湖南、安徽、浙江、福建、江苏、河南、广西、广东、四川、云南等省（区）的不完全统计，受灾人口超过1亿人（次），受灾农作物1000万hm^2，死亡1800多人，倒塌房屋430多万间，经济损失1500多亿元，其中湖南、江西灾情最重。

3.2.1.2　形成过程

1998年长江流域特大洪涝灾害的形成（图3-4）可归结为：①暴雨天气过程频繁、强雨带稳定、历时长，多数地区暴雨强度超历史极值。②前期降雨偏多、中下游地区底水偏高，1997年冬至1998年春，长江中下游地区的气候反常，江南频繁出现大雨或暴雨，湘江、赣江、闽江和广东北江干流3月发生洪水，汉口水文站3月16日水位达到21.3m，为有记录以来同期最高值，这几条江河的春汛比常年提前1个月。也就是说，在1998年梅雨期开始前，江南的土壤含水量接近饱和，江河和水库的水位已经很高。③区间暴雨导致洪峰叠加，6月下旬、7月中旬，鄱阳湖、洞庭湖两湖洪水叠加，随后上游洪水又与中下游洪水相遇，8月上旬，长江上游洪峰通过三峡江段时，又多次与三峡区间和清江流域的暴雨洪水相遇。④不合理的人类活动导致湖泊调蓄和河道行洪能力降低，由于淤积、围垦等，长江中下游湖泊面积减少了46%，仅洞庭湖、鄱阳湖和汉水湖群，20世纪50年代以来因围垦和淤积而丧失的湖泊容积就超过300亿m^3，这大大降低了长江中下游湖泊的调洪能力；同时，河道过水断面缩窄，洪水出路变小，宣泄不畅，洪水行进缓慢，加剧了上下游洪水的顶托作用，使水位不断抬高，长江向洞庭湖分流的比例由20世纪50年代的45%衰减至1998年的25%左右。⑤长江中下游地区人口稠密，它是我国重要的农产品商品基地、工业基地，交通运输网络、通信网络发达，一旦遭受特大自然灾害，破坏十分巨大。

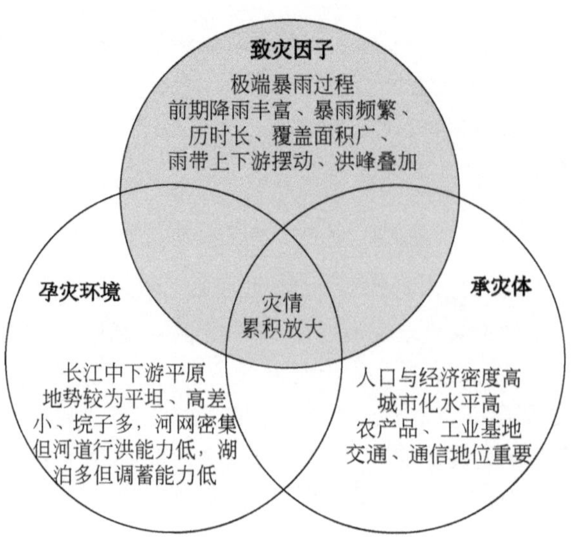

图 3-4　1998 年长江流域洪水灾害形成过程

3.2.2　2008 年南方特大低温雨雪冰冻灾害

3.2.2.1　基本特点

2008 年 1 月 10 日至 2 月 2 日，中国南方地区先后出现 5 次大范围的低温雨雪冰冻过程（表 3-4）。这次灾害性天气正值中国传统节日春节之际的春运高峰，灾害持续时间长、影响范围广、危害程度大，多数地区为 50 年一遇，部分地区达 100 年一遇（史培军等，2012）。降雨（雪）主要集中在长江中下游、华南大部及云南西北部等地，这些区域的累积降水量达 50～100mm，其中，苏皖南部、江南大部、华南部分地区超过 100mm。长江以北大部分地区、江南南部、华南大部及云南西部等地降水量是往年同期的 1～2 倍，部分地区超过 2 倍。

表 3-4　2008 年 1 月 10 日至 2 月 6 日 5 次低温雨雪冰冻天气过程

过程	大到暴雪区	冻雨区
第一次过程（1 月 10～16 日）	陕西中部、山西南部、河南、安徽中北部、江苏北部、湖北、湖南和江西西北部	湖南中南部、贵州西部和南部
第二次过程（1 月 18～22 日）	湖北东部、河南南部、安徽中部和北部、江苏北部和湖南北部	安徽南部、湖南大部、贵州全省和广西东北部
第三次过程（1 月 25～29 日）	河南南部、湖北东部、安徽、江苏和浙江北部出现暴雪，28 日积雪深度达 20～45cm	江西大部、贵州大部和湖南部分地区
第四次过程（1 月 31 日至 2 月 2 日）	湖南中部、江西北部、安徽南部、江苏南部、浙江北部等地出现暴雪，2 日局部地区积雪厚度达 20～35cm	贵州、湖南、江西、浙江、云南等地
第五次过程（2 月 4 日至 2 月 6 日）	湖南、江西北部、贵州西部、云南东部	云南东部、贵州西部

资料来源：史培军等，2012

此次低温雨雪冰冻天气过程为 1949 年以来罕见，具有影响范围广、持续时间长、平均温度低、平均降水多、积雪冰冻厚等特点。①影响范围广，持续的低温雨雪冰冻天气，影响上海、江苏、浙江、安徽、福建、江西、河南、湖北、湖南、广东、广西、重庆、四川、贵州、云南等 20 个省（自治区、直辖市）。②持续时间长，2007 年 12 月 1 日至 2008 年 2 月 2 日，长江中下游及贵州日平均气温小于 1℃的最长连续日数仅少于 1954 年、1955 年冬季，为历史同期次大值；长江中下游及贵州平均冰冻日数则超过 1954 年、1955 年为历史同期最大值。其中，湖南省是有记录以来范围最广、持续时间最长的一次冰冻灾害，超过了 1954 年、1955 年，冰冻出现站数为有记录以来最大，冰冻持续时间仅次于 1982 年、1983 年、1954 年、1955 年。③平均温度低，较常年偏低 2～4℃，平均最高气温异常偏低，较常年偏低 5～10℃，贵州、湖南、湖北、江西等地达历史同期最低值，湖北、湖南平均气温达历史同期最低值，大范围平均最高气温之低百年一遇。④平均降水多，四川降水量为 1951 年以来历史同期最大值，上海、江苏、湖北积雪覆盖面积占本省总面积的 90%以上，贵州、湖南、重庆占 40%～75%。⑤积雪冰冻厚（图 3-5），湖北省武汉市最大积雪深度达 27cm，仅次于 1954/1955 年（32cm）；贵州省电线积冰厚度突破了有气象记录以来的极值，有 49 个县（市、区）的冰冻持续日数突破了历史记录。另外，由于地面风速明显偏低，大气湿度偏大，积雪难以被吹走或蒸散，加剧了冰雪积压厚度。湖南省郴州市宜章（在南岭京珠高速公路沿线附近地区）气象站日均风速和最大风速分别低于 1.8m/s 和 3.5m/s，低于可以吹走积雪的风速（5m/s）；宜章站大气平均相对湿度高达 75%以上，第三次和第四次过程期间，天气相对湿度更是高达 80%以上（史培军等，2012）。

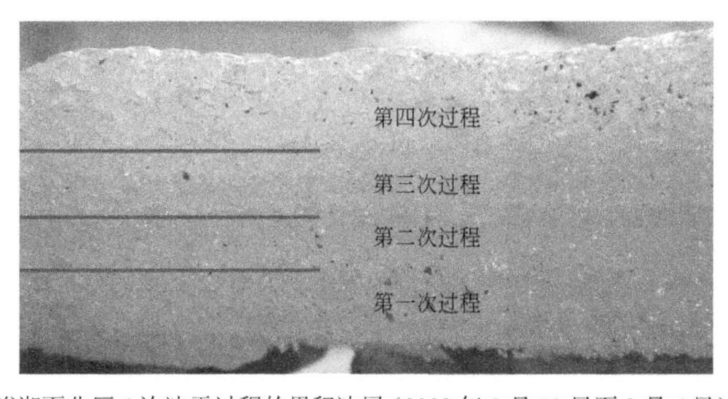

图 3-5　湖南郴州裕湘面业厂 4 次冰雪过程的累积冰层（2008 年 1 月 10 日至 2 月 6 日）（史培军等，2012）

此次低温雨雪冰冻灾害造成的损失十分严重，远远超过常年同类灾害。灾害波及 21 个省（自治区、直辖市），因灾死亡 129 人，失踪 4 人，紧急转移安置 166 万人；农作物受灾面积 118.74 万 hm^2，绝收面积 169.1 万 hm^2；倒塌房屋 48.5 万间，损坏房屋 168.6 万间；因灾直接经济损失 1516.5 亿元。其中，湖南、贵州、江西、安徽、湖北、广西、四川、云南等省（区）受灾较重。与 2002～2007 年年度低温冷冻和雪灾损失相比，此次特大低温雨雪冰冻灾害造成的损失十分严重，受灾人口、紧急转移安置人口、倒塌房屋和直接经济损失等均远远超过 2002～2007 年全年平均水平，其中紧急转移安置人口、倒塌房屋、损坏房屋、直接经济损失超出幅度均在 10 倍以上。

3.2.2.2 形成过程

2008 年南方特大低温雨雪冰冻灾害的形成（图 3-6）可归结为：①此次低温雨雪冰冻天气过程为中华人民共和国成立以来罕见，具有影响范围广、持续时间长、平均温度低、平均降水多、积雪冰冻厚等特点，多数地区为 50 年一遇，部分地区达 100 年一遇，低温雨雪天气本身具有极大的破坏力（史培军等，2012）。②低温雨雪天气主要发生在低山丘陵和高原地区，特别是云贵高原与南岭地区，这些地区海拔多在 300～500m 以上，部分地区海拔达 1000m，个别地方超过 2000m；依据一般气温随海拔递减的规律，山区气温一般比平原低，灾区湿度大，几近饱和，冰雪无法蒸发，风速小，几乎为静风，持续多日的冻雨在建筑物上快速堆积成冰，积冰积雪超过设计压力 10 倍以上；地形和气象因素综合作用，导致大面积、长时间积冰是此次低温雨雪冰冻灾害的主要成因。③低温雨雪冰冻天气恰逢春运高峰，春运期间超大规模的客流和物流需求使基础设施、水电供应、商品保障以及社会管理处于极限状态，加上灾害发生于南方大部分地区，人口密度大［重灾区域的安徽、江西、湖北、湖南、广西、贵州等省（区）人口密度均在 200 人/km^2 以上，远超过全国 133 人/km^2 的平均水平］、交通运输线路密、公共基础设施抗冰冻能力低、农林经济比重高、群众掌握的防御冰雪灾害的手段相对少，多种因素交织作用，放大了灾情（史培军等，2012）。

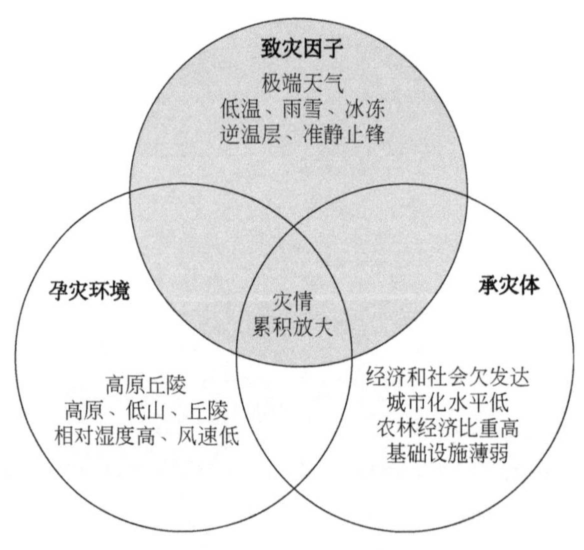

图 3-6 2008 年低温雨雪冰冻灾害形成过程

3.2.3 概念模型

“单灾种型”巨灾形成的概念模型是在区域灾害系统理论指导下，综合考虑孕灾环境的稳定性与敏感性、致灾因子的频发性和承灾体的暴露性与脆弱性，突出强调单灾种频发带来的“叠加”效应，敏感与不稳定的孕灾环境的“催化”效应和承灾体脆弱性不断变化的“演变”效应，从而形成“单灾种型”灾害的致灾过程、成害过程；单灾种不断的“叠加”，承灾体遭受多次打击，致使脆弱性提高，灾情不断放大，最终形成巨灾（图 3-7）。

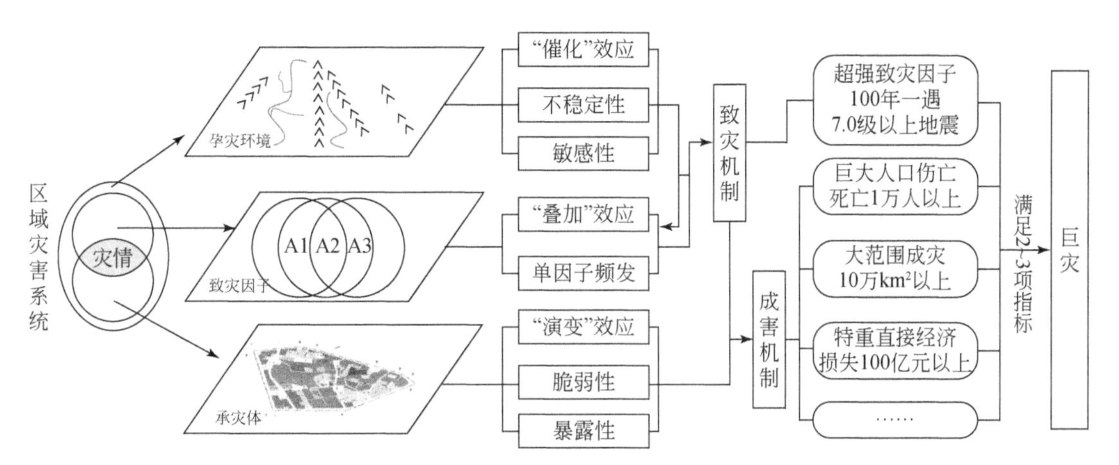

图 3-7　“单灾种型”巨灾风险形成的概念模型

“单灾种型”巨灾的致灾机制。某一区域在一定时段内，某一单灾种频繁发生，每次的致灾因子强度可能达不到形成巨灾的相应级别，但是，多次致灾因子的“叠加”效应，使得致灾强度显著增大；同时，加之区域特殊的孕灾环境，尤其是孕灾环境的敏感性和不稳定性极大地“催化”了致灾因子，进一步提升了致灾强度。例如，1998 年长江流域特大洪涝灾害过程中，长江流域中下游平原地区，河网湖泊密集，长时间的强降雨导致河流湖泊水位居高不下；2008 年南方特大低温雨雪冰冻灾害过程中，低山丘陵和高原地区气温一般比平原低，空气湿度大、风速小，加剧了冰冻灾害的持续发展。

“单灾种型”巨灾的成害机制。灾情的产生是致灾因子打击承灾体并超出承灾体自身承受能力时出现损失的情况，因此，成害过程主要是致灾因子与承灾体相互作用的过程。其中，承灾体对致灾因子的暴露性、脆弱性在很大程度上决定着灾情的大小。与仅发生一次的单灾种相比，“单灾种型”巨灾是单灾种频繁发生，承灾体一直暴露于致灾因子打击范围内，且随着打击次数的增加与致灾强度的逐渐“叠加累积”，承灾体的脆弱性也表现出增大的趋势，且并非线形增大，进而损失也会相应呈现出快速增长的趋势。当承灾体在多次同种致灾因子打击后，其承受能力大幅度下降，甚至崩溃，损失也因此达到最大值。承灾体脆弱性的不断增大是单灾种多次打击的结果，也是灾害损失快速增长的根本原因。随着灾害损失的不断变化，当灾害造成的成灾人口、死亡人口、成灾范围、农作物成灾面积、农作物成灾比例、需救助人口比例和直接经济损失中的 1～2 项（考虑到突发性巨灾和渐发性巨灾的区别，具体在前面已详细阐述，不再赘述），即可认定为此次灾害为巨灾。

通过对 1998 年长江流域特大洪涝灾害、2008 年南方特大低温雨雪冰冻灾害案例的梳理与总结，按照巨灾划分标准，两个灾害都属于典型的“单灾种型”巨灾。1998 年长江流域特大洪涝灾害认定为巨灾，至少满足两个条件：成灾面积约为 22.3 万 km^2，满足巨灾成灾面积大于等于 10 万 km^2 的标准；直接经济损失达 1070 亿元，满足巨灾直接经济损失大于等于 1000 亿元的标准。此外，综合评估得到的长江流域洪涝灾害致灾强度为 50～100 年一遇，基本满足巨灾致灾强度达到 100 年一遇的条件。2008 年南方特大低温雨雪冰冻灾害认定为巨灾，至少满足两个条件：成灾面积约为 100 万 km^2，满足巨灾成灾面积大于等于 10 万 km^2 的标准；直接经济损失达 1517 亿元，满足巨灾直接经济损失大于等于 1000 亿元的标准。此外，综合评估得到的致灾强度为 50～100 年一遇，基本满足巨灾致灾强度达到 100 年一遇的条件。

3.3 多灾种型巨灾风险

3.3.1 长江三角洲地区多灾种群发

3.3.1.1 基本特点

长江三角洲地处中国东部沿海地区的中部，长江入海口，是中国人口最稠密、经济发展水平最高的地区之一，也是中国自然灾害风险最高的地区之一（史培军，2011）。特殊的地理位置与自然、人文环境使得长江三角洲地区成为多灾种群发的典型地区，尤其以连续降水、台风、潮灾、上游涨水和强降水 5 种因子为主的洪涝年多灾种群发现象，即属于多灾种中的“时间群发”类。

长江三角洲地区洪涝灾害年度各洪涝因子的“碰头”几率大。如前所述，连续降水、台风、潮、上游涨水和强降水分别是造成长江三角洲地区洪涝发生的 5 种主要气象因子。①连续降水。初夏时冷空气仍然盘桓在长江下游地区，与南来的暖湿气流相遇形成“梅雨”，一般要维持一个月左右，降水频繁，阴雨连绵，有时还夹着暴雨。而春秋过渡季节是环流更替时期，本地区春季锋面与气旋活动频繁，秋季北方冷空气逐渐增强并向南移动，二者都有可能造成连续降水，连续降水是导致长江三角洲发生洪涝灾害的重要因素。②台风。根据台风过程表中辨识出的台风事件和影响区域进行判断，主要依据记载词语、台风天气现象、潮情、灾害链、灾情、地形、风向等。③潮。潮是指可能造成经济损失、人员伤亡的潮灾。④上游涨水。分长江、淮河在长江三角洲的流域范围判断涨水来源。⑤强降水。不包括台风带来的强降水以及连续降水中出现的强降水的影响。以年度为单位，对 1644～1949 年 306 年间长江三角洲地区 5 种因子进行逐年辨识，计算各种洪涝因子组合发生的概率（图 3-8）。依据洪涝年影响县次序列，选取 6 个洪涝年（相当于 50 年以上一遇）对其洪涝因子构成进行分析（表 3-5），可以看出在前 4 个洪涝年，洪涝因子为 3 个或 4 个，说明极端洪涝灾害年是在多个洪涝因子的综合作用下发生的（史培军等，2013）。

表 3-5　百年以上一遇的重大洪涝年致灾因子（组合）

时间	类型	灾害等级	影响县次	旱涝等级	连续降水	台风	强降水	上游涨水	潮	总值
1931 年	洪涝	300 年一遇	86	1	1	1	—	1	—	3
1849 年	洪涝	100～300 年一遇	83	1	1	—	1	1	—	3
1823 年	洪涝	100～300 年一遇	80	1	1	1	1	—	1	4
1670 年	洪涝	50～100 年一遇	79	2	1	1	1	1	—	4
1804 年	洪涝	50～100 年一遇	68	2	1	—	1	—	1	3
1683 年	洪涝	50～100 年一遇	63	2	1	—	1	—	—	2

注：表中连续降水、台风、潮灾、上游涨水、强降水五项中，1 表示该年有此种现象发生，—表示无此种现象发生

资料来源：史培军等，2013

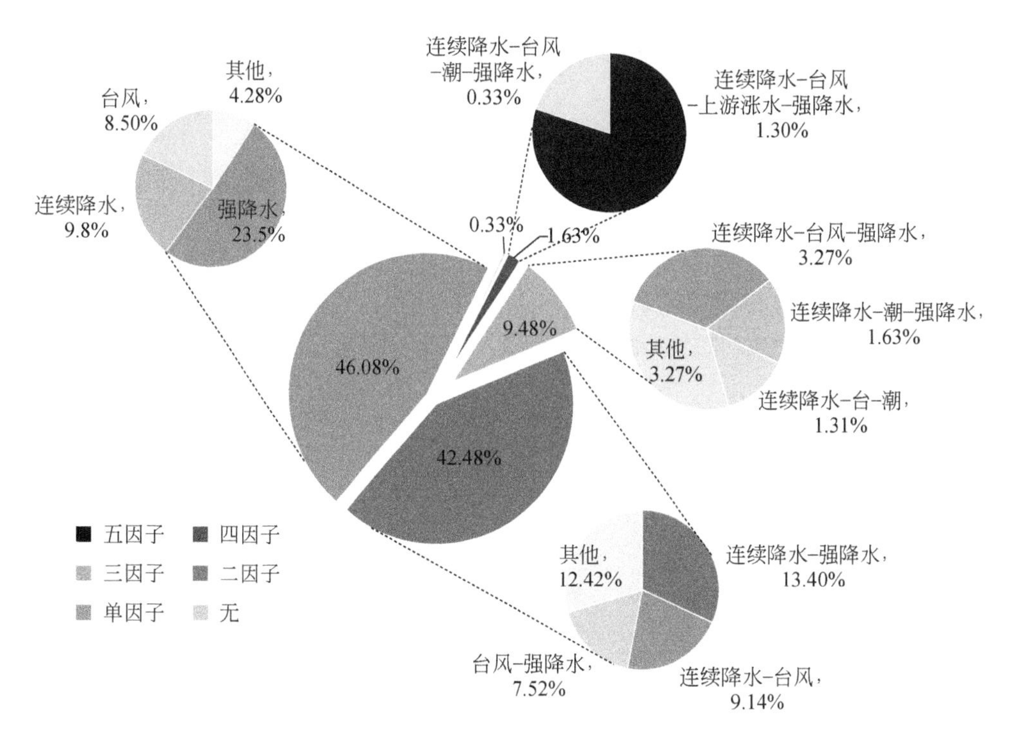

图 3-8　长江三角洲地区 1644～1949 年同年发生洪涝因子数及不同因子组合类型年份比例（史培军等，2013）

3.3.1.2　形成过程

长江三角洲地区多灾种群发的形成（图 3-9）原因为：①长江三角洲地区位于中国东南沿海中部，长江中下游地区，是中国典型的季风影响地区，也是典型的梅雨区和台风影响的主要地区之一。②长江三角洲地区地处长江、淮河等大江大河的下游地区，受上游涨水影响较大；同时，长江三角洲地区的核心地带处于长江入海口，定期出现的海潮对河水入

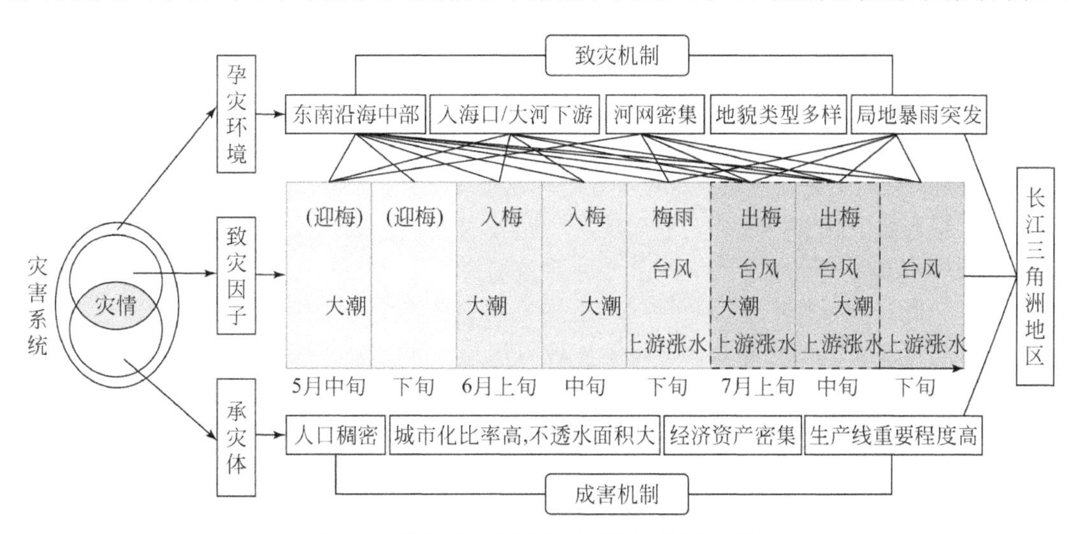

图 3-9　长江三角洲地区多灾种群发形成过程

海造成一定的顶托作用；存在定期大潮和大河上游涨水导致的洪水下泄与海潮顶托碰头现象。③长江三角洲地区是中国经济社会发展程度最高的地区之一，城市化率高，地表硬化面积大，对暴雨—径流过程影响大，暴雨—洪峰效应明显；同时，城市化对天然河网湖泊影响较大，河流或者消失或被埋入地下变为地下河，城中湖部分被侵占，导致城市河湖调蓄能力大幅度下降，洪涝出现频率增加。④平原地区海拔相差小，河网密集，一旦出现洪峰，防范难度大，容易出现大面积洪涝。⑤长江三角洲地区是中国经济综合实力最强的区域，在现代化建设全局中具有重要的战略地位和带动作用，拥有四通八达的运输网络是全国物资、人员中转与集散的枢纽，经济影响遍及全国，一旦遭受特别重大自然灾害，将对地区经济社会发展产生严重影响，并通过产业链等扩展到更大的区域。

3.3.2 西南地区多灾种群聚

3.3.2.1 基本特点

西南地区由重庆、四川、云南、贵州和广西 5 省（自治区、直辖市）组成，是中国受西南季风与东南季风交叉影响的重点区域，是亚欧板块、太平洋板块和印度洋板块 3 大板块的影响区，其横跨中国地形的三大阶梯，是中国喀斯特地貌分布最广泛、最集中的地区，也是世界上集中连片最大的喀斯特地貌分布地区之一，人口密度高于全国平均水平，少数民族多达 40 余个。本地区地理位置与自然、人文环境特殊，是地震、山体崩塌、滑坡、泥石流、干旱、洪涝等灾害群聚的典型地区。

西南地区处于强热带季风区，干湿季节分明，50%以上的降水集中在汛期，同时 6～8 月正值西南高温期，又是夏种、夏收和作物生长期，降雨量多寡不仅影响农业生产、高温调节，而且对人民群众生活和社会经济发展都有重大的影响。“厄尔尼诺”和“拉尼娜”现象对西南地区降水有较大影响，在“厄尔尼诺”现象发生后的夏季，西南地区降水距平峰值较“拉尼娜”现象发生后要高，大约高 15mm；而在“拉尼娜”现象发生后的夏季，西南地区降水最低值较“厄尔尼诺”现象发生后要低很多，低 25～30mm（王伟等，2012)。也就是说，“厄尔尼诺”现象后，西南地区夏季降水较正常年份偏多，比较湿润，容易造成涝灾；而“拉尼娜”现象后，西南地区夏季降水较正常年份偏少，比较干燥，容易造成旱灾（王伟等，2012)。特殊的山地丘陵地貌（多山地丘陵、喀斯特地貌发育)、四川盆地特殊的地理区位、水利建设积弊等也导致干旱、洪涝多发。

西南地区处于亚欧板块、太平洋板块和印度洋板块 3 大板块的影响区，喜马拉雅地震带、环太平洋火山地震带的交汇处，地质构造活跃，地震发生频繁。西南地区处于横跨地形的三级阶梯，尤其是第一阶梯和第二阶梯的交界处多山地，地形复杂、地表不稳定，极易在地震条件下发生山体崩塌、滑坡等地质灾害，遇有强降雨，泥石流灾害也常出现。西南地区以山地基岩滑坡为主，青藏高原边缘河流切割，形成边缘山地，这些山地因高原的抬升和河流的不断切割，岭谷相对高差较大，坡地渐趋陡急，地面土层稳定性降低，径流侵蚀加速，不仅可促进融水类泥石流发生，也可出现雨水类泥石流（王静爱等，2006)。

3.3.2.2　形成过程

西南地区多灾种群聚的形成可归结为（图 3-10）：①特定地理区位决定的孕灾环境是西南地区多灾种群聚形成的基础和重要因素。西南地区处于板块交界、两大地震带交界处，横跨三级地形阶梯，受西南季风和东南季风的共同影响，是喀斯特最为集中的地区，受全球气候变化影响明显，极端天气气候事件频发。②孕灾环境的不稳定性、敏感性促成各类致灾因子的形成。构造活跃，地震频发；地形复杂，地表不稳定在地震动、极端强降雨等的作用下形成崩塌、滑坡；山高坡陡、地表土质疏松，遇到强降雨，极易发生泥石流；气候变化背景下极端天气呈现出增多趋势，干旱、洪涝发生频率增加。③承灾体暴露性与脆弱性在多致灾因子群聚情景下，出现不同程度灾害损失。西南地区属于中西部地区，与东部相比，经济社会发展相对较慢，脆弱性群体数量大，近年来，随着城镇化进程的不断推进，城市建设、交通等基础设施建设在一定程度上对山区环境产生破坏，不稳定性增加。高暴露性与脆弱性导致灾害损失的“放大”。

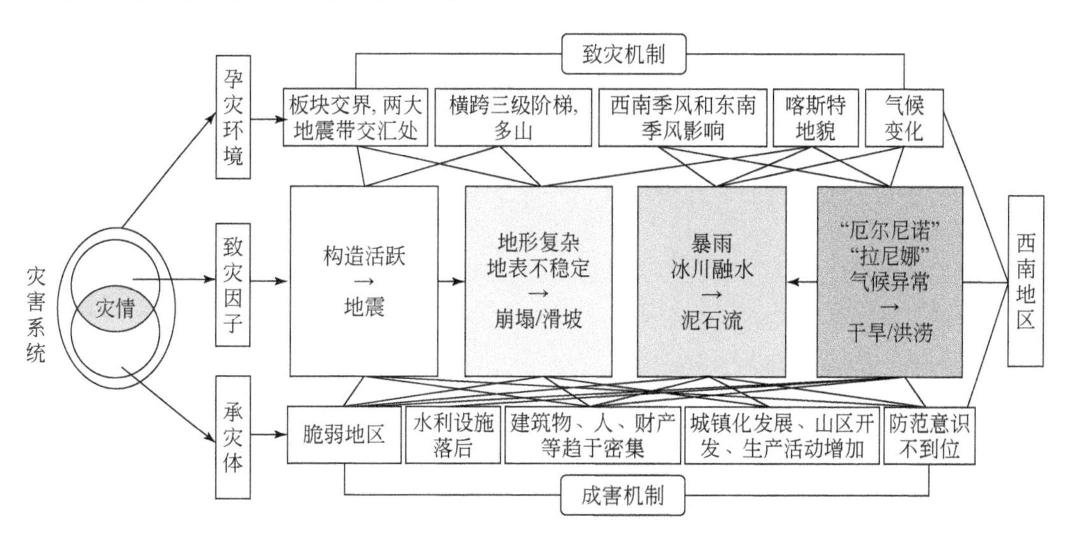

图 3-10　西南地区多灾种群聚形成过程

3.3.3　概念模型

与“单灾种型”巨灾形成机制分析相同，“多灾种型”巨灾形成的概念模型也基于区域灾害系统理论，综合考虑孕灾环境的不稳定性与敏感性、致灾因子群和承灾体的暴露性与脆弱性，突出强调多个致灾因子的“空间群聚叠加”“时间群发重合”效应，加上敏感的孕灾环境的催化效应和承灾体脆弱性的变化，从而形成“多灾种型”灾害的致灾过程、成害过程；多个不同致灾因子在某一特定区域内发生，或者在某一时段集中发生，承灾体遭受多次不同致灾因子打击，致使脆弱性升高的规律更为复杂，灾情迅速累积，形成巨灾（图 3-11）。

“多灾种型”巨灾的致灾机制。某一区域特定的地理区位决定了其自然环境、人文环境的基本特征，其中孕灾环境的敏感性与不稳定性和多个致灾因子时间上群发、空间上群聚的特征是“多灾种型”巨灾形成过程中致灾机制的核心内容。特定的孕灾环境易于促发

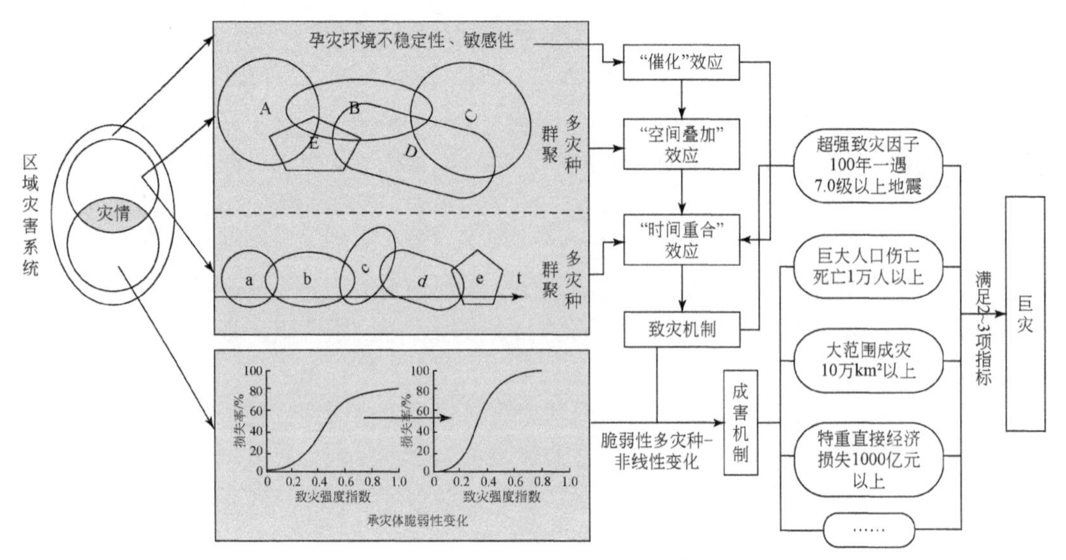

图 3-11 “多灾种型”巨灾风险形成的概念模型

注：图中 A，a 等字母表示不同灾害类型

不同致灾因子，是致灾因子群发、群聚的关键影响因素。例如，长江三角洲地区是典型的大江大河入海口地区，上游涨水后对本地区产生影响，海潮顶托也会对本地区产生影响，并且两种致灾因子在时间上重合存在较大的可能性；西南地区山地多、山高坡陡，喀斯特地貌导致地表土壤疏松、保水性差，这为地震、极端强降雨发生后可能引发的山体崩塌、滑坡和泥石流提供了条件。致灾因子的群发、群聚特征导致综合致灾强度显著增强，其中多致灾因子群发通过短时间内多个致灾因子的重合来增强致灾强度，多致灾因子群聚则通过多个致灾因子的空间叠加来增强致灾强度。

“多灾种型”巨灾的成害机制。承灾体脆弱性与暴露性的增长也是“多灾种型”巨灾的致灾机制的核心内容。承灾体受到致灾因子链的多重打击，由于致灾因子类型的不同，且在多灾种群发情景下，致灾因子发生时段基本重合，此时，多致灾因子的综合强度比“灾害链”中多因子综合强度更强，承灾体脆弱性升高速度和幅度也将更大。在多灾种群聚情景下，致灾因子发生时段不存在严格的因果延续规律或者相似时段发生的规律。因此，理论上，此时的多因子致灾强度介于“单灾种型”致灾强度和“灾害链”综合致灾强度之间。当“多灾种型”灾害造成的成灾人口、死亡人口、成灾范围、农作物成灾面积、农作物成灾比例、需救助人口比例和直接经济损失中的 1～2 项，即认定为巨灾。

3.4 灾害链型巨灾风险

3.4.1 2008 年“5·12”汶川特大地震灾害

3.4.1.1 基本特点

2008 年 5 月 12 日 14 时 28 分，四川省汶川县发生里氏 8.0 级强烈地震，地震释放能量巨大，震源深度浅，破坏相当严重，这是中国内陆近百年来在人口较为密集的山区发生的破坏性最强、受灾面积最广、灾害损失最大、救灾难度最大、灾后重建最为困难的一次强震灾害（黄润秋等，2009）。

从致灾因子链角度看，“5·12”汶川特大地震灾害是一次极为典型的地震—滑坡/泥石流链，地震产生地表破裂和深度断裂，引发 1 万多处岩体滑坡、崩塌和滚石，造成死亡 30 人以上的滑坡点有数十处；山体崩塌和滑坡堵塞了沟谷中的河流，形成了 105 个堰塞湖，其中规模较大的有 35 个；2008 年 9 月 23～24 日，位于“5·12”汶川特大地震极重灾区的北川羌族自治县遭受到特大暴雨的袭击，降雨量为 300mm，曲山、擂鼓、陈家坝等重灾乡（镇）的降雨量高达 500mm，这场特大暴雨 50 年一遇，导致全县 20 个乡（镇）受灾。与大暴雨相伴而至的是特大规模的泥石流，汹涌的泥石流冲进北川县城，县城 1/2 以上的面积被淹埋。

从地震灾害承灾体链角度看，“5·12”汶川特大地震对灾区人口、家庭财产、房屋、国民经济行业、社会事业与党政机关、基础设施、生态环境等均造成严重影响，甚至毁灭。地震造成巨大人员伤亡，69227 人死亡，17923 人失踪，374643 人不同程度受伤，1993 万人失去住所，受灾人数达 4626 万人（国家汶川地震灾后重建规划组，2008）；地震致使大量房屋倒塌，四川、甘肃、陕西 3 省 797 万间房屋倒塌，2454 万间房屋损坏；“5·12”汶川特大地震对受灾地区的原材料工业、制造业、轻工业、电子信息业、国防工业等造成了不同程度的毁坏，共计有 3.8 万家工业企业受到影响；基础设施损毁惨重，灾区交通、通信、电力、供水、供气等系统以及厂矿企业、水利工程均遭到前所未有的破坏，有 7073 条公路、4989 座公路桥梁、158 处公路隧道受损，有 4026km 的铁路线、377 座铁路隧道 1281km 的电力线、83 套电力设施和 52 辆机车受损。另外造成大量的通信、供水、供气设施中断运行，其中，绵阳市有 80%以上的输水管道遭到破坏；地震对灾区商业、卫生、教育、文化和旅游等产生严重影响，极重灾区和重灾区 51 个县（市、区）的 7444 所学校遭受严重破坏，占其学校总数的 59%；地震引发的地质灾害严重损毁了灾区的自然生态环境，造成严重水土流失，地表覆盖破坏达 778.7km^2 农林畜牧业大省的土地资源遭到重大损失。

此外，“5·12”汶川特大地震发生后，大批学者开展了地震及其次生灾害的研究，例如，“5·12”汶川特大地震引发的滑坡、崩塌等次生灾害的遥感监测提取（赵祥等，2009）、特征参数调查（韩金良等，2009）、类型及数量和空间分布特征（汶川地震灾害地图集编纂委员会，2008）、稳定性/易损性/适宜性评价（许冲等，2010）、灾害链及次生灾害防治（崔云等，2012）等，这些研究也不断证明汶川地震灾害链现象典型，承灾体重复受灾，灾情“放大”效应显著（图 3-12）。

3.4.1.2　形成过程

“5·12”汶川特大地震灾害链的形成（图 3-13）可归结为：①地震震级高、震源浅，释放能量巨大，地下岩层破裂持续时间长，地震动峰值加速度大，地震本身具有极大的破坏力。②震区地质构造复杂，活动断层发育，使得原来狭长的高烈区变成了又粗又长的高烈度区，加大了集中灾区的面积，扩大了灾害影响的范围。③山区城镇多延狭长谷地而建，谷地内有河流通过，谷地两侧山高坡陡，岩体极不稳定，崩塌的岩体和滑坡体倾泻而下，

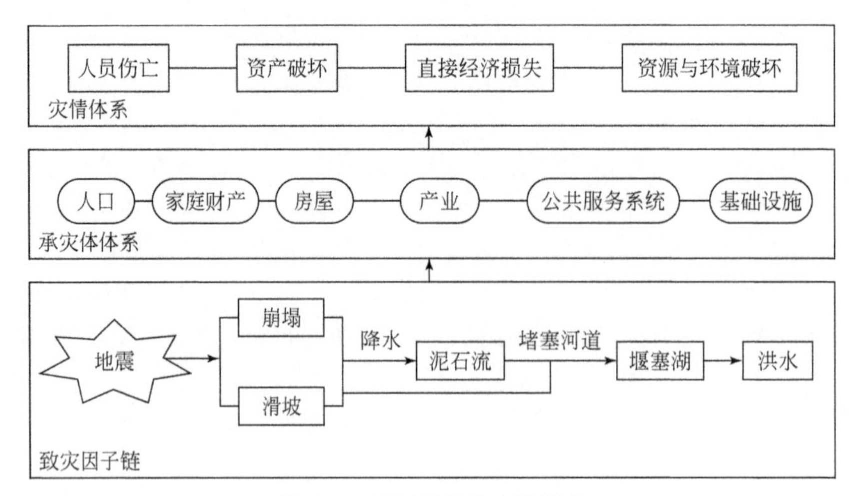

图 3-12　汶川地震灾害链系统

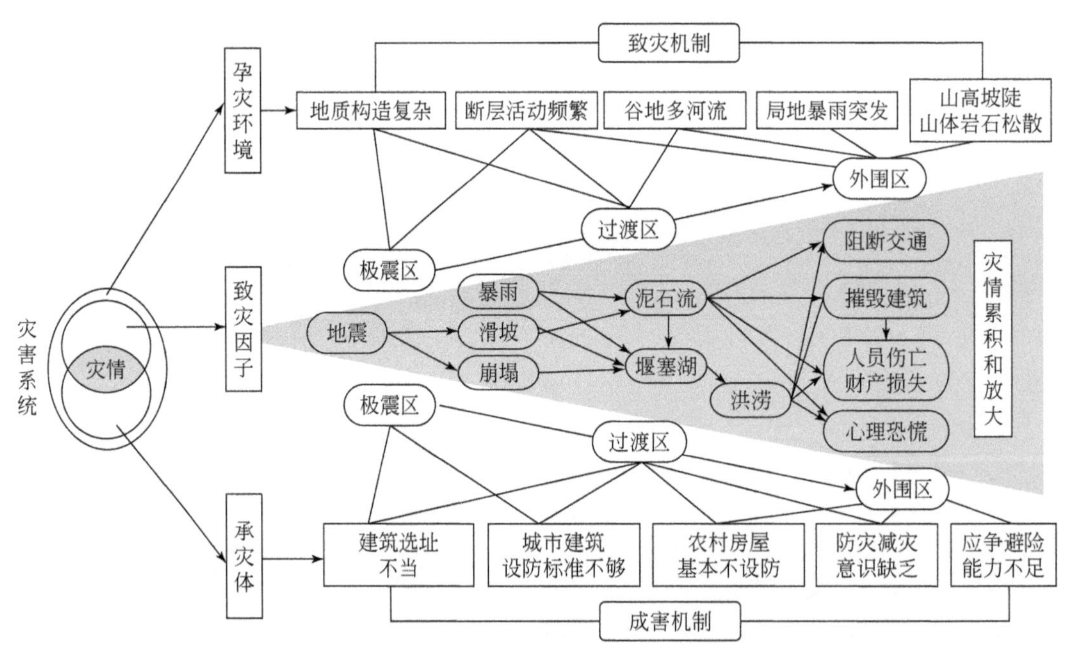

图 3-13　汶川地震灾害链形成过程

掩埋城镇，堵塞河流，阻断交通，滑坡体前缘的强烈冲击进一步摧毁了前缘及周围的所有建筑。④震区周边历史上地震活跃，多次地震已将山体震酥，岩土松散；大震后，加上暴雨的袭击，形成大规模的泥石流或滑坡。⑤建筑物抗震设防不足，汶川地震前，灾区抗震设防烈度定为Ⅶ度，而汶川地震极震区烈度高达Ⅺ度，较低的抗震能力导致建筑物大批倒塌和毁损；而在山区、农村，许多农房基本没有设防。⑥防灾知识的宣传教育不足，大多数群众防灾意识薄弱，缺乏预防突发性灾害的体系建设和日常演练，遇险时无法及时采取有效自救、互救措施，加剧了人员伤亡。

3.4.2　2011 年“3・11”日本特大地震灾害

3.4.2.1　基本特点

2011 年 3 月 11 日 14 时 46 分，日本东北太平洋沿岸发生里氏 9.0 级特大地震，北部和东部地区震感强烈，震后多次巨大的海啸（波高 10m 以上）导致日本东北地区的许多地方基础设施严重破坏，沿海许多渔港、城镇和村庄被完全摧毁（Takano，2011；顾朝林，2011）。电力供应中断，距离东京 200km 处的福岛核电厂失去冷却功能，导致工厂建筑爆炸造成放射性物质泄漏的严重危机，迫使距离核电厂半径 30km 范围内的居民疏散。这一连串的灾难，造成约 28000 人死亡或失踪，约 54000 人受伤（截至 2011 年 4 月 1 日），约 20 万人撤离疏散（截至 2011 年 3 月 26 日）（Takano，2011；顾朝林，2011）。

“3・11”日本特大地震是日本有观测纪录以来规模最大的地震，引起的海啸也是最为严重的，并且地震→海啸灾害链引发了火灾和核泄漏事故等次生灾害，导致大规模的地方机能瘫痪和经济活动停止，形成了地震→海啸→核事故、地震（→海啸）→结构破坏→火灾/生命线系统损毁和地震→滑坡/火山/水库溃坝等多种地震灾害链（图 3-14）（尹卫霞等，2012；史培军等，2013）。

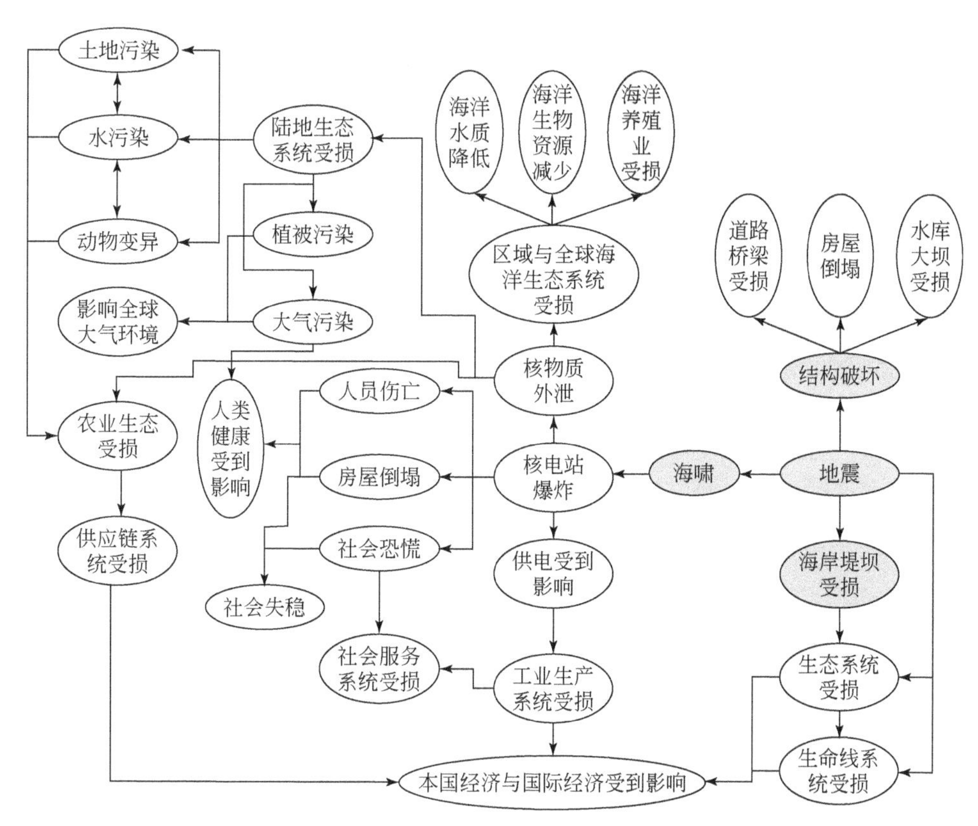

图 3-14　“3・11”日本特大地震灾害链系统（尹卫霞等，2012）

3.4.2.2 形成过程

“3·11”日本特大地震灾害链的形成可归结为（图3-15）：①“3·11”日本特大地震震级高，释放能量巨大，地震本身具有极大的破坏力。②日本地震属于海洋地震，不仅引发同“5·12”汶川特大地震一样的“陆波”灾害链，更引发了“海波”地震→海啸灾害链。③日本地震灾区为东北沿海区域，从沿海向内陆逐渐由平原过渡到丘陵、山地，山地孕灾环境较稳定，但沿海较平缓的地势造成海啸→洪涝灾害链。④日本地震灾区是工业城市系统，为现代化生活服务的大量危险性人文因素的集聚，为新致灾因子和新灾害链的演化提供了条件。例如，灾区核电站、炼油厂等广泛分布，是新致灾因子——核事故灾害、火灾等产生的孕灾环境，在地震→海啸灾害链的作用下引发了影响巨大的社会灾害链，即地震→海啸→核泄漏→核污染/核辐射灾害链和地震→（海啸→）火灾灾害链（尹卫霞等，2012）。⑤日本地震灾区远离震中，承灾体更多暴露于海啸灾害链；同时，灾区分布有大量工业企业，灾区也是能源（核电站）、交通重地，灾区核事故导致经济损失巨大；此外，日本虽然防震抗震技术先进，民众抗震能力和应急素质较高，但对海啸的防范能力不足，人员伤亡和财产损失主要来自地震→海啸灾害链。⑥日本经济的全球化程度高，日本地震灾害链在给灾区带来巨大损失外，也引发了地区及世界的连锁反应，导致全球生产供应链、贸易大受打击；核泄漏事故也引发了周边国家乃至遥远的美国民众的核恐慌。

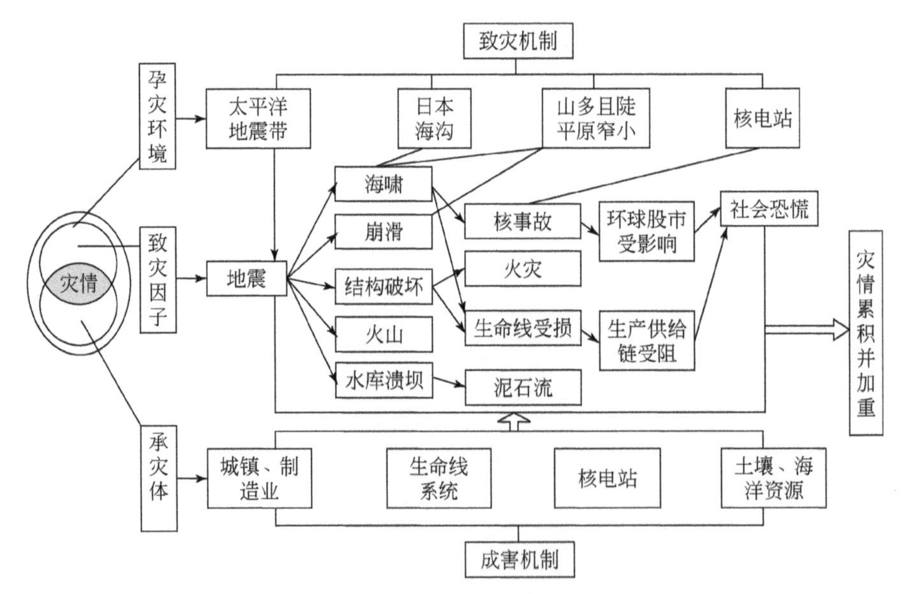

图3-15 “3·11”日本特大地震灾害链形成过程

3.4.3 概念模型

与“单灾种型”巨灾形成机制分析思路相似，“灾害链型”巨灾形成的概念模型也是基于区域灾害系统理论的指导，综合考虑孕灾环境的稳定性与敏感性、致灾因子链发特征和承灾体的暴露性与脆弱性，突出强调灾害链中多个致灾因子的“链发”效应，加上敏感的孕灾环境的催化效应和承灾体脆弱性的变化，从而形成“灾害链”的致灾过程、成害过程；多个致灾因子间的因果链发和承灾体遭受多次不同致灾因子打击，致使脆弱性升高的规律更为复杂，灾情迅速放大而形成巨灾（图 3-16）。

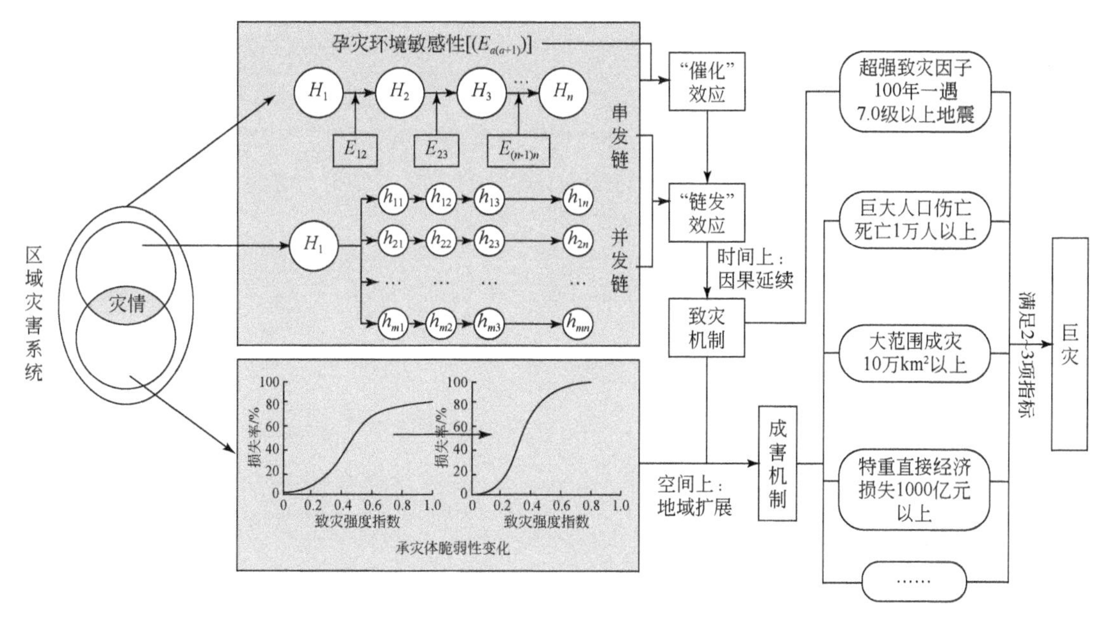

图 3-16　“灾害链型”巨灾风险形成的概念模型

“灾害链型”巨灾的致灾机制。孕灾环境的敏感性和致灾因子的链发特征是“灾害链型”巨灾形成过程中致灾机制的核心内容。孕灾环境的敏感性是孕灾环境中的易于催化某种致灾因子的特征，是致灾因子链发的关键影响因素。例如，2008 年“5・12”汶川特大地震发生后，由于震中位于山地区，山高坡陡、山体岩石松散，山体在强烈的地震作用下，极易发生山体崩塌、滑坡等地质灾害；2011 年“3・11”日本特大地震发生后，地震发生在海底地区，海底断裂产生的巨大冲力形成海啸。致灾因子的链发特征导致原发致灾因子的影响时间被后续致灾因子拉长，同时原发致灾因子的影响范围也随着后续的多个致灾因子而在空间上被扩展，即致灾因子链所具备的“时间上因果延续导致灾害影响时间拉长”“空间上地域扩展导致灾害影响范围拉大”。

“灾害链型”巨灾的成害机制。承灾体脆弱性与暴露性的增长是“灾害链型”巨灾成害机制的核心内容。承灾体受到致灾因子链的多重打击，由于致灾因子类型不同，同类承灾体应对致灾因子打击时所表现出的脆弱性存在较大差异，因此，与“单灾种型”灾害成害过程中承灾体脆弱性变化不同，“灾害链”成害过程中承灾体脆弱性变化规律更难以把握，增加幅度会更大，进而灾情放大的过程会相应更快、不确定性也更高。例如，同样都是钢筋混凝土结构的农村居民住房在地震过程中可能出现倒塌，也可能仅出现一般损坏；而此房屋一旦受到山体崩塌的冲击，则基本上就会完全损坏。当灾害链造成的成灾人口、死亡人口、成灾范围、农作物成灾面积、农作物成灾比例、需救助人口比例和直接经济损失中的1～2项，即可认定为此灾害链为巨灾。

通过对2008年“5·12”汶川特大地震灾害链、2011年“3·11”日本特大地震灾害链案例的梳理与总结，按照巨灾划分标准，两个灾害链都属于典型的“灾害链型”巨灾。“5·12”汶川特大地震灾害链认定为巨灾，满足4个条件：地震震级为8.0，满足地震巨灾震级大于等于7.0的标准；地震造成近7万人死亡、近两万人失踪，远超过因灾死亡1万人的标准；成灾面积约为55.0万km^2，满足巨灾成灾面积大于等于10万km^2的标准；直接经济损失8573亿元，满足巨灾直接经济损失大于等于1000亿元的标准。“3·11”日本特大地震灾害链认定为巨灾，满足3个条件：地震震级为9.0，满足地震巨灾震级大于等于7.0的标准；地震造成约2.8万人死亡或失踪，超过因灾死亡1万人的标准；直接经济损失约2万亿元，远超巨灾直接经济损失1000亿元的标准。

3.4.4 灾害链型风险评估的概念模型

3.4.4.1 灾害链风险评估模型研究进展

目前，灾害链研究主要集中在灾害链的形成机理及特征（倪晋仁等，2004；肖盛燮，2006；李明等，2008）、损失评估（史培军，2009）、灾害链综合减灾对策（肖盛燮，2006）等方面，且大多数研究处于定性分析和描述阶段，仅有少数研究通过建立数学、物理或力学模型来研究灾害链形成机理（范海军等，2006；余世舟等，2010）。由于对灾害链风险评估的研究刚刚起步，还停留在简单的GIS叠加分析和专家打分法的研究水平，如何选择灾害链的风险表征指标及评估由灾害链所引起的风险仍是一个难题（Shi et al.，2006）。

链式风险在许多领域已有较深入研究，其评估模型也已取得了一定进展，其中供应链风险、事故链风险评估模型较为成熟。

（1）供应链风险评估

供应链上企业间相互依赖，任何一个企业出现问题都有可能波及和影响其他企业，从而影响整个供应链的正常运作，甚至导致供应链的破裂和失败，这种供应链自身的脆弱性所决定的风险，给上下游企业及整个供应链带来不同程度上的损害（周艳菊等，2006）。通过分析供应链风险评估的研究成果（江孝感等，2007；Cranfield，2002；Jukka et al.，2004），总结得到供应链风险评估模型。

供应链风险评估不单考虑供应链中每个企业的风险，同时也要考虑企业间的风险，如合作风险（江孝感等，2007）；由于外部环境（如自然灾害等产生的风险）也对供应链产生影响，这也是供应链风险度量的因素之一。因此，供应链风险评估模型为单个企业风险、企业间风险和外部环境风险的有机结合。其评估模型如下（图3-17）：

$$R = R_s + R_c + R_e \tag{3-1}$$

式中，R为整条供应链的风险度；R_s为所有企业的风险度；R_c为企业间所有风险的总和；R_e为供应链外部所有风险的总和。

$$R_s = \sum P_{si} L_{si}, \quad i = 1,2,3,\cdots,n \tag{3-2}$$

式中，P_{si} 为第 i 个企业出现问题的概率；L_{si} 为第 i 个企业出现问题的损失。

$$R_{c}=\sum P_{ci}L_{ci},\quad i=1,2,3,\cdots,m \tag{3-3}$$

式中，P_{ci} 为第 i 个企业间风险度量指标的概率；L_{ci} 为第 i 个企业间风险指标的损失。

$$R_{e}=\sum P_{ei}L_{ei},\quad i=1,2,3,\cdots,q \tag{3-4}$$

式中，P_{ei} 为第 i 个外部风险度量指标的概率；L_{ei} 为第 i 个外部风险指标的损失。

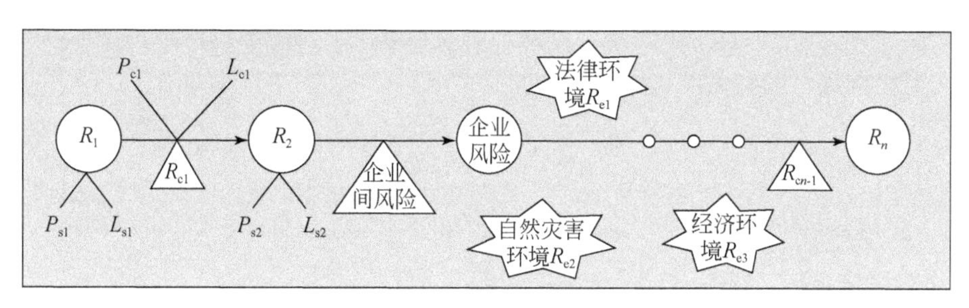

图 3-17　供应链风险评估模型

（2）事故链风险评估

事故链（A）风险由事故链发生概率和产生的后果来描述，其风险评估也不只考虑单个事故的风险，不同于供应链风险评估模型的是，将每个事故的概率的乘积为整条链的概率，事故的后果函数加权求和之后得到整条链的后果，继而求出整条事故链的风险度（王安斯等，2010）。其事故链中间环节（节点）的概率为 P_i，事故链中间环节（节点）的后果为 S_i；整条事故链的概率为节点概率的乘积，即

$$P=\prod_{i=1}^{n}P_i,\quad i=1,2,3,\cdots,n \tag{3-5}$$

整条事故链的后果由其所有中间环节后果函数的加权（W_i 为权重）之和来表示：

$$L=\sum_{i=1}^{n}S_iW_i,\quad i=1,2,3,\cdots,n \tag{3-6}$$

整条事故链的风险为

$$R=(\prod_{i=1}^{n}P_i)\cdot(\sum_{i=1}^{n}S_iW_i) \tag{3-7}$$

该链式风险评估模式为由节点的概率得到整条链的概率，再由节点的后果加权后得到整条链的后果，最后通过整条链的概率和损失后果的乘积求得整条事故链的风险。其风险评估模型如图 3-18 所示。

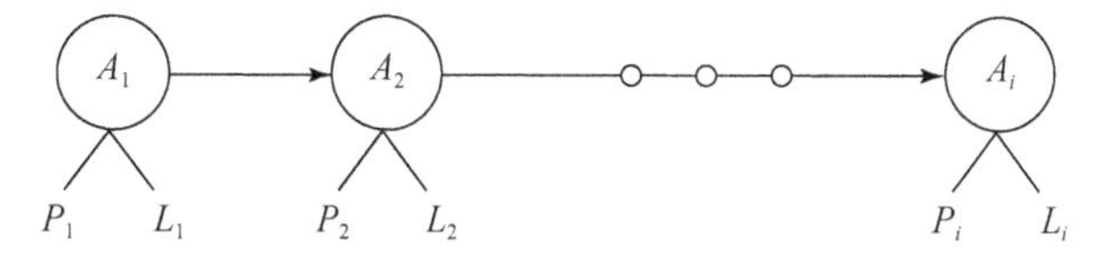

图 3-18　事故链风险评估模型

（3）灾害链风险评估

当前，灾害链风险评估的概念模型大致分为 3 类。

第 1 类：不考虑孕灾环境对灾害链风险的影响。曹树刚等（2007）提出灾害风险可以表述为致灾因子发生的概率（超越概率）与承灾体的易损度（即给定区域由于潜在损害现象可能造成的损失程度）的乘积；由于不同灾害常互为因果或同源发生，形成灾害链和灾害网，不同灾害风险事件之间可以构成灾害风险链（图 3-19）。假设一条灾害风险链的各事件的风险度分别为 R_1，R_2，…，R_n，则从连锁反应出发，整条风险链的风险度（R）可以表示为（曹树刚等，2007）：

$$R = 1-(1-R_1)(1-R_2)...(1-R_n) \tag{3-8}$$

式（3-8）表明，灾害链风险度大大提高，灾害潜在损失放大。

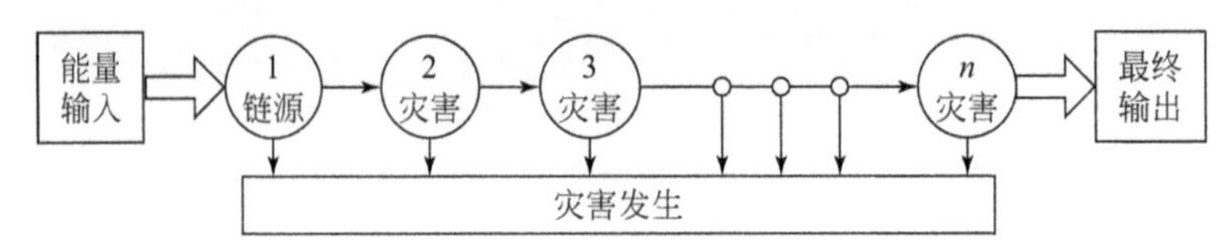

图 3-19　灾害链（串联型）风险评估模型

第 2 类：考虑不同灾害事件间关系对灾害链风险的影响。刘文方等（2006）提出灾害链是由于内在联系，两种或多种自然灾害在时间上相继出现的现象，同时给出了灾害链的数学表达式：

$$S(n) = \{S_G(n), A, E\} \tag{3-9}$$

式中，灾害链 $S(n)$ 为由 n 个相互关联的灾害要素组成，$n \geqslant 2$；$S_G(n)$ 为灾害链要素，也是一个灾害系统；A 为灾害要素之间的关联关系；E 为灾害链所处的环境。灾害链内部在 t 时刻灾害间的关系可表述为

$$f\{S_{Gi}(n,t), A_{i,j}(t), S_{Gj}(n,t)\} = 0 \tag{3-10}$$

式中，$S_{Gi}(n,t)$ 为灾害链中 t 时刻状态下的第 i 个灾害；$S_{Gj}(n,t)$ 为灾害链中 t 时刻状态下的第 j 个灾害；$A_{i,j}(t)$为在 t 时刻灾害链中第 i 个灾害与第 j 个灾害间的关系；式（3-10）则表示在 t 时刻，第 i、j 灾害在关系 $A_{i,j}(t)$ 作用下维持灾害间的转换平衡。

在上述基础上，给出灾害链内部是多个灾害要素由内在的联系 $A_{i,j}(t)$ 连接而成，外部表现为环境 E 由 $A(t)$ 作用于灾害链系统，灾害链的发展进而导致灾害后果 $H(t)$（图 3-20）。

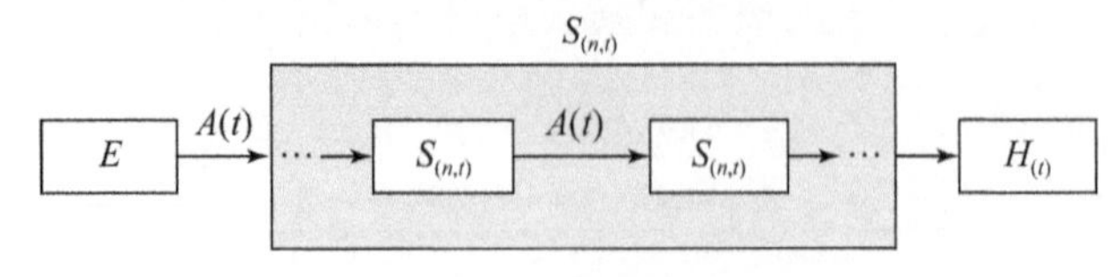

图 3-20　灾害链示意图

第 3 类：综合考虑孕灾环境、不同灾害事件间关系对灾害链风险的影响。王翔（2011）从系统工程角度出发，将灾害链中各灾害事件看成是“节点”，各灾害事件间的联系看成是“边”，灾害链风险评估模型既考虑“边”又考虑“节点”，与供应链、事故链不同的是，“边”

上考虑的是概率，“节点”考虑的是损失；同时，还考虑各灾害事件之间关系的风险，即一个灾害事件和另一个灾害事件之间的引起关系对其他事件之间引起关系的影响程度。王翔（2011）引入“边的脆弱性”来衡量由灾害链构成的网络中的这一拓扑性质，认为灾害链风险评估是基于由一个灾害引发另一个灾害的（边上的）概率、灾害链上的灾害事件（节点上）所造成的损失和边上的脆弱性进行的，灾害链风险评估模型如图3-21所示。

$$R=\sum_{i=1}^{n}P_{i(i+1)}\times L_i\times V_{i(i+1)} \tag{3-11}$$

式中，R 为灾害链风险度；$P_{i(i+1)}$ 为由第 i 和第 $i+1$ 个灾害事件间边上的概率；L_i 为节点上的损失；$V_{i(i+1)}$ 为第 i 和第 $i+1$ 个灾害事件间边上的脆弱性。

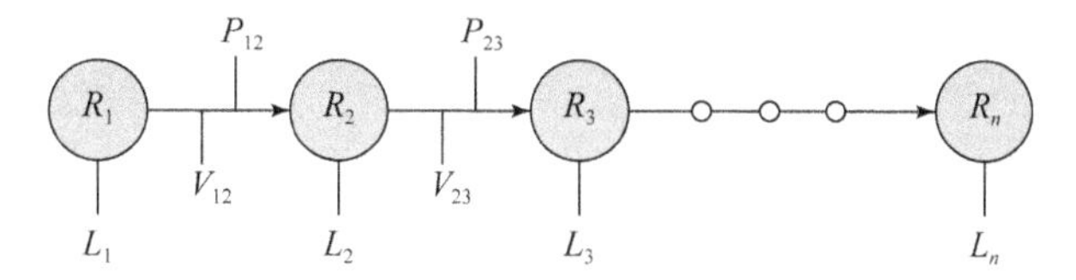

图3-21　灾害链风险评估模型

（4）对比分析

从模型的优点、局限性和可供借鉴3个方面对前述链式风险模型进行了梳理（表3-6），认为灾害链是由某一种致灾因子或生态环境变化引发的一系列灾害现象，其风险应有单个灾害事件的风险和灾害事件间链发风险组成，其中后者由孕灾环境的敏感性和前一灾害事件的强度共同决定。

表3-6　链式风险评估模型梳理

名称		优点	局限性	主要借鉴
供应链风险		综合考虑单企业、企业间和外部环境的风险	企业间风险与外部环境风险间不存在明显的相互关系	考虑单灾害事件风险、原发灾害与此生灾害的关系以及孕灾环境的作用
事故链风险		用事故的发生概率作为衡量单个事故后果在整个灾害链后果中的权重	未考虑外部环境对事故链的影响	将孕灾环境特征融入次生灾害风险评估，尤其是发生概率或损失程度的评估中
灾害链风险	不考虑孕灾环境因素	概念表达式简单易懂	未考虑孕灾环境、不同灾害事件间的关系	考虑孕灾环境在次生灾害中的作用
	考虑孕灾环境因素	考虑孕灾环境、不同灾害事件间的关系	仅考虑致灾因子的链性和灾害链的最终损失，未考虑承灾体局部或部分损失引起的脆弱性变化对灾情的放大效应	考虑致灾因子链发对承灾体脆弱性的影响
	考虑孕灾环境、不同灾害事件间的关系	考虑孕灾环境脆弱性和不同灾害事件间的关系	单个灾害事件未考虑致灾因子强度或者发生概率，只考虑了灾害损失	单灾害风险评估模型 $R=H\times V$，既要考虑致灾强度又要考虑承灾体脆弱性

3.4.4.2 巨灾灾害链风险评估的概念模型

参考链式风险度量模式，考虑到承灾体重复受灾引起的脆弱性变化，本书引入孕灾环境敏感性、承灾体脆弱性及其变化特征等概念，基于风险评估的经典模型 $R=H\times V$（R 为风险度，H 为致灾强度，V 为承灾体的脆弱性），构建灾害链风险评估的概念模型（图 3-22）。可以看出，灾害链风险评估需要考虑的要素包括：孕灾环境敏感性、单灾害事件致灾强度分析、单灾害事件承灾体脆弱性及变化分析，以及灾害链中链单元风险分析和灾害链风险评估概念模型（张卫星和周洪建，2013）。

（1）灾害链发概率分析

灾害链发概率是某一灾害引发另一个灾害事件的可能性大小。它能更好地描述灾害链发的动态演化，为决策者提供数据支持；同时，对构成灾害链的每一个灾害事件分别计算发生的概率无法解决灾害链问题，原因在于前一灾害事件和孕灾环境的敏感在很大程度上改变了后一灾害事件发生的可能性，这些都迫切需要获取灾害事件的链发概率。

获取某一灾害事件的概率常用 3 种方法：①基于掌握的数据资料计算出理论或者先验概率；②利用文献资料来观测过去某个事件发生的概率；③通过人们对灾害事件概率的主观认识，利用专家打分获得。灾害链发概率分析与单一灾害事件概率分析方法不同的是，灾害链中后一灾害事件的发生是前一灾害事件触发和孕灾环境敏感性共同作用的结果，前一灾害事件的强度和孕灾环境敏感性的大小决定着后一灾害事件发生的可能性大小，因此灾害链发概率可以理解为存在前后因果关系的两个灾害事件共现的概率，可采用 Jaccard 指数评价灾害事件因果共现率，计算公式如下：

$$P_{j(j+1)}=\frac{p_{j(j+1)}}{p_j+p_{j+1}-p_{j(j+1)}}=f_j(H_j,c,d,r,s,v) \tag{3-12}$$

式中，$P_{j(j+1)}$ 为灾害链发概率；p_j、$p_{(j+1)}$ 分别为整个灾害链中第 j、$j+1$ 个致灾因子发生的概率；$P_{j(j+1)}$ 为第 j、$j+1$ 个致灾因子共同出现的概率；H_j 为第 j 个致灾因子的致灾强度；c、d、r、s、v 分别代表孕灾环境中的气候气象、地形地貌、河网水系、土壤和植被等因素。

（2）致灾强度分析

致灾强度和概率始终分不开，一般情况下致灾强度越大，出现的概率越低，部分研究用概率或超越概率来表达致灾强度（黄崇福，2005）。以地震为例，可在统计某区域内不同震级地震出现的概率来表达其强度，即设 X 的论域为地震震级，记为 $X=\{x1, x2, \cdots, xn\}$，设震级为 xi 的概率为 pi，$i=1, 2, \cdots, n$，则概率分布为 $p=\{p1, p2, \cdots, pn\}$就成为地震致灾因子强度域，则致灾因子强度的计算公式为：

$$H=P(x)=\sum_{k=x}^{m}p(k) \tag{3-13}$$

式中，H 为致灾因子强度；P（x）为震级 x 的超越概率；p（x）为震级 x 的概率。

部分研究用多要素加权求和的方式计算致灾强度（方伟华等，2011；刘毅等，2011），地震灾害致灾强度综合考虑地震震级、烈度等因素，其计算公式如下：

$$H=\sum_{i=1}^{n}A_iW_i \tag{3-14}$$

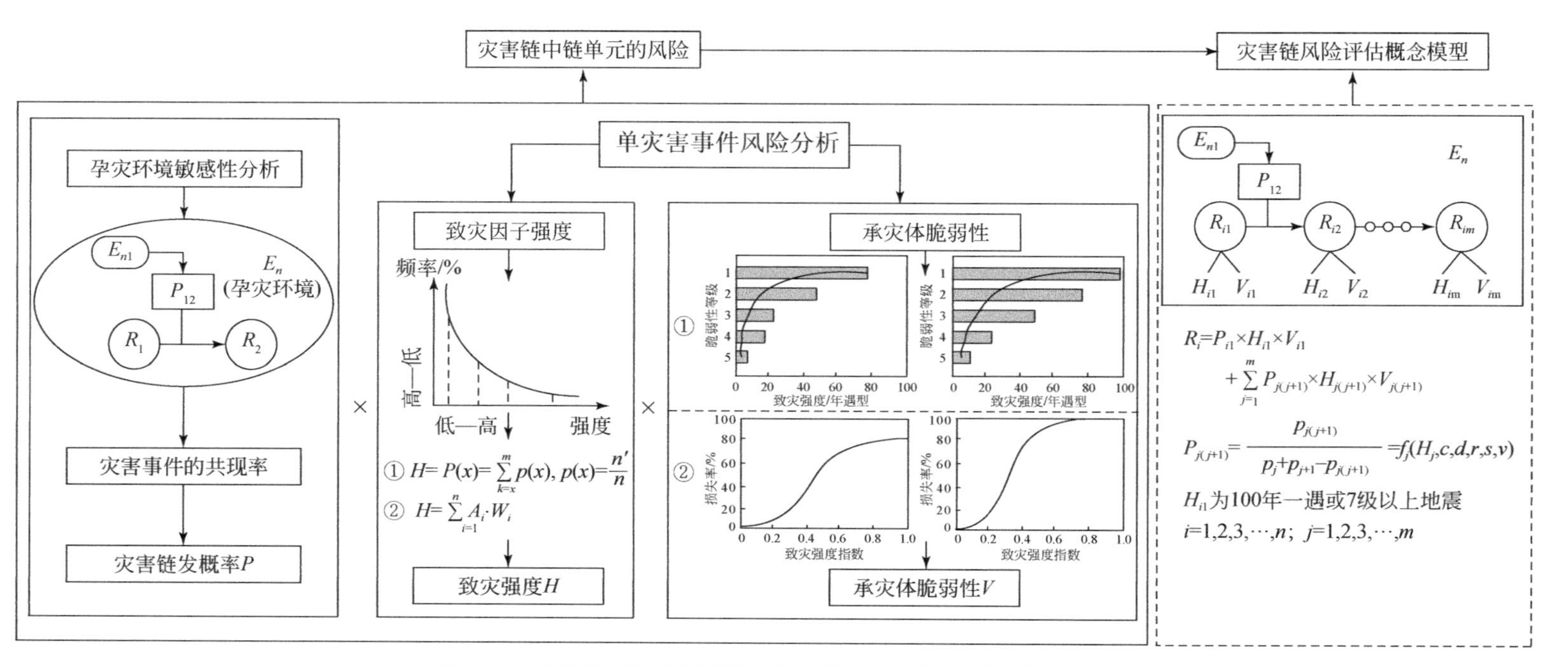

图 3-22　巨灾灾害链风险评估的概念模型(张卫星和周洪建，2013)

式中，H 为致灾因子强度；A_i 为第 i 个构建致灾强度的因素；W_i 为第 i 个因素在致灾强度中的权重。

（3）承灾体脆弱性分析

灾害链中承灾体脆弱性分析较为复杂，针对特定区域内某一类型承灾体分析，可分为 3 种情况：①承灾体被原发致灾因子彻底摧毁，脆弱性消失；②承灾体遭受原发致灾因子打击后，出现局部破坏或变异，脆弱性增加或改变；③脆弱性增加或改变的承灾体再次遭受致灾因子打击，被彻底摧毁或严重破坏与变异。已有研究给出了承灾体脆弱性评估的半定量和定量方法（史培军，2011），前者通过查询致灾强度（概率）与脆弱性等级矩阵表达不同致灾强度下的脆弱性大小，后者则是通过历史案例数据或实验数据拟合得到脆弱性曲线，输入致灾强度值求得脆弱性。

上述脆弱性计算方法在承灾体首次遭受致灾因子打击时适用，对于承灾体重复遭受同一致灾因子或新致灾因子打击时就需要考虑承灾体脆弱性的变化。特别需要说明的是，虽然脆弱性的定量表达式都是致灾强度的函数，但脆弱性从本质上讲是承灾体的属性，由承灾体的某些特征要素决定，在遭受致灾因子打击后，承灾体的特征要素发生了变化，进而影响到脆弱性。其计算公式如下：

$$\begin{cases} V_i = f(H_i) = f(x, y, z), \quad i = 1, 2, 3, \cdots, n \\ V_i' = f(H_i) = f(x', y', z'), \quad i = 1, 2, 3, \cdots, n \end{cases} \tag{3-15}$$

式中，V_i、V_i' 分别为承灾体脆弱性和变化后的脆弱性；H_i 为第 i 个致灾因子的强度；x、y、z 和 x'、y'、z' 分别为承灾体受灾前后决定脆弱性的因素。

（4）灾害链风险度量模型

基于对灾害链发概率、致灾强度和承灾体脆弱性的分析，结合灾害风险的表达式：风险（R）=致灾强度（H）×脆弱性（V），得到灾害链风险度量的概念模型［式（3-16）］，需要说明的是：①灾害链风险度量模型以灾害造成的承灾体损失率为基本结果，R_i 介于 0～1；②在目前模型的基础上，考虑区域承灾体的数量与空间格局，可以得到评估区域内承灾体的可能损失数量和空间分布；③巨灾灾害链风险度量模型中，基于已有研究对巨灾概念的界定（史培军等，2009；张卫星等，2013），此模型中原生致灾因子强度（H_{i1}）为 100 年一遇，或者为 7.0 级以上的地震。

$$R_i = P_{i12} \times H_{i1} \times V_{i1} + \sum_{j=2}^{m} P_{j(j+1)} \times H_{ij} \times V_{ij}, \quad i = 1, 2, 3, \cdots, n; \quad j = 1, 2, 3, \cdots, m \tag{3-16}$$

式中，R_i 为承灾体 i 的灾害链风险度（多用损失率表达）；P_{i1}、H_{i1}、V_{i1} 分别为链源致灾因子频率、致灾强度和承灾体 i 对链源致灾因子的脆弱性；H_{ij} 为第 j 个致灾因子的致灾强度；V_{ij} 为承灾体 i 对第 j 个致灾因子的脆弱性；$P_{j(j+1)}$ 为第 j 个致灾因子导致第（j+1）个因子发生的概率；i 为承灾体类型，j 为整个灾害链中致灾因子类型。

3.4.4.3 汶川地震灾害链案例分析

（1）灾害链发性分析

研究表明，“5·12”汶川特大地震是我国近百年来发生的破坏性最大的地震灾害（黄润秋等，2009），地震致灾强度为百年一遇，地震最大烈度达到XI度（汶川地震灾害地图集编纂委员会，2008），强大的能量导致地质灾害频发。据研究（黄润秋等，2009；汶川地震灾害地图集编纂委员会，2008；孙崇绍等，1997；崔鹏等，2011），地质灾害的发生与地震烈度（Si）、距离发震断层的距离（Ds）、海拔（Al）、地形坡度（Sl）等多种因素有关（图 3-23），可以看出，汶川地震触发的崩塌、滑坡在空间上沿发震断裂带和河流水系呈“带状”和“线状”分布，地震烈度Ⅸ及以上、距离断层 1～2km、海拔 1500～2000m、地形坡度在 40°～50° 的区域内崩塌滑坡分布最多，孕灾环境的敏感性成为灾害链发的重要影响因素。根据前述研究，Ⅶ度及以上烈度区内地震—崩塌滑坡的链发概率的计算公式可表达为

$$P_{地震-崩塌滑坡} = f(H, \mathrm{Si}, \mathrm{Ds}, \mathrm{Sl}, \mathrm{Al}) = f\left[\frac{11}{12}, f(\mathrm{Si}), f(\mathrm{Ds}), f(\mathrm{Sl}), f(\mathrm{Al})\right] \tag{3-17}$$

式中，H 为地震的致灾强度，可用地震造成的最大烈度与烈度最大值的比值表示。地震烈度、距离发震断层的距离、海拔和地形坡度可分别基于其与崩塌滑坡密度的关系，推算得到评估区域内崩塌滑坡影响面积与区域总面积的比例，以此作为指标参与链发概率的计算。由于各指标间关系复杂，本书只给出概念公式，具体数学表达式还需要进一步研究。

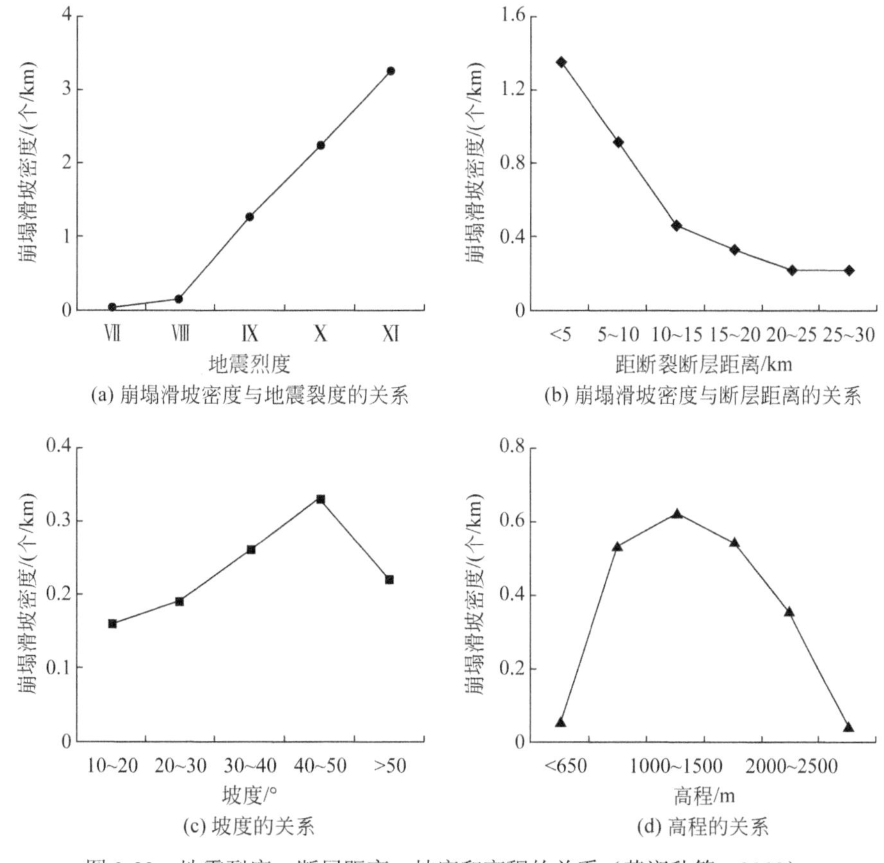

图 3-23　地震烈度、断层距离、坡度和高程的关系（黄润秋等，2009）

（2）致灾强度分析

汶川地震—崩塌滑坡灾害链中，地震致灾强度为百年一遇，以超越概率表达，其为 0.01

或者 100（年遇型）；也可以按照多要素加权求和的方式获取地震致灾强度，地震的主要指标包括震级、地震深度和烈度，其中烈度是表达致灾强度的主要指标，因此可以用地震造成的最大烈度和烈度最大值（12）的比值来界定地震的致灾强度。崩塌滑坡致灾强度的表达较为困难，目前尚未见到相关研究，本书参考史培军（2002）提出的“灾害多度”的思路，可用评估区域内崩塌滑坡毁损的面积占区域总面积的比例来表达其强度。

（3）承灾体脆弱性分析

由于地震灾害造成的人员伤亡和房屋脆弱性曲线等已有相对成熟的研究成果（方伟华等，2011），而暴露于崩塌滑坡高风险区人员和房屋的极高脆弱性也在多次灾害中验证，因此灾害链中承灾体脆弱性分析更多地侧重于重复受灾导致的脆弱性增大。分析汶川地震—崩塌滑坡灾害链中人员和房屋损失发现，汶川县和安县平均地震烈度相同，地质灾害危险度前者高于后者，人口死亡失踪率、人口转移安置率和房屋倒塌率等前者远高于后者（表 3-7）。分析两县人口、建筑物分布与地震烈度、地质灾害高风险区的空间对应关系发现，汶川县大多数人口、建筑物都受到地震和崩塌滑坡灾害的双重影响，而安县大多数人口、建筑物受到地震影响，但仅有部分人口、建筑物受到崩塌滑坡灾害的影响，因此脆弱性变化相对较小。此外，从上述两个县人均 GDP 和人均年末存款判断，区域防灾减灾能力和房屋抗灾能力汶川县应强于安县，但灾情程度远超安县，可以初步推断汶川县重复受灾导致的脆弱性增加幅度远高于安县。

表 3-7 汶川县与安县致灾强度与灾情对比

县名	平均烈度	地质灾害危险度	万人死亡失踪率/（人/万人）	万人转移安置率/（人/万人）	万人倒塌房屋率/（间/万人）	人均 GDP/(元/人)	人均年末存款/（元/人）
汶川县	8.89	1.78	2170	9981	55291	22607	8082
安县	8.89	1.27	66	7174	15498	8180	5659

注：平均烈度、地质灾害危险度、万人死亡失踪率、万人转移安置率、万人倒塌房屋率等数据来源于国家减灾委员会和科技部抗震救灾专家组（2011）；人均 GDP 和人均年末存款来源于 2008 年四川省统计年鉴

脆弱性变化分析的关键是找出影响脆弱性的核心指标，并监测其变化的结果，可用人口中弱势群体和因地震导致的新增脆弱人群的变化来近似反映人口脆弱性的变化，房屋脆弱性的变化可用土木结构和其他结构房屋与新增损坏的房屋数量占房屋总数量的比例来近似表达。

3.4.4.4 基本结论

灾害链因其形成机理复杂、预报难度大、防范要求高、造成损失重等特点而引起国内外学者的高度关注，灾害链的定义、类型、形成过程和典型灾害链案例等方面的研究不断出现，且取得一定成果。然而，由于对灾害链风险形成过程认识不足和对灾害链发性评估的缺乏，近年来，在全球气候变化大背景下，由灾害链现象引发的巨灾频繁出现，造成重大人员伤亡和财产损失，给受灾区域，甚至更大区域社会经济可持续发展造成严重影响。本部分系统性地梳理链式风险形成过程及概念评估模型的国内外研究进展，结合“5・12”汶川特大地震灾害链案例，初步提出了巨灾灾害链风险评估的概念模型。主要结论如下（张卫星和周洪建，2013）：

1）初步界定巨灾灾害链风险，认为巨灾灾害链风险是由高强度（一般为 100 年一遇或

7.0 级以上的地震）原发致灾因子和敏感孕灾环境引发的链发因子先后作用于承灾体，导致其脆弱性显著上升，形成不同程度的“放大”损失及其出现的概率。巨灾灾害链风险的形成具有时间上因果延续和空间上地域扩展的特点，其形成过程复杂，定量评估对数据资料与技术方法的要求很高。

2）基于孕灾环境敏感性的灾害链发概率评估是巨灾灾害链风险评估概念模型的核心组成，也是区别灾害链风险与单灾种风险评估的主要标志。汶川地震—崩塌滑坡灾害链分析表明，相同烈度区内地形坡度、海拔、岩性、断裂距等是导致崩塌滑坡产生的主要因素，其综合作用的大小决定着地震引发崩塌滑坡的可能性，即灾害链发概率。如何确定影响孕灾环境敏感性大小的因素及定量关系是实施灾害链发概率评估的关键。

3）承灾体脆弱性变化评估是灾害链风险评估的关键，而找出脆弱性的影响因素及其相互关系并监测其变化又是脆弱性变化评估的关键。以汶川地震极重灾区中的汶川县、安县为例，在平均烈度相同、经济条件前者优于后者的前提下，汶川县地质灾害危险程度高于安县导致其人员和房屋损失显著升高，这在一定程度上说明了重复受灾对承灾体脆弱性变化的直接影响，受灾次数和致灾因子类型可影响承灾体脆弱性的变化。

巨灾灾害链风险评估概念模型的构建需要从区域灾害系统理论、风险评估理论和灾害链案例分析出发，本书虽然基于此原则并总结国内外众多学者的最新研究成果，但由于灾害链本身的复杂性，目前也存在很多不足和值得进一步讨论的问题：①灾害链的形成具有强烈的地域特色，不同区域灾害链形成机制和表现形式存在较大差异，不同微观地貌特征也可能会造成灾害链形成过程不同，因此，通过分析多个区域灾害链案例数据而得到灾害链风险评估概念模型将更为客观；②承灾体脆弱性变化特征的刻画可通过收集大量典型灾害链中不同过程承灾体损失、致灾强度数据，采用相关数学方程拟合得到，这对灾害过程数据的要求较高，也对灾情数据的上报、校核提出了新要求；③突发性灾害与渐发性灾害形成过程差异较大，以旱灾为例，降水偏少可能导致农作物受灾甚至绝收，人畜饮水困难和工业生产暂停，与地震导致崩塌滑坡相比，旱灾各损失的因果关系不明确，因此有必要针对渐发性灾害系统梳理灾害链发机制，完善现有灾害链风险评估的概念模型。

第 4 章　巨灾损失评估方法及实践案例

4.1　巨灾损失评估内容

近年来，中国重特大自然灾害连接发生，给灾区经济社会发展造成较大损失。2008 年初南方低温雨雪冰冻灾害、四川汶川 8.0 级特大地震灾害，2010 年青海玉树 7.1 级地震和甘肃舟曲特大山洪泥石流灾害，2013 年四川芦山 7.0 级强烈地震灾害，2014 年云南鲁甸 6.5 级地震灾害，2015 年尼泊尔 8.1 级强烈地震灾害（西藏灾区），2016 年四川九寨沟 7.0 级地震灾害等，给灾区群众生命财产和生产生活造成了重大损失和严重影响。为准确全面认识重特大自然灾害过程，需要对灾害损失进行科学评估以掌握灾情，这也为灾后群众生活救助和恢复重建提供依据。

中国政府与学术界高度关注重特大自然灾害损失的综合评估工作，随着科学研究的推进和巨灾损失评估的实践，逐渐探索并建立了巨灾损失评估的内容体系（图 4-1）。2008 年 5 月 12 日汶川 8.0 级特大地震发生后，国家发展和改革委员会、民政部、中国地震局牵头开展汶川特大地震灾害灾后损失评估。评估工作组依托国家减灾委员会专家委员会和民政部国家减灾中心，制定了损失评估方案，第一次全面设计了灾害损失统计内容与指标体系，深入灾区一线开展现场调查采样，与灾区政府、有关部门和受灾群众进行座谈和交流，通过地方政府上报的损失统计报表、遥感监测评估、基础数据分析等，评估了汶川地震灾害损失的范围、直接经济损失。

2010 年 4 月 14 日青海玉树 7.1 级地震发生后，民政部、中国地震局、国家发展和改革委员会联合开展灾害损失评估；2010 年 8 月 8 日甘肃舟曲特大山洪泥石流发生后，民政部牵头开展灾害损失评估。这两次重特大自然灾害损失评估，参照汶川地震灾害损失评估的相关做法，评估内容又进行了拓展，增加了毁损实物量评估，评估内容调整为灾害范围评估、毁损实物量评估、直接经济损失评估 3 项，直接经济损失评估作为主评估报告的附件。

2013 年四川芦山 7.0 级地震发生后，按民政部、国家发展和改革委员会、中国地震局协调部署，国家减灾委员会专家委员会和民政部国家减灾中心组成评估组，会同四川省人民政府进行灾害损失评估工作。在评估过程中，根据评估内容与灾害损失程度对综合评估的需求，增加财政部、国土资源部作为评估组织部门，共同参与本次评估工作。评估内容分为灾害范围评估、毁损实物量评估、直接经济损失评估 3 项，直接经济损失评估与毁损实物量评估一样，纳入了综合损失评估主报告。

2014 年云南鲁甸 6.5 级地震发生后，由民政部和云南省联合成立专家评估组，开展地震灾害损失评估；评估的相关内容与方法参照四川芦山 7.0 级地震灾害损失评估的相关做法。

2015 年尼泊尔 8.1 级地震发生后，民政部、中国地震局、国家发展和改革委员会联合组织开展损失评估工作；评估工作由国家减灾委员会专家委员会、西藏自治区人民政府、民政部国家减灾中心及有关部委推荐的专家组成评估组，对灾害范围、灾害毁损实物量、直接经济损失进行了综合评估。损失综合评估参照芦山地震、鲁甸地震的相关做法开展。

至此，历经 2008 年汶川特大地震以来的 6 次重特大自然灾害损失综合评估的实践，基本形成了以客观性、科学性、综合性、参与性为主体的重特大自然灾害损失综合评估原则，形成了包括灾害范围评估、毁损实物量评估、直接经济损失评估为主体的评估内容体系，形成了以统计上报、现场调查、遥感监测、模型模拟、综合校核为主体的评估方法体系，形成了以数据准备、单项评估、综合评估、综合会商、报告编制为主体的评估步骤。

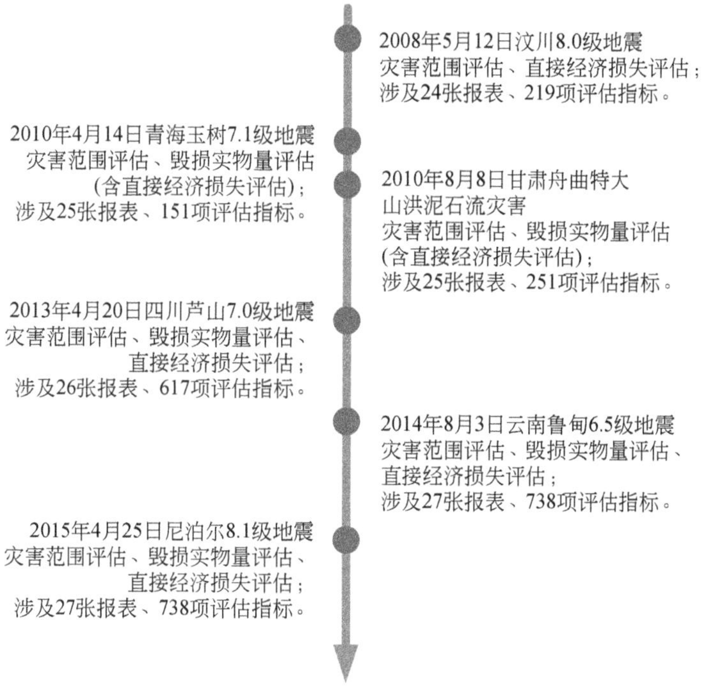

2008年5月12日汶川8.0级地震
灾害范围评估、直接经济损失评估；
涉及24张报表、219项评估指标。

2010年4月14日青海玉树7.1级地震
灾害范围评估、毁损实物量评估
(含直接经济损失评估)；
涉及25张报表、151项评估指标。

2010年8月8日甘肃舟曲特大
山洪泥石流灾害
灾害范围评估、毁损实物量评估
(含直接经济损失评估)；
涉及25张报表、251项评估指标。

2013年4月20日四川芦山7.0级地震
灾害范围评估、毁损实物量评估、
直接经济损失评估；
涉及26张报表、617项评估指标。

2014年8月3日云南鲁甸6.5级地震
灾害范围评估、毁损实物量评估、
直接经济损失评估；
涉及27张报表、738项评估指标。

2015年4月25日尼泊尔8.1级地震
灾害范围评估、毁损实物量评估、
直接经济损失评估；
涉及27张报表、738项评估指标。

图 4-1　汶川地震以来历次重特大自然灾害损失评估内容及其变化

4.2　巨灾损失统计上报评估

为建立并规范特别重大自然灾害损失统计内容与指标，全面、及时掌握特别重大自然灾害损失，为国家和地方编制灾区恢复重建规划提供决策依据，经国家统计局批准，2014 年 6 月，民政部、国家减灾委员会办公室发布《特别重大自然灾害损失统计制度》（以下简称《统计制度》），成为中国特别重大自然灾害损失统计工作的首部规章制度，标志着特别重大自然灾害损失统计正式迈入制度化阶段（史培军等，2014）。

本书将以《统计制度》为主线，详细阐述中国巨灾损失统计上报的相关内容。

4.2.1 《统计制度》的主要内容

4.2.1.1 基本情况

《统计制度》共分为 4 个部分，即总说明、报表目录、调查表式和附录。其中，总说明部分明确了特别重大自然灾害损失统计的启动条件、组织形式、统计范围、报表和指标体系、报送时限要求等内容；报表目录部分给出了 11 大类 27 张报表的名称、报送期别、填报范围、填报单位等内容（表 4-1）；调查表式部分给出了各报表的指标名称、计量单位、填报说明、主要指标说明和表中的逻辑校验公式；附录部分列出了灾害种类术语解释和三次产业的范围和对应表。

表 4-1 《特别重大自然灾害损失统计制度》报表体系

<table>
<tr><th>表号</th><th>表名</th><th>报告期别</th><th>填报范围</th><th>报送单位</th><th>指标个数</th></tr>
<tr><td>Z01 表</td><td>经济损失统计汇总表</td><td rowspan="27">初报、核报</td><td rowspan="27">灾区人员受灾、农村与城镇居民住宅用房损失、非住宅用房损失、居民家庭财产损失、农业损失、工业损失、服务业损失、基础设施损失、公共服务系统损失和资源与环境损失</td><td rowspan="27">县级政府为基本上报单位，地级、省级政府为审核与上报单位</td><td>1</td></tr>
<tr><td>A01 表</td><td>人员受灾情况统计表</td><td>15</td></tr>
<tr><td>B01 表</td><td>农村居民住宅用房受损情况统计表</td><td>46</td></tr>
<tr><td>B02 表</td><td>城镇居民住宅用房受损情况统计表</td><td>46</td></tr>
<tr><td>B03 表</td><td>非住宅用房受损情况统计表</td><td>31</td></tr>
<tr><td>C01 表</td><td>居民家庭财产损失统计表</td><td>11</td></tr>
<tr><td>D01 表</td><td>农业损失统计表</td><td>38</td></tr>
<tr><td>E01 表</td><td>工业损失统计表</td><td>15</td></tr>
<tr><td>F01 表</td><td>服务业损失统计表</td><td>24</td></tr>
<tr><td>G01 表</td><td>基础设施（交通运输）损失统计表</td><td>83</td></tr>
<tr><td>G02 表</td><td>基础设施（通信）损失统计表</td><td>18</td></tr>
<tr><td>G03 表</td><td>基础设施（能源）损失统计表</td><td>37</td></tr>
<tr><td>G04 表</td><td>基础设施（水利）损失统计表</td><td>26</td></tr>
<tr><td>G05 表</td><td>基础设施（市政）损失统计表</td><td>48</td></tr>
<tr><td>G06 表</td><td>基础设施（农村地区生活设施）损失统计表</td><td>9</td></tr>
<tr><td>G07 表</td><td>基础设施（地质灾害防治）损失统计表</td><td>15</td></tr>
<tr><td>H01 表</td><td>公共服务（教育系统）损失统计表</td><td>13</td></tr>
<tr><td>H02 表</td><td>公共服务（科技系统）损失统计表</td><td>32</td></tr>
<tr><td>H03 表</td><td>公共服务（医疗卫生系统）损失统计表</td><td>18</td></tr>
<tr><td>H04 表</td><td>公共服务（文化系统）损失统计表</td><td>16</td></tr>
<tr><td>H05 表</td><td>公共服务（新闻出版广电系统）损失统计表</td><td>13</td></tr>
<tr><td>H06 表</td><td>公共服务（体育系统）损失统计表</td><td>8</td></tr>
<tr><td>H07 表</td><td>公共服务（社会保障与社会服务系统）损失统计表</td><td>35</td></tr>
<tr><td>H08 表</td><td>公共服务（社会管理系统）损失统计表</td><td>8</td></tr>
<tr><td>H09 表</td><td>公共服务（文化遗产）损失统计表</td><td>12</td></tr>
<tr><td>I01 表</td><td>资源与环境损失统计表</td><td>17</td></tr>
<tr><td>J01 表</td><td>基础指标统计表</td><td>103</td></tr>
<tr><td colspan="2">合计</td><td>—</td><td>—</td><td>—</td><td>738</td></tr>
</table>

资料来源：周洪建等，2015

4.2.1.2　适用灾种

《统计制度》中的特别重大自然灾害主要包括洪涝灾害、台风灾害、低温冷冻与雪灾、地震灾害、地质灾害、海啸灾害等。

与《自然灾害分类与代码》（GB/T 28921—2012）（2012 年 10 月 12 日发布，2013 年 2 月 1 日实施）相比，目前《统计制度》主要适用于以突发性为主的特别重大自然灾害，对于干旱灾害、高温灾害、沙尘暴灾害、大雾灾害、海浪灾害、海冰灾害、赤潮灾害和生物灾害、生态环境灾害等因其造成的损失类型、程度等与前述几种突发性灾害有较大差异暂不适用（表 4-2）。

表 4-2 《统计制度》的灾种适用范围

<table>
<tr><th colspan="2">国家标准</th><th colspan="2">《统计制度》</th></tr>
<tr><th>代码</th><th>名称</th><th>名称</th><th>适用性</th></tr>
<tr><td>010000</td><td>气象水文灾害</td><td>—</td><td>—</td></tr>
<tr><td>010100</td><td>干旱灾害</td><td>—</td><td>暂不适用</td></tr>
<tr><td>010200</td><td>洪涝灾害</td><td>洪涝灾害</td><td>适用</td></tr>
<tr><td>010300</td><td>台风灾害</td><td>台风灾害</td><td>适用</td></tr>
<tr><td>010400</td><td>暴雨灾害</td><td rowspan="4">台风、洪涝灾害</td><td rowspan="4">部分适用，尤其是多灾种的共同影响</td></tr>
<tr><td>010500</td><td>大风灾害</td></tr>
<tr><td>010600</td><td>冰雹灾害</td></tr>
<tr><td>010700</td><td>雷电灾害</td></tr>
<tr><td>010800</td><td>低温灾害</td><td rowspan="2">低温冷冻与雪灾</td><td rowspan="2">适用</td></tr>
<tr><td>010900</td><td>冰雪灾害</td></tr>
<tr><td>011000</td><td>高温灾害</td><td>—</td><td>暂不适用</td></tr>
<tr><td>011100</td><td>沙尘暴灾害</td><td>—</td><td>暂不适用</td></tr>
<tr><td>011200</td><td>大雾灾害</td><td>—</td><td>暂不适用</td></tr>
<tr><td>019900</td><td>其他气象水文灾害</td><td>—</td><td>暂不适用</td></tr>
<tr><td>020000</td><td>地质地震灾害</td><td>—</td><td>—</td></tr>
<tr><td>020100</td><td>地震灾害</td><td>地震灾害</td><td>适用</td></tr>
<tr><td>020200</td><td>火山灾害</td><td>—</td><td>暂不适用</td></tr>
<tr><td>020300</td><td>崩塌灾害</td><td rowspan="7">地质灾害</td><td rowspan="3">适用</td></tr>
<tr><td>020400</td><td>滑坡灾害</td></tr>
<tr><td>020500</td><td>泥石流灾害</td></tr>
<tr><td>020600</td><td>地面塌陷灾害</td><td rowspan="4">部分适用，需据具体情况分析</td></tr>
<tr><td>020700</td><td>地面沉降灾害</td></tr>
<tr><td>020800</td><td>地裂缝灾害</td></tr>
<tr><td>029900</td><td>其他地质灾害</td></tr>
</table>

续表

国家标准		《统计制度》	
代码	名称	名称	适用性
030000	海洋灾害	—	—
030100	风暴潮灾害	—	部分适用，需据具体情况分析
030200	海浪灾害	—	暂不适用
030300	海冰灾害	—	暂不适用
030400	海啸灾害	海啸灾害	适用
030500	赤潮灾害	—	暂不适用
039900	其他海洋灾害	—	暂不适用
040000	生物灾害	—	—
040100	植物病虫害	—	暂不适用
040200	疫病灾害	—	暂不适用
040300	鼠害	—	暂不适用
040400	草害	—	暂不适用
040500	赤潮灾害	—	暂不适用
040600	森林/草原火灾	—	暂不适用
049900	其他生物灾害	—	暂不适用
050000	生态环境灾害	—	—
050100	水土流失灾害	—	暂不适用
050200	风蚀沙化灾害	—	暂不适用
050300	盐渍化灾害	—	暂不适用
050400	石漠化灾害	—	暂不适用
059900	其他生态环境灾害	—	暂不适用

4.2.1.3 报表统计与报送

发生特别重大自然灾害，启动国家自然灾害救助Ⅰ级应急响应，或国务院决定开展灾害损失综合评估时，启动《统计制度》。具体来看，国家自然灾害救助Ⅰ级应急响应条件如下。

某一省（自治区、直辖市）行政区域内，发生特别重大自然灾害，一次灾害过程出现下列情况之一的：①死亡200人以上；②紧急转移安置或需紧急生活救助100万人以上；③倒塌和严重损坏房屋20万间以上；④干旱灾害造成缺粮或缺水等生活困难，需政府救助人数占农牧业人口30%以上，或400万人以上。或国务院决定的其他事项。

截至2017年底，由国务院决定开展灾害损失综合评估的案例包括2010年甘肃舟曲特大山洪泥石流灾害、2013年四川芦山强烈地震灾害；2013年6月甘肃岷县漳县6.5级地震的损失综合评估是在国家减灾委员会办公室指导下，由甘肃省人民政府组织、甘肃省减灾委员会具体开展的灾害损失综合评估。2015 年尼泊尔 8.1 级地震灾害损失综合评估。

《统计制度》启动后，需要完成填报、汇总、审核、报送等工作，灾区各级政府负责的主要工作内容不同，相应分工也各有侧重。

（1）省级

灾区省级政府负责组织《统计制度》中各报表的填报工作，省级减灾委员会或民政部门汇总，并以省级政府名义报送国家减灾委员会。省级减灾委员会成员单位及其他有关部门负责审核相关报表。

（2）地市级

灾区地市级政府主要负责审核县级上报的报表。组织本级相关部门参加职能对应报表的审核工作，完成后以地市级政府的名义报送省级政府。

（3）县级

《统计制度》原则上以县级行政区为统计单位，县级政府即为基本上报单位，负责统计报表中的各项损失数据，审核后报送地市级政府。

（4）乡镇级

根据需要，乡镇级政府可以作为人员受灾、房屋受损、农业损失等的基本上报单位，负责相应报表或指标的损失数据统计填报，协助县级政府完成统计填报工作。

特别重大自然灾害损失统计报送分为初报、核报两个阶段。初报阶段需要在《统计制度》启动后的 7 个工作日内完成，此阶段的核心工作是损失统计、汇总、审核、上报；核报阶段在初报阶段结束的次日开展，并在 5 个工作日内完成，此阶段的核心工作是损失核定、汇总、上报。灾区各级政府在两个阶段需完成的工作内容和要求见表 4-3。

表 4-3　统计报送分阶段工作情况

项目＼报送阶段		初报阶段	核报阶段
阶段完成时间		7 个工作日	5 个工作日内
县级	时间	3 个工作日内	3 个工作日内
	工作内容	本级损失的调查统计并报送至地级政府	本级损失的核定并报送至地级政府
地级	时间	接到县级损失统计资料后两个工作日内	接到县级损失核定资料后 1 个工作日内
	工作内容	审核、汇总数据，并将本行政区域汇总数据（含分县数据）向省级政府报告	审核、汇总数据，并将本行政区域核定汇总数据（含分县数据）向省级政府报告
省级	时间	接到地级损失统计资料后两个工作日内	接到地级损失核定资料后 1 个工作日内
	工作内容	审核、汇总数据，并将本行政区域汇总数据（含分县数据）向民政部、国家减灾委办公室报告	审核、汇总数据，并将本行政区域核定汇总数据（含分县数据）向民政部、国家减灾委办公室报告

灾区各级政府在开展损失统计填报工作时，可以采用的统计方法有全面调查、重点调查、抽样调查。这三种方法各有优缺点，适用的情况也有所不同，可根据实践情况综合运用（表 4-4）。

表 4-4 开展损失调查的主要统计方法

名称	内容	优点	缺点	适用情况
全面调查	对需要调查的对象进行逐个调查	获得资料较为全面、可靠	调查时间长，花费人力、物力、财力较多	关键、核心指标，调查内容不多但属于必须掌握、影响较大的方面。如因灾死亡人口等指标
重点调查	在全体调查对象中选择一部分重点单位进行调查	投入的人力、物力少，可以较快搜集统计信息资料。获得数据可以反映总体的基本发展趋势	不能用以推断总体，是补充性调查方法	适用于只要求掌握基本情况，而部分单位又能比较集中反映研究项目和指标时的调查。如工业、服务业等损失
抽样调查	从全部调查研究对象中，抽选一部分单位进行调查，并据此对全部调查研究对象作出估计和推断	经济性好、时效性强、适应面广、准确性高	存在调查误差和偏误。调查样本的选取质量直接影响抽样结果的代表性	适用于调查时间短，不能开展全面调查，或理论上可以但实践中不可能开展全面调查的事物。如居民家庭财产损失、森林受灾面积等

4.2.1.4 特殊报表/指标说明

（1）行业（系统）损失统计表涵盖内容

行业（系统）损失报表统计内容为本行业（系统）设备设施、产品及原材料等，并非本行业全部损失统计表，不包括房屋、管理部门、协会、土地等损失。具体规定如下。

房屋损失。除厂房、仓库损失在《工业损失统计表》中统计外，各行业（系统）损失统计表中均不含职工住房损失、非住宅用房损失，相关损失分别在《农村居民住宅用房受损情况统计表》与《城镇居民住宅用房受损情况统计表》《非住宅用房受损情况统计表》中统计。灾区政府除按要求填报《非住宅用房受损情况统计表》外，根据需要，可组织部分行业（系统）按该表要求单独填报本行业（系统）非住宅用房损失。

行政部门等损失。各行业（系统）损失统计表中均不含本行业（系统）行政部门、各类行业协会、联合会等损失，此类损失计入《公共服务（社会管理系统）损失统计表》。

土地损失。各行业（系统）损失统计表中不含土地损失，此类损失计入《资源与环境损失统计表》。

（2）城镇与农村的划分

居民住宅用房受损情况、居民家庭财产损失情况按城镇、农村分别统计。

城镇包括城区和镇区，城区是指在市辖区和不设区的市，市、区政府驻地的实际建设连接到的居民委员会和其他区域；镇区是指在城区以外的县人民政府驻地和其他镇，政府驻地的实际建设连接到的居民委员会和其他区域；与政府驻地的实际建设不连接，且常住人口在 3000 人以上的独立的工矿区、开发区、科研单位、大专院校等特殊区域及农场、林场的场部驻地视为镇区。

农村是指上述划定的城镇以外的区域。

（3）关于统计原则

特别重大自然灾害损失，包括中央（省、市）直属农场、林场、工业、服务业等损失，均按照在地统计原则填报，不同于常规理解的属地统计；其中，在地统计是指按照被调查单位坐落的行政区域范围进行统计，即在该行政区域范围内的各类企事业单位、党政机关、社会团体，不论其行政隶属关系、所有制性质、经营方式，均由所在地的政府统计部门依法实施统计管理和开展统计调查；而属地统计按被调查单位的隶属关系进行统计，即由被调查单位所隶属的上级机构所在地的政府统计部门或业务部门进行归口统计。

（4）关于重置价格

《统计制度》中经济损失均为直接经济损失，且均按照统计对象的重置价格核算。其中，重置价格为采用与受损统计对象相同的材料、建筑或制造标准、设计、规格及技术等，以现时价格水平重新购建与受损统计对象相同的全新实物所需花费的材料和人工等成本价格，不考虑地价因素；有别于"恢复重建价格"。与重置价格相比（表 4-5），恢复重建价格是采用新型材料、现代建筑或制造标准、新型设计、规格及技术等，以现时价格水平购建与受损统计对象具有同等功能或更好功能的全新受损统计对象所需花费的材料和人工等成本价格，不考虑地价因素。

表 4-5　重置价格与恢复重建价格对比

项目	重置价格	恢复重建价格
材料	与受损统计对象相同的材料	新型材料
标准	与受损统计对象相同的建筑或制造标准	现代建筑或制造标准
价格	现时价格水平	现时价格水平
功能	与受损统计对象相同的全新实物	高于或与受损统计对象具有同等功能的全新实物

（5）军队等特殊情况的处理

《统计制度》中特别重大自然灾害损失不包括军队、武警、军区所属单位等损失。

《汶川地震灾后恢复重建总体规划》（国发〔2008〕31 号）、《玉树地震灾后恢复重建总体规划》（国发〔2010〕17 号）、《舟曲灾后恢复重建总体规划》（国发〔2010〕38 号）、《芦山地震灾后恢复重建总体规划》（国发〔2013〕26 号）、《鲁甸地质灾后恢复重建总体规划》（国发〔2014〕56 号）等 5 次重、特大灾害灾后恢复重建规划中均未涉及军队、武警、军区所属单位。

4.2.2 《统计制度》的相关问题探讨

4.2.2.1 《统计制度》的科学性

科学性是任何制度或规范必须具备的首要特征。《统计制度》的科学性主要体现在与相关国家标准保持一致、历经多次实践检验、充分征求相关行业部门意见和建议 3 个方面（周洪建等，2015）。

（1）与相关国家标准保持一致

《统计制度》中损失报表设计充分考虑现有国家标准《自然灾害承灾体分类与代码》（GB/T 32572—2016）、《国民经济行业分类》（GB/T 4754—2011）的相关内容，在保障不缺项漏项的基础上，做到与现有灾害承灾体分类体系相一致（表4-6）；其中，《统计制度》以国民经济行业分类标准为依据，将各行业损失分别归入了相应的损失统计表。《统计制度》在突出灾害核心损失、便于行业主管部门填报等原则的基础上，重新将国民经济行业分类按照灾害损失特征进行了分层分类，使其更加适应特别重大自然灾害的损失填报工作，这有别于现有涉灾相关统计制度。

表4-6 《特别重大自然灾害损失统计制度》与相关国家标准的对比

国家标准		《统计制度》报表
代码	名称	
100000	人	《人员受灾情况统计表》（A01），需过渡性生活救助人口中涉及女性、老人、儿童等统计指标
111000	男性	
112000	女性	
121000	儿童	
122000	青年人	
123000	中年人	
124000	老年人	
200000	财产	—
211000	固定资产	—
211100	房屋及构筑物	《农村居民住宅用房受损情况统计表》（B01）、《城镇居民住宅用房受损情况统计表》（B02）、《非住宅用房受损情况统计表》（B03）3张报表统计房屋受损情况，《工业损失统计表》（E01）中厂房、仓库等统计其他建（构）筑物受损情况
211200	设施设备	基础设施、公共服务系统受损情况统计表主要统计各行业（系统）的设施设备和其他固定资产受损情况
211900	其他固定资产	
212000	流动资产	—
212100	产品及原料	三次产业、基础设施、公共服务系统受损情况统计表统计此项损失
212900	其他流动资产	列入各报表中的其他损失项中
221000	家庭财产	—
221100	房屋	《农村居民住宅用房受损情况统计表》（B01）、《城镇居民住宅用房受损情况统计表》（B02）统计房屋受损情况
221200	生产性固定资产	《居民家庭财产损失统计表》（C01）
221300	耐用消费品	
221900	其他家庭财产	
222000	公共财产	—
222100	房屋	《非住宅用房受损情况统计表》（B03）
222200	基础设施	—
222201	交通运输设施、设备	《基础设施（交通运输）损失统计表》（G01）

续表

国家标准		《统计制度》报表
代码	名称	
222202	通信设施、设备	《基础设施（通信）损失统计表》（G02）
222203	能源设施、设备	《基础设施（能源）损失统计表》（G03）
222204	市政设施、设备	《基础设施（市政）损失统计表》（G05）
222205	水利设施、设备	《基础设施（水利）损失统计表》（G04）
222209	其他基础设施、设备	《基础设施（农村地区生活设施）损失统计表》（G06）、《基础设施（地质灾害防治）损失统计表》（G07）
222300	公共服务设施	—
222301	教育设施、设备	《公共服务（教育系统）损失统计表》（H01）
222302	医疗卫生设施、设备	《公共服务（医疗卫生系统）损失统计表》（H03）
222303	科技设施、设备	《公共服务（科技系统）损失统计表》（H02）
222304	文化设施、设备	《公共服务（文化系统）损失统计表》（H04）
222305	广电设施、设备	《公共服务（新闻出版广电系统）损失统计表》（H05）
222306	体育设施、设备	《公共服务（体育系统）损失统计表》（H06）
222307	社会保障与公共管理设施、设备	《公共服务（社会保障与社会服务系统）损失统计表》（H07）、《公共服务（社会管理系统）损失统计表》（H08）
222399	其他公共服务设施、设备	《公共服务（文化遗产）损失统计表》（H09）
222400	三次产业设施设备、产品及原料	—
222401	农、林、牧、渔业设施、设备及产品	《农业损失统计表》（D01）
222402	工业设施设备、产品及原料	《工业损失统计表》（E01）、《基础设施（能源）损失统计表》（G03）、《基础设施（市政）损失统计表》（G05）、《基础设施（农村地区生活设施）损失统计表》（G06）
222403	服务业设施、设备、产品及原料	《服务业损失统计表》（F01）、基础设施和公共服务系统部分报表
300000	资源与环境	—
311000	土地资源	《资源与环境损失统计表》（I01）
312000	矿产资源	
313000	水资源	
314000	生物资源	
315000	生态环境	

资料来源：周洪建等，2015

（2）历经多次实践检验

2008 年汶川地震发生后，为开展损失综合评估，以北京师范大学史培军教授牵头的研究团队首次设计了一套特别重大灾害损失统计报表（国家减灾委员会和科技部抗震救灾专家组，2008），之后又在青海玉树地震、甘肃舟曲特大山洪泥石流灾害、四川芦山地震灾害评估中不断对报表改进了完善（图 4-2），具体表现为：①报表设计总体体系未发生变化，部分报表归属进行调整，其中，人员受灾、房屋、居民家庭财产、三次产业等报表结构几乎没有变化；基础设施、公共服务两大类报表有增删，少数报表的归属发生变化；简化资源与环境损失报表；增加了 1 张基础指标统计报表。②指标设计进一步细化，毁损实物量和经济损失指标的成套设计明显增加；突出重点承灾体的指标设计，简化部分报表指标；完善主要指标说明，增加逻辑校验公式。可以看出，《统计制度》历经多次实践检验，报表与指标体系不断完善。

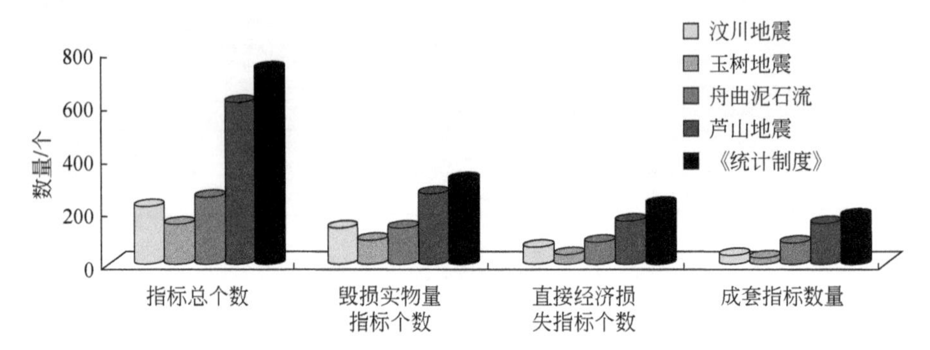

图 4-2 《统计制度》与汶川地震等 4 次重特大灾害损失报表对比

毁损实物量指标：指各类特指实物（机构）毁损数量指标，包括毁损实物量的合计指标（个别出现）；直接经济损失统计指标：指各类特指实物（机构）的经济损失指标；成套指标数：为毁损实物量和直接经济损失统计指标对应成组出现的指标套数

（3）充分征求相关行业部门意见和建议

2012 年 3～9 月，包括本书作者在内的相关研究人员在国家减灾委员会办公室的支持下，就《统计制度》的相关内容先后 3 次听取了科学技术部、工业和信息化部、人力资源和社会保障部、环境保护部、住房和城乡建设部、交通运输部、铁道部、农业部、商务部、文化部、卫生部、国有资产监督管理委员会、广播电视总局、统计局、旅游局、能源局 16 个部委（局）和中国电信、中国电力企业联合会、北京市市政工程研究院等单位业务部门或推荐专家的意见和建议。2013 年 3 月，书面征求 32 个国家减灾委成员单位的意见和建议。2013 年 11 月，组织黑龙江、浙江、江西、湖北、湖南、广东、四川、贵州、云南、陕西、甘肃、青海 12 个省开展典型重特大自然灾害损失统计应用示范和意见与建议征求活动。《统计制度》通过准实时地吸收行业部门与地方的意见和建议来完善报表与指标体系。

4.2.2.2 《统计制度》的综合性

综合性是《统计制度》第二个重要特征，主要体现在灾种的综合性、统计内容的综合性等方面（周洪建等，2015）。

（1）灾种的综合性

如前所属，《统计制度》适用于洪涝灾害、台风灾害、低温冷冻与雪灾、地震灾害、地质灾害、海啸灾害的损失统计；与《自然灾害分类与代码》（GB/T 28921—2012）对比发现，《统计制度》适用的灾种与国家标准中规定的单个灾种的概念有所不同，其更多地强调多灾种、灾害链的概念，这与特别重大自然灾害的特殊性有密切关系（张卫星等，2013）。

（2）统计内容的综合性

《统计制度》明确，灾区人员受灾、农村与城镇居民住宅用房损失、非住宅用房损失、居民家庭财产损失、农业损失、工业损失、服务业损失、基础设施损失、公共服务系统损失和资源与环境损失都在统计范围内；通过对比，《统计制度》覆盖国民经济各行业/领域（表 4-7），涵盖自然灾害承灾体的各类型，内容综合全面。

表 4-7 《统计制度》报表与国民经济行业的基本对应关系

表号	表名	基本对应的产业门类或大类名称
D01	农业损失统计表	农业，林业，畜牧业，渔业
E01	工业损失统计表	采矿业（不包括煤炭开采和洗选业、石油和天然气开采业），制造业，建筑业
F01	服务业损失统计表	批发和零售业，信息传输、软件和信息技术服务业，住宿和餐饮业，金融业，房地产业，租赁和商务服务业，居民服务、修理服务业，仓储业和装卸搬运和运输代理业，文化、体育和娱乐业中的经营性文化、娱乐业，农林牧渔服务业，开采辅助活动和金属制品、机械和设备修理业
G01	基础设施（交通运输）损失统计表	交通运输业（第三产业）
G02	基础设施（通信）损失统计表	电信、广播电视和卫星传输服务中的电信（第三产业），邮政业（第三产业）
G03	基础设施（能源）损失统计表	电力生产和供应业（第二产业），采矿业中的煤炭开采和洗选业（第二产业），石油和天然气开采业（第二产业）
G04	基础设施（水利）损失统计表	水利、环境和公共设施管理业中的水利管理业（第三产业）
G05	基础设施（市政）损失统计表，基础设施（农村地区生活设施）损失统计表	道路运输业中的城市公共交通运输（第三产业），热力、燃气及水生产和供应业（第二产业），水利、环境和公共设施管理业中的公共设施管理业（第三产业）
G06	基础设施（地质灾害防治）损失统计表	水利、环境和公共设施管理业中环境治理业中的地质灾害治理服务（第三产业）
H01	公共服务（教育系统）损失统计表	教育（第三产业）
H02	公共服务（科技系统）损失统计表	科学研究和技术服务业（第三产业）
H03	公共服务（医疗卫生系统）损失统计表	卫生和社会工作中的卫生（第三产业）
H04	公共服务（文化系统）损失统计表	文化、体育和娱乐业中的文化艺术业（公益性）（第三产业）
H05	公共服务（新闻出版广电系统）损失统计表	文化、体育和娱乐业中的广播、电视、电影和影视录音制造业（第三产业）
H06	公共服务（体育系统）损失统计表	文化、体育和娱乐业中的体育（第三产业）
H07	公共服务（社会保障与社会服务系统）损失统计表	公共管理、社会保障和社会组织中的社会保障（第三产业）；卫生和社会工作中的社会工作（第三产业）
H08	公共服务（社会管理系统）损失统计表	公共管理、社会组织和国际组织（第三产业）
H09	公共服务（文化遗产）损失统计表	文化、体育和娱乐业中的文化艺术业（第三产业）
I01	资源与环境损失统计表	水利、环境和公共设施管理业中的生态保护和环境治理业（第三产业）

4.2.2.3 《统计制度》的实用性

实用性是《统计制度》保持生命力的重要特征，基于《统计制度》的功能定位，其实用性主要表现在对灾区灾后恢复重建规划的指导方面（周洪建等，2015）。以《汶川地震灾后恢复重建总体规划》（国务院，2008）为例，《统计制度》中的报表与指标设计基本做到了与规划类型和项目的对应（表 4-8）。

表 4-8 《统计制度》与汶川地震灾后恢复重建规划对比

<table>
<tr><th colspan="2">《汶川地震灾后恢复重建总体规划》</th><th rowspan="2">《统计制度》报表</th></tr>
<tr><th>大类</th><th>小类</th></tr>
<tr><td rowspan="2">城乡住房</td><td>农村居民住房</td><td>《农村居民住宅用房受损情况统计表》（B01）</td></tr>
<tr><td>城镇居民住房</td><td>《城镇居民住宅用房受损情况统计表》（B02）</td></tr>
<tr><td rowspan="2">城镇建设</td><td>市政公用设施</td><td>《基础设施（市政）损失统计表》（G05）</td></tr>
<tr><td>历史文化名城名镇名村</td><td>《公共服务（文化遗产）损失统计表》（H09）</td></tr>
<tr><td rowspan="3">农村建设</td><td>农业生产</td><td>《农业损失统计表》（D01）</td></tr>
<tr><td>农业服务体系</td><td>《服务业损失损失统计表》（F01）</td></tr>
<tr><td>农村基础设施</td><td>《基础设施（农村地区生活设施）损失统计表》（G06）</td></tr>
<tr><td rowspan="6">公共服务</td><td>教育和科研</td><td>《公共服务（教育系统）损失统计表》（H01）、《公共服务（科技系统）损失统计表》（H02）</td></tr>
<tr><td>医疗卫生和计划生育服务</td><td>《公共服务（医疗卫生系统）损失统计表》（H03）</td></tr>
<tr><td>文化体育</td><td>《公共服务（文化系统）损失统计表》（H04）、《公共服务（体系系统）损失统计表》（H06）</td></tr>
<tr><td>文化自然遗产</td><td>《公共服务（文化遗产）损失统计表》（H09）</td></tr>
<tr><td>就业和社会保障</td><td>《公共服务（社会保障与社会福利系统）损失统计表》（H07）</td></tr>
<tr><td>社会管理</td><td>《公共服务（社会管理系统）损失统计表》（H08）</td></tr>
<tr><td rowspan="4">基础设施</td><td>交通</td><td>《基础设施（交通运输）损失统计表》（G01）</td></tr>
<tr><td>通信</td><td>《基础设施（通信）损失统计表》（G02）</td></tr>
<tr><td>能源</td><td>《基础设施（能源）损失统计表》（G03）</td></tr>
<tr><td>水利</td><td>《基础设施（水利）损失统计表》（G04）</td></tr>
<tr><td rowspan="5">产业</td><td>工业</td><td>《工业损失统计表》（E01）、《基础设施（能源）损失统计表》（G03）、《基础设施（市政）损失统计表》（G05）、《基础设施（农村地区生活设施）损失统计表》（G06）</td></tr>
<tr><td>旅游</td><td>《服务业统计表》（F01）</td></tr>
<tr><td>商贸</td><td>《服务业统计表》（F01）</td></tr>
<tr><td>金融</td><td>《服务业统计表》（F01）</td></tr>
<tr><td>文化产业</td><td>《服务业统计表》（F01）、《公共服务（文化系统）损失统计表》（H04）</td></tr>
</table>

续表

《汶川地震灾后恢复重建总体规划》		《统计制度》报表
大类	小类	
防灾减灾	灾害防治	《基础设施（地质灾害防治）损失统计表》(G07)
	减灾救灾	
生态环境	生态修复	《资源与环境损失统计表》(I01)
	环境整治	
	土地整理复垦	
精神家园	文化遗产	《公共服务（文化遗产）损失统计表》(H09)

资料来源：周洪建等，2015

4.2.2.4 《统计制度》的动态性

动态性是《统计制度》科学性、综合性和实用性的保障，也是按照国家统计法的相关规定，要求每两年对《统计制度》进行一次更新。目前，《统计制度》的动态性主要表现在以下方面（周洪建等，2015）。

1）灾种丰富，目前《统计制度》对干旱灾害等尚不适用；考虑到干旱作为中国主要灾害类型之一及其可能造成的严重损失（张卫星等，2013），结合干旱灾害损失特征，需进一步调整或补充相关报表或指标，丰富《统计制度》的内容。

2）报表与指标优化，《统计制度》发布实施后，随着相关行业部门的对制度的进一步细化研究与使用，部分报表与指标可能需要进一步优化。

3）实用性增强，《统计制度》主要服务于灾区灾后恢复重建规划，对比《汶川地震灾后恢复重建总体规划》（国务院，2008）和《芦山地震灾后恢复重建总体规划》（国务院，2013）发现，后者在继承传统恢复重建内容基础上，明确提出公共服务能力和社会管理能力恢复与重建，而这尚未在《统计制度》中体现，也是未来努力的方向。

4）操作性提升，《统计制度》出台后，部分省级减灾委员会、民政部门着手开展相关研究与培训工作，但由于制度中报表和指标体系数量多、关系较为复杂，涉及相关行业部门多，报表填报的工作量大。目前，与《统计制度》相配套的第一版软件系统基本完成，可便捷地实现各报表在线或离线的快速填报。

4.2.3　相关思考

特别重大自然灾害损失统计上报是特别重大自然灾害损失综合评估的重要方法之一，由于特别重大自然灾害损失统计涉及领域多、部门广，需要多部门/行业团结协作共同完成；地方作为特别重大自然灾害损失的主体，地方对《统计制度》内容的理解与掌握程度决定了损失统计上报的质量；此外，灾后硬件设备设施的恢复重建之外，软件的恢复重建也越来越受到重视。基于此，提出如下思考。

1）深化特别重大自然灾害损失综合评估。自然灾害损失综合评估是制定综合防灾减灾对策的基础，《统计制度》的出台使自然灾害损失综合评估步入了法规体系（袁艺，2014），突出表现在规范了特别重大自然灾害损失综合评估的内容、指标和相关技术标准。当前，历经汶川地震、玉树地震、舟曲特大山洪泥石流、芦山地震、鲁甸地震、尼泊尔地震 6 次重、特大自然灾害损失综合评估的实践，综合评估技术方法与模型体系初步成型，评估技术标准建设、软件系统开发等成为下一步研究的重点。

2）启发涉灾行业部门开展专项深入研究。《统计制度》涉及行业部门广，据初步统计，当前国家减灾委员会 35 个成员单位中，仅国土资源、水利、海洋、地震、农业、林业等不足 1/3 的行业部门建立了灾害损失统计办法或规范，一旦特别重大自然灾害发生，损失的全面、系统、科学统计存在一定困难。《统计制度》的出台将引导相关行业部门研究现有统计办法或规范的适用性、实用性和可操作性，以《统计制度》中规定的事项为依据，细化形成本行业统计办法或规范。无疑，研究过程中如何做好与《统计制度》的衔接将是十分重要的。

3）引领地方建立相关统计制度。《统计制度》适用于国家层面开展特别重大自然灾害损失统计，也为地方（尤其是省级）开展类似的损失统计提供借鉴。然而，中国自然灾害区域差异明显，不同地区可参照《统计制度》，结合自身特征建立更为适用的统计制度。据初步统计，近年来历次重、特大自然灾害损失中房屋、交通、水利、教育、医疗卫生等损失占比超过总损失的 80%，可在考虑此类损失的基础上，纳入其他必要报表或简化现有指标，形成地方性的统计制度。

4）兼顾灾区灾后恢复与重建中的软实力。近年来，灾后恢复重建总体规划的内容体系出现明显变化，灾区公共服务能力和社会管理能力逐步受到重视，并写入恢复重建规划文本，这种趋势也在国外的恢复重建（李全茂等，2012）中有所体现。然而，当前的《统计制度》更多的是对灾区硬件设备设施等的表达，是否有必要和如何在《统计制度》和损失综合评估中体现灾区软实力值得进一步思考和研究。

4.2.4 典型案例

2013 年 4 月 20 日 8 时 2 分，四川省雅安市芦山县（30.3°N，103.0°E）发生里氏 7.0 级地震，震源深度 13km，地震造成重大人员伤亡和财产损失。

4 月 25 日，民政部、中国地震局、国家发展和改革委员会向四川省人民政府发出《四川省芦山“4 • 20”7.0 级强烈地震灾害损失评估工作的紧急通知》，将《统计制度》中规定的 27 张报表、报表填报说明和重要指标说明等作为附件一并发送给四川省人民政府，要求四川省人民政府启动特别重大自然灾害损失统计上报评估工作。

四川省人民政府接到紧急通知后，迅速行动，省政府办公厅立即转发《四川省政府办公厅转发民政部、地震局、国家发展和改革委员会关于开展四川省芦山“4.20”7.0 级强烈地震灾害损失评估工作的紧急通知的通知》和《四川省政府办公厅关于报送“4.20”芦山 7.0 级地震灾害损失的补充通知》，四川省减灾委员会组织省民政厅、地震局、发展和改革委员会、住房和城乡建设厅、统计局等组成由省减灾委员会办公室牵头的工作组。灾害损失统计评估采取县级填报、统计汇总、部门审核、综合评估相结合的方式，以雅安、成都、眉山、乐山、甘孜、凉山、阿坝、宜宾 8 个市（州）27 个主要受灾县（区）人民政府与省直有关部门/单位灾情损失报告为基础，在省政府办公厅、省委宣传部、科技厅、民政厅、发展改革委、省安监局、财政厅、商务厅、省外办、教育厅、公安厅、交通运输厅、国土资源厅、住建厅、省经信委、水利厅、农业厅、林业厅、卫生厅、省广电局、环保厅、省统计局、省地震局、省气象局、省畜牧局、省食品药品监督管理局、省保监局、省测绘局、成都铁路局、省军区政治部、省武警总队、中国科学院成都分院、省科协、省红十字会、人力资源与社会保障厅、文化厅、省体育局、省旅游局、省能源局、省文物局、省通管局、省国资委、省宗教局、省金融办、省银监会、省电监会、省粮食局等 33 个省减灾委成员单位的共同努力和 10 多个其他省直相关部门、单位的积极支持配合下，多次复核，反复会商，分别于 5 月 2 日、5 月 6 日形成《四川芦山地震灾害损失初报数据和核报数据》及《“4.20”芦山 7.0 级强烈地震灾害损失统计评估报告》，并上报国家减灾委员会办公室。

2013 年 5 月 6 日四川省人民政府上报核报数据后，芦山 7.0 级强烈地震损失统计上报工作结束。

4.3 巨灾损失现场调查评估

4.3.1 现场调查内容的确定

通过巨灾损失统计上报评估的内容可以了解到，巨灾损失统计涉及行业领域较为全面、指标多，鉴于多数评估指标可通过遥感监测、经验模型推算等途径加以验证。然而，部分指标在衡量损失的同时，也可作为综合评估的重要参数，需要通过现场调查评估的手段，多方法验证与核实相关内容与指标，确保其更接近于实际情况。基于此，确定巨灾损失现场调查评估的基本内容，即通过面上考察和入户调查等方式重点针对房屋倒损、基础设施毁损情况进行现场调查，同时通过座谈、访谈等方式调查工业、服务业、公共服务系统的损失情况，获取综合评估的某些重要参数。

（1）房屋倒损及家庭财产损失情况

将灾区按照县（市、区）驻地、乡镇驻地、行政村（自然村）3 种类型进行划分，各类型选择 2～4 个调查样区［调查样区内房屋数量一般不少于 20 户（或 20 栋房屋）］，对样区内居民住房、非住宅房屋类型（钢混结构、砖混结构、砖木结构、其他结构），各类型数量与比例关系，房屋造价，房屋受损情况（倒塌、严重损坏、一般损坏等不同等级）等进行现场调查，获取灾害不同影响区域内房屋倒损情况（如不同结构房屋倒损比例）；针对严重损坏和倒塌房屋，采取入户调查形式对每户房屋受损情况进行详细调查。现场房屋倒损情况核查为开展卫星、航空遥感影像解译、房屋损失综合评估提供第一手资料。

家庭财产损失调查按照灾区县（市、区）驻地家庭、乡镇驻地家庭、农村家庭 3 种类型划分，各类型选择 5～10 户家庭，主要调查家庭耐用消费品拥有情况（家具、家用电器、摩托车与汽车等交通工具、其他财产）与折算资金情况、破坏情况，为居民家庭财产损失综合评估提供一手资料。

（2）基础设施损失情况

交通基础设施。调查对象包括公路、桥梁、隧道等；调查内容包括不同类型、不同等级道路/桥梁造价，基本破坏情况等。

电力设施。调查对象包括变电站、输配电线路等；调查内容包括变电站设施造价、输变电线路造价，基本破坏情况等。

广播通信设施。调查对象包括广播通信台站、设备等；调查内容包括广播通信台站造价，广播通信设备造价，基本破坏情况等。

市政公用设施。调查对象包括供水设施（供水管道）、污水收集处理设施（污水管道）、供气设施（燃气储配灌装厂站，供气管道）、环境与卫生设施（垃圾场站、公厕）、公交设施和城市绿地、城市防洪设施；调查内容包括供水管道、污水管道，以及供气管道的造价，公交设施的造价，垃圾场站、公厕的造价，城市绿地、广场造价，城市防洪设施造价，基本破坏情况等。

（3）工业、服务业、公共服务系统损失情况

工业、服务业损失情况。调查对象为主要工业企业、服务业等；调查内容包括工业、服务业固定资产单位造价，厂房、仓库单位面积损失等。

教育系统。调查对象包括各类学校和教育机构（大学、中学、中专、初中、小学、学前教育机构等）；调查内容包括各类型受损学校数量、不同类型学校平均资产状况等。

医疗卫生系统。调查对象包括各类医疗卫生机构（医院、基层医疗卫生机构、专业公共卫生机构、食品药品监管机构等）；调查内容包括各类型受损医疗卫生机构数量、不同类型机构平均资产状况等。

4.3.2 现场调查方法与技术标准

4.3.2.1 现场调查方法

地面现场调查是检验各类评估方法得到的评估结果精度的重要手段，但鉴于特别重大自然灾害影响范围广、承灾体类型多样、评估时间有限等诸多限制条件，开展大面积的地面现场调查不现实。通过制定相对科学的抽样调查方案，科学规划抽样地点，通过分析不同样本点的空间相关性与异质性，采用空间抽样调查分析模型，判定灾区总体损失，进而校正各评估结果，是一个可行的方法。

综合灾区自然状况、社会经济、历史或现时灾情和损失调查数据，分析特别重大自然灾害灾区内不同县域间灾害损失的相关性和异质性，选择与灾害损失最密切的相关因子，制定空间分层；根据历史或现时较完整特别重大自然灾害损失调查资料，分别建立层内及总体的空间变异函数模型；对现时抽样调查得到的样本点灾害损失，根据空间变异函数模型估计总体的灾害损失及其置信区间。其中，MSN（mean of surface with non-homogeneity）模型，即非均质表面均值模型（Wang et al.，2009；Hu et al.，2011），是在空间分层的基础上，综合考虑灾害评估样本点间的层内相关性、层间异质性，在空间变异函数模型（考虑空间距离、样本点灾情指标等因素）支持下实现对区域均值或各样本点评估值的估计（图 4-3）。

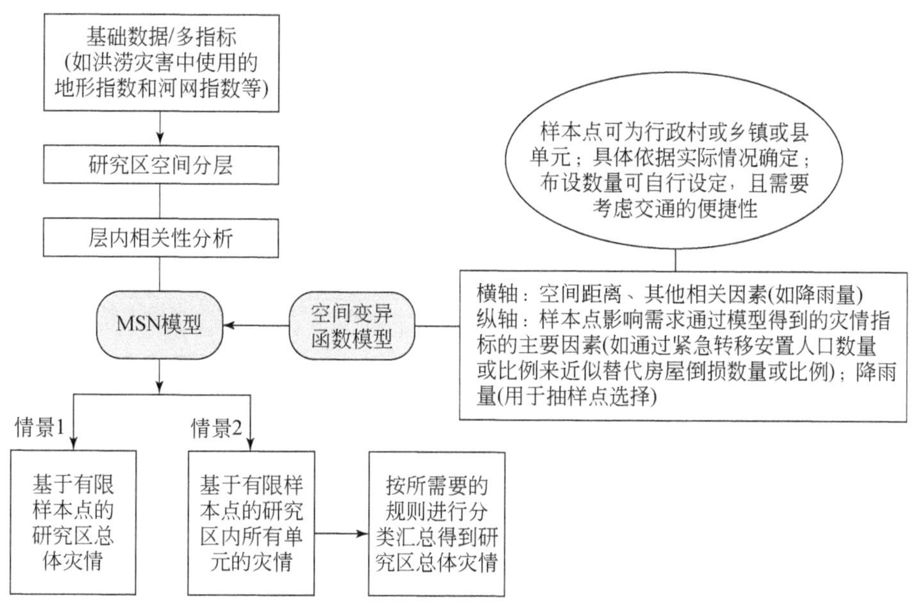

图 4-3　基于灾区实地抽样调查的快速评估结果精度评判与修正模型

在上述建立的空间分层和变异模型基础上，考虑可达性、聚集性等约束，根据历史或现时已调查重大自然灾害数据的空间分布，在预期的估计精度下，计算得到应布设的重大自然灾害样本点的数量，并给出样本位置；使用 MSN 模型进行重大自然灾害调查点的优化；根据优化布点的估计结果对灾区的重大自然灾害总体损失进行计算（图 4-3）。

可以看出，通过构建基于 MSN 的现场调查评估方法，可以实现现场调查点的布设与优化、基于现场调查结果的灾区总体损失推算等功能，可有力地为巨灾损失综合评估提供技术方法支持，尤其是通过现场调查与 MSN 总体损失推算相结合的方法。

4.3.2.2　现场调查技术标准

本书中的现场调查技术标准主要是房屋受灾损坏程度现场识别标准，具体内容如下。

（1）已有标准或者制度对房屋因灾损失的要求

国家标准《地震现场工作　第三部分：调查规范》（GB/T 18208.3—2000）中将建筑物破坏等级作为调查的主要内容，并分为 5 个破坏等级：毁坏、严重破坏、中等破坏、轻微破坏、基本完好。其中，基本完好（含完好）是房屋承重和非承重构件完好，或个别非承重构件轻微破坏，不加修理可继续使用；轻微破坏是个别主体结构局部有轻微裂缝，非主体结构局部有明显裂缝，砖木、砖混结构个别墙体出现细微裂缝，不需要修理或稍加修理及可继续使用；中等破坏是多数主体结构出现轻微裂缝，非主体结构有明显裂缝，墙体连接处明显开裂，承重墙体出现一定程度的裂缝，需要一般修理；严重破坏是多数承重构件破坏较严重，或有局部倒塌，需要大修，个别建筑修理困难；毁坏是多数承重构件严重破坏，结构濒于崩溃或已倒塌，无修复可能。

国家标准《地震现场工作　第四部分：灾害直接损失评估》（GB/T 18208.4—2005）除规定了上述标准提及的 5 个破坏等级外，对于简易房屋，如木结构房屋（包括砖、土围护墙)、砖柱土坯房、土坯房、土窑洞、石墙承重房等，分为毁坏、破坏、基本完好 3 个破坏等级。其中，毁坏的标准与 GB/T 18208.3—2000 中的毁坏或严重破坏相似；破坏的标准与 GB/T 18208.3—2000 中的中等破坏或轻微破坏相似；而基本完好的标准则与 GB/T 18208.3—2000 中的基本完好相似。

《中国房地产统计年鉴》(2002～2003 年）中也将房屋破坏形式分为完好、基本完好、一般损坏、严重损坏、危险 5 个等级。其中，完好是指主体结构完好；不倒、不塌、不漏；庭院不积水、门窗设备完整，上下水道通畅，室内地面平整，能保证居住安全和正常使用的房屋，或者虽有一些漏雨和轻微破损，或缺乏油漆保养，经过小修能及时修复。基本完好是指主体结构完好，少数部件虽有损坏，但不严重，经过维修就能修复的房屋。一般损坏是指主体结构基本完好，屋面不平整、经常漏雨，门窗有的腐朽变形，下水道经常阻塞，内粉刷部分脱落，地板松动，墙体轻度倾斜、开裂，需要进行正常修理的房屋。严重损坏是指年久失修，破损严重，但无倒塌危险，需进行大修或有计划翻修、改建的房屋。危险是指结构已严重损坏或承重构件已属危险构件，随时有可能丧失结构稳定和承载能力，不能保证居住和使用安全的房屋。

《自然灾害情况统计制度》(2016 年版）中将房屋因灾损失划分为倒塌、严重损坏、一般损坏 3 个等级。其中，倒塌是指房屋整体结构塌落，或承重构件多数倾倒或严重损坏，必须进行重建。严重损坏是指房屋多数承重构件严重破坏或部分倒塌，须采取排险措施、大修或局部拆除。一般损坏是指房屋多数承重构件轻微裂缝，部分明显裂缝；个别非承重构件严重破坏；需一般修理，采取安全措施后可继续使用。

基于前述已有标准、制度对房屋因灾损失的规定，房屋受灾损失现场调查内容确定如下：钢结构、钢筋混凝土结构、砖混结构、砖木结构、其他结构 5 类房屋，倒塌、严重损坏和一般损坏 3 类损失类型的调查，其中“倒塌”可与相关标准中的“毁坏”对应，“严重损坏”可与相关标准中的“严重破坏”对应，“一般破坏”可与相关标准中的“中度破坏和轻微破坏”相对应。

(2）已有标准对房屋因灾损失调查指标的要求

国家标准《地震现场工作 第二部分：建筑物安全鉴定》(GB/T 18208.2—2001）中对不同结构的房屋调查指标进行了明确，并指出了不同结构房屋调查指标的差异性（表 4-9）。

表 4-9 不同结构房屋调查指标设计

房屋结构	调查指标
多层砌体房屋	墙体、墙体交接处的连接、楼屋盖构件、楼屋盖与墙体的连接以及女儿墙和出屋面烟囱等易引起倒塌伤人部件的震损 检查时应着重区分：抹灰层等装修装饰的震损和结构的震损；承重、自承重和非承重构件的震损；震前已有的破损和刚发生的震损
多层和高层钢筋混凝土房屋	梁、柱、剪力墙、梁—柱节点、楼屋面板等主要结构构件以及隔墙、装饰物等非结构构件的震损 检查时应着重区分：抹灰层等面饰的震损和结构的震损；主要承重构件以及抗侧力构件和非承重构件及非抗侧力构建的震损；震前已有的破损和刚发生的震损

续表

房屋结构	调查指标
内框架和底层框架砖房	各层纵向外墙（垛）和横向内外墙的震损，钢筋混凝土内柱的柱头和柱根的震损，大梁梁端及支承处墙体的裂缝，楼屋盖板间的裂缝，尤其是要注意顶层和上部楼层的震损，观察横向和纵向的弯折倾斜，区分混凝土构造柱和框架柱的震损
木结构房屋	木构件与其节点的震损，构件的变形、劈裂、折断，节点的松动、断裂，构架的歪扭、倾折、移位；围护墙（或承重墙柱）的震损及对木构架稳定性的影响；屋面及屋脊屋角饰物的震损
土石墙房屋	承重墙

《危险房屋鉴定标准》（CJ13-1986）中将危险房屋鉴定的指标分为基础（包括地基）、承重结构构件两大类（表 4-10）。

表 4-10　危险房屋调查指标设计

房屋结构	调查指标
钢筋混凝土结构构件	柱、墙：柱产生裂缝，墙中间部位产生明显的交叉裂缝，柱、墙产生倾斜，柱、墙混凝土酥裂、碳化、起鼓 梁、板：梁裂缝，板裂缝，梁、板产生超过跨度 1/150 的挠度 屋架：产生超过跨度 1/150 的挠度，倾斜，保护层剥落，端节点连接松动且有明显裂缝
砌体结构构件	墙：墙体裂缝，倾斜，风化、剥落、砂浆粉化导致墙面及有效截面削弱 柱：柱裂缝、倾斜，风化、剥落、砂浆粉化导致墙面及有效截面削弱 过梁、拱：过梁裂缝或产生明显的弯曲、下沉变形，筒拱、扁壳、波形筒拱，拱顶裂缝，或拱曲明显变形，或拱脚明显位移，或拱体拉杆松动，或锈蚀严重，截面减少
木结构构件	柱：柱顶撕裂、榫眼劈裂，柱身断裂，因腐朽变质有效截面减少，明显弯曲 梁、搁栅、檩条：断裂，梁产生超过跨度 1/120 的挠度，因腐朽变质有效截面减少 屋架：支撑系统松动失稳，过度变形，导致倾斜；上、下弦杆断裂；或产生明显的斜裂缝；或产生明显的弯曲变形；主要节点，或上、下弦杆连接失效；钢拉杆松脱
其他结构构件	土墙：倾斜，墙体风化、硝化深度达墙厚的 1/4 以上；或有墙脚长度的 1/4，其受潮深度达墙厚；裂缝 混合墙、乱石墙：倾斜，墙体产生裂缝
地基、基础	地基：因滑移，或因承载力严重不足，或因其他特殊地质原因，导致不均匀沉降引起结构明显倾斜、位移、裂缝、扭曲等，并有继续发展的趋势；地基因毗邻建筑增大荷载，或因自身局部加层增大荷载，或因其他人为因素，导致不均匀沉降，引起结构明显倾斜、位移、裂缝、扭曲等，并有继续发展的趋势 基础：老化、腐蚀、酥碎、折断，导致结构明显倾斜、位移、裂缝、扭曲等

保险企业为了开展相关房屋的损失程度鉴定与赔付，也制定了相关标准，但在指标选取的完备性与可操作性方面更倾向于可操作性（表 4-11）。

表 4-11　保险企业房屋损坏调查指标设计

破坏类型	调查指标
全倒	主体结构毁损程度在 2/3 以上时定为全倒 每栋农房全倒具体指：①一面外墙 2/3 面积（含）以上倒塌，另一面外墙 2/3 面积（含）以上倒塌；②2/3（含）以上屋顶坍塌；③2/3（含）以上楼板坍塌；④一面外墙壁倒塌 2/3 面积（含）以上，同时 1/2 以上（含）屋顶坍塌；⑤两面以上外墙壁倒塌 1/2 面积（含）以上，同时 1/3 以上（含）屋顶坍塌
半倒	主体结构毁损程度在 1/3 以上，2/3 以下时定为半倒 每栋农房半倒具体指：①一面外墙 1/3 面积（含）以上 2/3（不含）以下倒塌，另一面外墙 1/3 面积（含）以上倒塌；②1/3（含）以上屋顶坍塌；③1/3（含）以上楼板坍塌；④一面外墙壁倒塌 1/3 面积（含）以上，同时 1/4 以上（含）屋顶坍塌

综合以上各标准中对房屋损失调查指标的规定可以看出，房屋损失调查指标可设计为：房屋倒损调查以地基基础、结构构件的破坏程度调查为基础，结合历史状态和发展趋势，全面分析，综合判断，具体指标如下。

1）地基（建筑物下面支承基础的土体或岩体）：滑移、坍塌、不均匀沉降或扭曲等。

2）基础（建筑底部与地基接触的承重构件，作用是把建筑上部的荷载传给地基；通常在室外地面以下，承受上部结构传来的荷载那部分结构）：滑移、酥碎、折断、扭曲等。

3）竖向承重构件：承重墙（钢、钢筋混凝土、砖、石、土坯等材质）、柱（钢、钢筋混凝土、砖、石、木等材质）裂缝、倒塌、倾斜、风化/剥落/酥裂/受潮/受淹等。

4）横向承重构件：梁、板、拱等裂缝或断裂、弯曲变形、位移等。

5）屋盖/楼盖：坍塌。

（3）对自然灾害类型的考虑

国家标准《自然灾害分类与编码》（GB/T 28921—2012）将自然灾害类型分为五大类三十九小类，根据各类自然灾害类型可能造成的损失情况，表 4-12 列出 16 个灾种可能会对房屋造成损失，并简要区分了可能会造成的房屋损失形态。

表 4-12　灾害种类与房屋破坏类型的对应关系

灾害种类	房屋破坏类型
台风灾害、大风灾害、暴雨灾害、洪涝灾害、风暴潮灾害、海啸灾害、地震灾害、崩塌灾害、滑坡灾害、泥石流灾害、地面塌陷灾害、地面沉降灾害、地裂缝灾害	各类结构房屋的地基、基础、竖向承重构件、横向承重构件、屋盖/楼盖
冰雹灾害、雷电灾害、冰雪灾害	屋盖/楼盖，土木结构房屋的承重构件

（4）农村居民住房受灾损坏程度判别

基于以上研究与分析，本书作者所在单位编制了《房屋受灾损坏程度现场识别》（MZ/T 044—2013），适用于各级民政部门开展现场调查和统计时对农村居民住房受灾损坏程度的判定；城镇居民住房受灾损坏程度的判定可参考此标准。

农村居民住房受灾损坏程度判别应采用现场目视识别、仪器测量相结合的方法。农村居民住房因灾倒塌、严重损坏和一般损坏判别应从地基基础、墙体、梁与柱、楼与屋盖损坏程度等方面判断。

钢筋混凝土结构房屋受灾损坏程度判别应满足下列条件，见表 4-13。

表 4-13　钢筋混凝土结构房屋受灾损坏程度判别

受灾损坏程度	特征
倒塌	①地基基本失去稳定，基础局部或整体坍塌 ②承重柱严重歪闪或倒塌；或承重柱体损坏（酥碎、明显裂缝等）比例超过 1/2
严重损坏	①地基基础尚保持稳定，基础多数构件损坏 ②承重柱有明显歪闪或局部倒塌；或部分承重柱体损坏（酥碎、明显裂缝等）比例为 1/4～1/2 ③楼、屋盖大多数承重构件损坏 ④多数非承重构件损坏
一般损坏	①地基基础基本保持稳定，基础少数构件损坏 ②楼、屋盖部分承重构件损坏 ③部分非承重构件损坏

注：①三类受灾损坏程度的判别特征中，满足任意一种情况即可判定为相应损坏程度。②表中的“大多数”可参照“>2/3”；“多数”可参照“>1/2”；“部分”可参照“1/3～1/2”；“少数”可参照“1/10～1/3”

砖混结构房屋受灾损坏程度判别应满足下列条件，见表 4-14。

表 4-14　砖混结构房屋受灾损坏程度判别

受灾损坏程度	特征
倒塌	①地基基本失去稳定，基础局部或整体坍塌 ②承重墙、柱严重歪闪或倒塌；或承重墙面、承重柱体损坏（酥碎、明显裂缝等）比例超过 1/2
严重损坏	①地基基础尚保持稳定，基础多数构件损坏 ②承重墙、柱有明显歪闪或局部倒塌；或部分承重墙面、承重柱体损坏（酥碎、明显裂缝等）比例为 1/5～1/2 ③楼、屋盖大多数承重构件损坏 ④多数非承重构件损坏
一般损坏	①地基基础基本保持稳定，基础少数构件损坏 ②楼、屋盖部分承重构件损坏 ③部分非承重构件损坏

注：①三类受灾损坏程度的判别特征中，满足任意一种情况即可判定为相应损坏程度。②表中的“大多数”可参照“>2/3”；“多数”可参照“>1/2”；“部分”可参照“1/3～1/2”；“少数”可参照“1/10～1/3”

砖木结构房屋受灾损坏程度判别应满足下列条件，见表 4-15。

表 4-15　砖木结构房屋受灾损坏程度判别

受灾损坏程度	特征
倒塌	①地基基本失去稳定，基础局部或整体坍塌 ②承重墙、柱严重歪闪或倒塌；或承重墙面、承重柱体损坏（酥碎、明显裂缝等）比例超过 1/3

续表

受灾损坏程度	特征
严重损坏	①地基基础尚保持稳定，基础多数构件损坏 ②承重墙、柱有明显歪闪或局部倒塌；或部分承重墙面、承重柱体损坏（酥碎、明显裂缝等）比例为1/5～1/3 ③楼、屋盖大多数承重构件损坏 ④多数非承重构件损坏
一般损坏	①地基基础基本保持稳定，基础少数构件损坏 ②楼、屋盖部分承重构件损坏 ③部分非承重构件损坏

注：①三类受灾损坏程度的判别特征中，满足任意一种情况即可判定为相应损坏程度。②表中的“大多数”可参照“>2/3”；“多数”可参照“>1/2”；“部分”可参照“1/3～1/2”；“少数”可参照“1/10～1/3”

土、木、石等结构房屋受灾损坏程度判别应满足下列条件，见表4-16。

表4-16　土、木、石等结构房屋受灾损坏程度判别

受灾损坏程度	特征
倒塌	①地基基本失去稳定，基础局部或整体坍塌 ②承重墙、柱严重歪闪或倒塌；或承重墙面、承重柱体损坏（酥碎、明显裂缝等）比例超过1/4 ③土结构房屋地面45cm以上浸在水中超过3小时
严重损坏	①地基基础尚保持稳定，基础多数构件损坏 ②承重墙、柱有明显歪闪或局部倒塌；或部分承重墙面、承重柱体损坏（酥碎、明显裂缝等）比例为1/10～1/4 ③屋盖大多数承重构件损坏 ④多数非承重构件损坏
一般损坏	①地基基础基本保持稳定，基础少数构件损坏 ②屋盖部分承重构件损坏 ③部分非承重构件损坏

注：①三类受灾损坏程度的判别特征中，满足任意一种情况即可判定为相应损坏程度。②表中的“大多数”可参照“>2/3”；“多数”可参照“>1/2”；“部分”可参照“1/3～1/2”；“少数”可参照“1/10～1/3”

4.3.3　典型案例分析

本书以2013年汛期黑龙江洪涝灾害房屋损失现场调查与综合评估为典型案例进行分析。

4.3.3.1　基本情况

2013年汛期，黑龙江省遭遇了超过百年一遇的特大洪水袭击，洪水叠加效应之强、险情出现之多、持续时间之长、影响范围之广、受灾面积之大历史罕见。为客观评估农户房屋倒损情况，支撑灾后恢复重建工作，2003年9月底开展以房屋倒损核查为重点的现场调查工作。在此基础上，结合地方上报、遥感监测、模型模拟等多种方法，对黑龙江省洪涝灾害造成的房屋倒损情况进行综合评估。

此次洪涝灾害呈现出如下特征。

（1）降雨较历年同期偏多近 3 成，总量超过 1998 年

2013 年汛期，黑龙江省先后经历 13 次高强度降雨过程，截至 9 月下旬，全省平均降雨量为 441.4mm，比历年同期偏多 28%，居 1952 年以来第 2 位，比 1998 年多 43mm。100mm 以上降雨覆盖全省总面积的 91%，其中 200～400mm 达 34.3%，400mm 以上达 49.7%。降雨主要集中在嫩江流域、松花江干流区、黑龙江干流区和乌苏里江流域，平均降雨都在 400mm 以上。

（2）四大江同时出现流域性洪水是黑龙江省有记载以来第一次

入汛以来，黑龙江省 32 条江河连续多次发生超警戒水位洪水，黑龙江黑河以下江段超警戒水位 24～29 天，松花江肇源段超警戒水位 33 天，黑龙江抚远段超警戒水位近 60 天。据水文部门统计，松花江、嫩江发生了 1998 年以来的最大洪水；黑龙江发生了 1984 年以来的最大洪水，同江至抚远段发生了超百年一遇洪水；乌苏里江海清段以下发生了 1956 年以来的最大洪水。

（3）洪水与内涝并存，险情多发、内涝严重

初步统计，截至 2013 年 9 月下旬，黑龙江省共 91 段堤防出现险情 8751 处。8 月 16 日，位于绥远县境内的农垦 290 农场黑龙江大口门堤防出现了宽 3m、高 2m 的溃口，绥东镇 39 个村屯进水或被淹；8 月 22 日，萝北县肇兴镇柴宝段黑龙江堤防发生宽 20m 的垮坝，全镇 13 个村屯进水或被淹；8 月 23 日，同江市八岔乡境内黑龙江堤防出现长 200m 的决口，同江市八岔乡、银川乡、街津口乡和抚远县浓江乡 49 个村屯进水或被淹。连续降水和江河的持续高水位造成江河水及饱和地下水外渗，河流堤防防洪标准较低（基本按 20 年一遇标准设计）导致部分地区出现洪水漫堤，加之总体地势平坦、局部低洼的微地貌特征致使部分地区内涝严重，截至 9 月底，同江市八岔乡八岔村、新颜村，抚远县乌苏镇抓吉村等仍然浸泡于洪水中。

4.3.3.2 现场调查

2013 年 9 月 24～27 日，本书作者所在单位组织成立评估组对大庆市肇州县、绥化市肇东县和海伦市、齐齐哈尔市克东县、佳木斯市同江市、鹤岗市绥滨县、省直管抚远县等 5 市 7 县（市）16 个乡（镇）的 28 个行政村开展了倒损房屋的现场调查核查工作。工作组对照地方提供的《因灾倒房户台账》，对上报的 340 户倒塌和严重损坏住房进行了现场核查。

（1）现场调查方法

抽样方法。为客观、有效地调查房屋倒损情况，本次核查基于前述 MSN 方法选取样本，空间分层的依据主要是降雨强度、受灾情况、经济发展水平和地形地势。以样本县的选取为例，综合考虑县级单元的经济发展水平和受灾情况，选择了大庆市肇州县、绥化市肇东县和海伦市、齐齐哈尔市克东县、佳木斯市同江市、鹤岗市绥滨县、省直管抚远县 7 个县级行政单元。在选择县级行政单元的基础上，样本乡镇、行政村的选取主要考虑受灾情况、地形等情况，选择了 16 个乡镇进行核查。

现场核查及测算方法。评估组现场核查时主要采用目视识别和访谈的方式对房屋倒损

情况进行评估。其中，目视识别主要判断房屋结构和承重墙损坏情况、倒塌原因、住户实际经济状况等；访谈内容主要包括核查县（市）、乡镇和村组的基本情况，调查房屋的倒塌时间、建筑年代以及住户收入情况等；访谈对象主要包括房屋倒损户户主、村干部和乡镇民政干部。

计算核查的各行政村、县（市）民房倒损偏差率，计算公式如下：偏差率（%）=（核查倒损民房数量－认定倒损民房数量）/核查倒损民房数量×100%。

其中，偏差率大于 0，表示认定民房倒损户数或间数小于核查倒损户数或间数，即存在上报数据偏大的现象；偏差率小于 0，表示认定民房倒损户数或间数大于核查倒损户数或间数，即存在上报数据偏小的现象。

（2）调查结果与分析

分别计算各核查乡镇和各核查县（市）的房屋倒塌、严重损坏户数和间数的偏差率以及认定户数或间数，结果如下。

总体情况。现场调查 7 个县（市）的房屋倒塌和严重损坏户数的平均偏差率为 2.2%，间数平均偏差率为 7.9%；其中，倒塌户数平均偏差率为 7.1%，间数平均偏差率为 16.8%；严重损坏户数平均偏差率为-3.0%，间数平均偏差率为-5.3%。总体看来，现场调查核查结果与上报数据偏差较小。

分县（市）倒塌房屋测算。肇州、同江、肇东、抚远、海伦、克东和绥滨 7 个县（市）的倒房户数偏差率分别为 7.9%、6.8%、6.7%、13.3%、3.0%、12.0%和 0.0%，认定倒房户数分别为 836 户、1612 户、931 户、2138 户、729 户、253 户和 1674 户；倒房间数偏差率分别为 12.6%、24.7%、21.1%、14.3%、10.0%、31.8%和 2.8%，认定倒房间数分别为 1876 间、3176 间、1969 间、9071 间、1825 间、448 间和 4115 间。

分县严重损坏房屋测算。肇州、同江、肇东、海伦、克东和绥滨 6 个县（市）的严重损坏民房户数偏差率分别为-6.7%、42.1%、-7.7%、-9.5%、-3.1%和-33.3%，认定严重损坏房屋户数分别为 1873 户、574 户、1496 户、2735 户、1547 户和 560 户；严重损坏间数偏差率分别为-6.7%、-17.1%、-6.1%、-3.5%、-4.4%和 6.3%，认定严重损坏房屋间数分别为 4362 间、3232 间、3683 间、6478 间、4282 间和 985 间。

在调查过程中，对于个别户、个别村、个别县出现实测数据与上报数据存在不符合现象，评估组经实地核查后认为主要有以下原因。

倒损房屋界定标准不一致。在现场调查中，对于倒损房屋（特别是倒塌和严重损坏房屋）的界定各级政府以及基层灾害信息员的认识（或界定标准）并不统一，不同的区域间也存在一定差别，导致上报数据存在一定的偏差。

浸泡后的土坯等房屋倒损认定难度大。土坯房、砖木房屋以及部分砖混房屋经过洪水或内涝长时间浸泡（基本为 10～30 天）后，存在陆续倒塌，以及部分出现地基严重受损等情况。另外，黑龙江属于高寒地区，地基属于冻胀土，虽然有些土坯房屋暂时没倒，但因土坯房地基没有防水，在冻融过程中，房屋上部结构都存在倒塌的可能。虽然灾区各地大多组织住建部门进行专业鉴定，但由于受灾范围广、情况复杂，部分地区房屋仍在洪水浸泡中等原因，这使得房屋倒损鉴定工作难度大，仍然要持续一定时间。

灾害持续时间长，灾情上报时间把握困难。《自然灾害情况统计制度》要求在灾害结束或灾情稳定后对灾情进行核报，但在现场调查中发现，灾区各地报灾时间不尽相同。例如，同样遭受黑龙江八叉段决口影响的同江市和抚远县报灾方式就大有区别，抚远县在9月中旬上报了灾情，之后并未有变化；而同江市由于忙于抗洪抢险，直到9月下旬才上报灾情，现场调查时仍在变化中。由于灾害持续时间长，灾区各地大多并未在灾情完全稳定后进行核查上报，这使得各地实际因灾倒损房屋数量与上报数据存在偏差。

4.3.3.3　综合评估

（1）评估依据

1）灾区提供的"灾区各县市倒损房屋情况统计表"。

2）现场评估组赴大庆市肇州县、绥化市肇东县和海伦市、齐齐哈尔市克东县、佳木斯市同江市、鹤岗市绥滨县和省直管抚远县等5市7个县16个乡镇28个行政村的实地调查、核查数据。

3）民政部国家减灾中心利用遥感影像研判得到的佳木斯市辖区、同江市、富锦市、桦川县、汤原县、抚远县，鹤岗市萝北县、绥滨县，双鸭山市宝清县、饶河县等3市10个县（市）洪涝灾害淹没范围数据。

4）国家统计局提供的灾区2010年第六次人口普查成果中的人口、房屋结构、人均住房面积等数据。

（2）评估方法

结合地方上报、现场调查、遥感监测等多种方法，综合考虑受灾地区各县级行政区自然状况、社会经济、降雨与洪涝过程，建立综合评估模型，对全省总体的房屋倒损情况进行评估。具体如下。

地方上报。据黑龙江省民政厅9月21日提供的"灾区各县市倒损房屋情况统计表"，洪涝灾害共造成哈尔滨、齐齐哈尔、佳木斯等13市（地区）（占全省地级行政区总数的100%）114个县（区、市）（占全省县级行政区总数的89.1%）22791户60964间房屋倒塌，39293户99641间严重损坏；其中，农垦总局9个管理局共1150户3433间房屋倒塌（占上报总数的5%），932户2469间严重损坏（占上报总数的2%）。

现场调查。对洪涝灾害淹没典型区（佳木斯市同江市、鹤岗市绥滨县、省直管抚远县）、内涝典型区（大庆市肇州县、绥化市肇东县和海伦市、齐齐哈尔市克东县）等7个县市级行政区开展现场调查核查。

遥感监测。截至2013年10月8日，民政部国家减灾中心累计获取14个时相的环境减灾A、B卫星数据24景。利用民政部国家减灾中心自主开发的应急处理工具包，基于区域生长模型，对佳木斯市市辖区、同江市、富锦市、桦川县、汤原县、抚远县，鹤岗市萝北县、绥滨县，双鸭山市宝清县、饶河县等3市10个县（市、区）洪涝淹没区开展淹没范围自动提取。在此基础上，结合1km网格人口密度数据、人均房屋间数和不同结构房屋数量比例（2010年第六次全国人口普查数据），在现场调查获取的房屋倒损信息的基础上，评估各县级行政区内淹没区房屋的可能倒损数量。

综合评估。基于洪涝灾害孕灾环境数据（地形、河网、人口密度、房屋结构、降雨与洪涝过程数据），分析灾区不同县级行政区间灾情的相关性和异质性，比对各类因素并选择与房屋倒损最密切的因素，制定灾情严重程度分区方案；综合降雨数据，地方上报、现场调查和遥感监测得到的房屋倒损数据，建立各分区内总体空间变异函数模型；根据非均质表面均值模型（MSN 模型）估计 95%置信区间下灾区总体房屋倒损间数（图 4-4）。在此基础上，根据第六次人口普查数据和黑龙江省上报数据中的户均倒损间数，评估灾区总体房屋倒损户数。

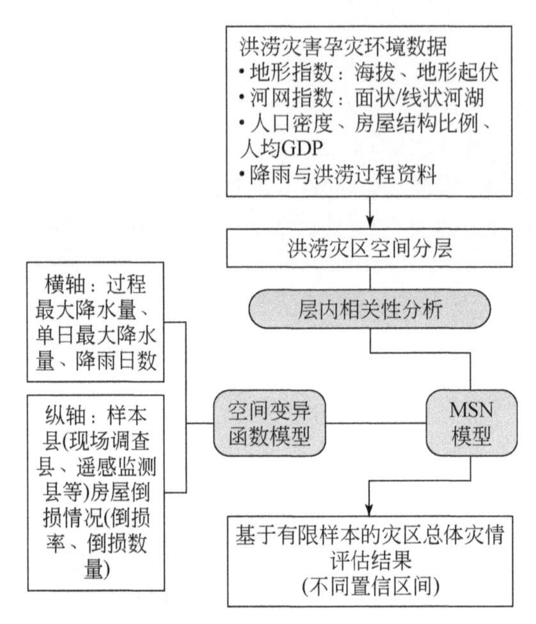

图 4-4　洪涝灾区房屋倒损综合评估流程

（3）评估结果

房屋倒塌和严重损坏总间数。基于综合评估方法，得到的不同置信区间下黑龙江省总体房屋倒损间数为：房屋倒塌和严重损坏总间数介于 12.3 万～18.9 万间，均值为 15.6 万间；房屋倒塌总间数介于 3.8 万～6.1 万间，均值为 4.7 万间；房屋严重损坏总间数介于 8.5 万～12.8 万间，均值为 10.7 万间。

房屋倒塌和严重损坏总户数。结合户均房屋倒损数量，评估不同置信区间下黑龙江省总体户数为：房屋倒塌和严重损坏总户数介于 4.7 万～7.3 万户，均值为 6.0 万户；房屋倒塌总户数介于 1.5 万～2.3 万户，均值为 1.8 万户；房屋严重损坏总户数介于 3.3 万～4.9 万户，均值为 4.1 万户。

与上报数据比较。①总体上，上报数据基本介于评估结果的上限和下限之间，认为上报结果与评估结果基本一致。②从总间数看，评估得到的房屋倒塌和严重损坏总间数均值较地方上报数量偏小 3.0%，其中，房屋倒塌总间数均值较地方上报数量偏小 22.4%，房屋严重损坏总间数均值较地方上报数量偏大 7.0%。③从总户数看，评估得到的房屋倒塌和严重损坏总户数均值较地方上报数量偏小 3.5%，其中，房屋倒塌总户数均值较地方上报数量偏小 20.2%，房屋严重损坏总户数均值较地方上报数量偏大 4.4%。

4.4　巨灾损失遥感监测评估

4.4.1　遥感监测要素与指标

近年来有效应对一系列重特大自然灾害的实践表明，遥感技术在中国防灾减灾救灾工作中的应用领域广阔、应用潜力巨大，已成为中国防灾减灾现代化建设的基础性支撑技术，能够为灾害监测评估、应急响应和指挥决策提供了强有力的技术支持（范一大等，2016）。中国政府历来重视遥感技术减灾应用研究和实践，将灾害遥感作为提升政府灾害管理和信息服务水平的重要技术手段。《国家综合防灾减灾规划（2016—2020 年）》将加强灾害监测预警与风险管理能力建设作为“十三五”综合防灾减灾救灾领域的十大任务之一，并提出建设民用空间基础设施减灾应用系统工程，明确“依托民用空间基础设施建设，面向国家防灾减灾救灾需求，建立健全防灾减灾卫星星座减灾应用标准规范、技术方法、业务模式与产品体系。建设防灾减灾卫星星座减灾应用系统，实现军民卫星数据融合应用，具备自然灾害全要素、全过程的综合监测与研判能力，提高灾害风险评估与损失评估的自动化、定量化和精准化水平”。

总结多年来灾害损失评估业务经验，依据《统计制度》中规定的人员受灾、房屋受损、居民家庭财产损失、农业损失、工业损失、服务业损失、基础设施损失、公共服务系统损失、资源与环境损失等灾情统计指标，结合遥感影像解译特点，确定巨灾损失评估中卫星、航空和无人机遥感监测的要素与指标（表 4-17）。此外，巨灾发生后的次生灾害，尤其是次生地质灾害（山体崩塌、滑坡、泥石流）的数量、规模也是灾害遥感监测评估的重要内容之一。

表 4-17　巨灾损失评估中遥感监测的要素与指标

领域	大类	亚类	细类	指标	程度
房屋	居民住房、非住宅	农村、城镇	钢混、砖混、砖木、其他结构	占地面积、建筑面积	倒塌、严重损坏、一般损坏
产业	农业	种植业	农作物、设施农业	面积	受灾、绝收
		林业	森林、苗圃	面积	
	工业	厂房、仓库	—	面积	倒塌、损坏
基础设施	交通	公路	各级公路、桥梁	长度	受损
		铁路	各类铁路、桥梁	长度	
		水运	船闸、码头	数量	
		航空	机场	数量	
	通信	通信网	基站	数量	
	水利	防洪排灌	水库、护岸、水闸、	长度	
		人饮工程	水渠	长度	
	市政	道路、桥梁	—	数量	
		绿地	—	面积	
	农村地区生活设施	道路	—	长度	
资源与环境	—	土地资源与矿山	耕地、林地、草地	面积	

注：据范一大等（2016）修改

自2008年以来，利用遥感监测手段开展的实物量毁损评估取得明显进展，从汶川地震重灾区局部地区遥感影像（1～5m）进行区域房屋倒损率评估，再抽样反推到全部灾区（范一大等，2008），到鲁甸地震0.2～0.5m灾前影像重灾区全覆盖，9度区灾后0.2m影像覆盖率超过到80%，实现了对灾区建筑物、道路、农业等实物量毁损的精细评估（范一大等，2016）。

4.4.2 房屋倒损遥感监测评估

房屋损失是巨灾损失的重要组成部分。利用高分辨率卫星遥感数据，结合航空（无人机）数据开展房屋倒损情况精细评估，为开展灾害损失全面评估和灾后恢复重建工作提供支撑。

综合考虑巨灾类型及造成房屋破坏的形式等因素，建立房屋损失遥感监测评估技术路线（图4-5）。在高分辨率影像本底库支撑下，分析灾后遥感影像（本部分以地震灾害为例，影像以无人机影像为例）中不同建筑结构的房屋特点，包括空间分布、空间关系、时相、纹理、形状、大小、色调等方面（崔燕等，2014）。按照房屋受灾遥感监测指标要求，构建房屋受灾遥感解译标志，并准确描述其特征。采用专家研判的方式，判断解译标志和特征的准确性，并利用数据库系统管理满足解译要求的典型受灾样本。在此基础上，协同开展遥感解译工作，并判断解译结果与解译标志的吻合程度，迭代修改，直到满足要求为止。最后是汇总解译结果并开展分析。

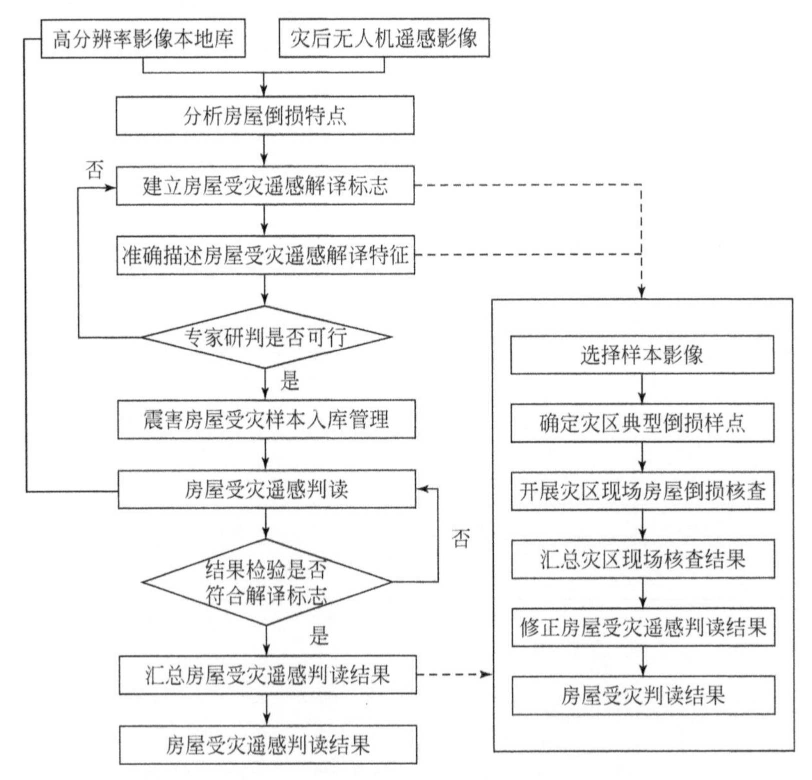

图4-5　房屋倒损遥感监测解译流程（崔燕等，2014）

根据《统计制度》中房屋类受灾情况统计表的要求，结合遥感解译的特点，从房屋结构上划分为钢混、砖混、砖木和其他 4 类；从房屋用途上划分为农村居民住宅用房、城镇居民住宅用房、非住宅用房 3 类；从房屋倒损程度上划分为倒塌房屋、严重损坏房屋、一般损坏房屋房屋 3 类。房屋受灾程度遥感解译标志和特征比较复杂，主要是基于屋顶呈现的几何和辐射形态特征，以及屋顶轮廓外瓦砾或废墟呈现的几何形态特征，综合判断房屋受灾程度。不同房屋受灾程度遥感解译特征如表 4-18 所示。

表 4-18　不同房屋建筑结构房屋受灾程度解译特征

建筑结构	损坏程度	解译特征			房屋损失情况
		房屋轮廓	废墟或瓦砾	房屋屋顶	
砖木结构	完全倒塌	不可见	可见	不可见	房屋完全坍塌
		部分可见	可见	不可见	房屋外墙可能损坏；屋顶完全坍塌
		部分可见	可见	部分可见；非均匀形态区域面积之和大于屋顶总面积的 50%	房屋外墙可能损坏；屋顶 50%以上坍塌
	严重损坏	部分可见	可见	部分可见；非均匀形态区域面积之和大于屋顶总面积的 10%且小于 50%	房屋外墙可能损坏；屋顶 10%以上坍塌，50%以下坍塌
		部分可见	不可见	部分可见；非均匀形态区域面积之和大于屋顶总面积的 10%且小于 50%	屋顶 10%以上，50%以下坍塌
	一般损坏	部分可见	不可见	部分可见；非均匀形态区域面积之和小于屋顶总面积的 10%	屋顶 10%以下坍塌
砖混结构	完全倒塌	不可见	可见	不可见	房屋完全坍塌
	严重损坏	可见	可见	部分可见	房屋外墙可能损坏；屋顶部分损坏
	一般损坏	可见	不可见	部分可见	屋顶部分损坏

资料来源：崔燕等，2014

实践表明，巨灾发生后，紧密围绕灾害损失综合评估工作内容，充分发挥遥感技术在获取范围、时效性、条件限制、手段和信息量大等方面的诸多特点，针对房屋受灾评估指标要求，制定解译特征和标志，高效开展遥感解译。然后，解译特征和标志具有典型性，不同地区存在很大的区别。因此，灾害发生后，须了解熟悉当地建筑结构特点，在此基础上建立解译特征和标志。同时，建设房屋受灾样本库，一方面作为多名解译人员解译的标准和依据；另一方面积累典型灾害房屋受灾样本，指导后续灾害应对工作。此外，解译标志和特征建立后，开展基于专家先验知识的综合研判，充分考虑当前灾害发生地域和灾害损失综合评估的具体要求，及时修正解译标志和特征与实际情况不吻合的地方，有效指导房屋受灾遥感解译过程。遥感解译结果需要与现场核查结果相结合，降低灾害综合评估结果的不确定性。按上述技术方法与流程开展的青海玉树地震灾后结古镇房屋倒损评估（杨思全等，2011）、甘肃舟曲特大山洪泥石流灾害房屋倒损评估结果（陈伟涛等，2014）被国家采纳，为恢复重建规划制定提供了重要依据。

遥感从高空获取灾区的影像，并从影像上解译灾害的要素信息。例如，本书解译参考信息一般包括房屋顶部信息、阴影、房屋内外瓦砾、废墟分布情况和周边环境等，并未涉及遥感无法获取的房屋内部结构损坏情况；严重损坏的房屋中一般包含部分坍塌和多数承重构件严重破坏两种情况，而后者是很难解译出来的。同样，一般损坏的房屋中多数构建轻微裂缝同样很难解译。因此，遥感解译结果中严重损坏房屋比例可能会有所增加；一般损坏房屋比例有所变化，基本完好房屋比例的实际情况可能会有所下降。这需要与现场调查评估、模型模拟评估、地方统计上报等多方法综合应用才能使评估结果与实际情况最大限度地接近。

实际上，除了上述列出的巨灾损失统计上报、现场调查评估、遥感监测评估外，模型模拟评估、综合校核评估等也是开展巨灾损失评估的主要方法。其中，模型模拟评估常用的有基于脆弱性模型的居民住房损失评估、基于宏观易损性模型的直接经济损失评估（史培军，2016），此方面成果较多，本书不再过多涉及；综合校核评估则是基于统计上报、现场调查、遥感监测、模型模拟等多种方法得到的统计评估结果，是结合灾区灾前基底数据和重置成本，对主要承灾体的毁损实物量和直接经济损失进行综合校核评估，此方面的研究与实践尚处于探索中，本书中也不做详细阐述。

第 5 章　未来研究展望

5.1　灾害风险与减灾能力调查设计

5.1.1　灾害风险与减灾能力调查的基础

自然灾害风险调查从内容上应涵盖各类自然灾害的致灾风险、承灾脆弱性、减灾救灾能力，以及历史灾情与救灾工作情况，数据基本分散于相关涉灾行业部门。针对气象、水利、地震、国土、海洋等致灾管理部门，测绘地信、统计等基础信息管理部门，民政、农业、林业及住房和城乡建设等受灾对象管理部门的相关数据和灾害风险调查评价方面的有关成果进行收集整理（表 5-1），并对数据、成果的基本情况、特点进行分析。

表 5-1　涉灾部门灾害风险与减灾能力调查相关数据（成果）

部门	数据及获取方式	风险调查评估成果
民政	①全国自然灾害年度、月度损失数据；重大自然灾害案例损失数据；2005 年以来国家自然灾害应急响应数据；2008 年以来“全国综合减灾示范社区”名录数据；中央级救灾物资储备库及物资数据；②逐月全国县以上城市最低生活保障人数、家庭数和累计支出数；逐月全国县以上农村最低生活保障人数、家庭数、累计支出数	基本为灾害损失数据、脆弱人口数据、社区尺度综合减灾能力数据；尚无灾害风险全链条集成数据
气象	基本气象要素数据，包括全国 756 个标准气象站点/2000 多个站点（后者目前为气象部门内部资料）年/月/日气象要素标准值数据（1971～2000 年，1981～2010 年）和实况数据，全国气候区划数据库；气象灾害基础数据库、气候灾害动态专题产品库、气象灾害评价综合信息库，台风、草原/森林火灾、雪灾、干旱、洪涝综合信息数据库。常规监测，标准化数据建设与存储	气象部门的风险调查主要内容是气象致灾因子发生频率、强度、持续时间等风险，即致灾风险，非灾害风险。例如，全国尺度或典型区域降雨强度（24h、6h、1h 等）不同年遇型（200 年、100 年、50 年、10 年一遇等）致灾风险
水利	水利普查主要内容包括河流湖泊基本情况、水利工程基本情况、经济社会用水情况、河流湖泊治理保护情况、水土保持情况、水利行业能力建设情况六大方面的数据。普查按照“在地原则”，以县级行政区划为基本工作单元，采取全面调查、抽样调查、典型调查和重点调查等多种调查形式进行。普查过程中主要采用的方法包括数据的收集采用清查登记、档案查阅、现场查勘、DEM 和 DLG 数据融合提取技术、遥感分析、估算推算等多种调查技术。整个普查遵循内外业相结合的原则，充分利用已有的基础资料，积极开展部门之间的协作与交流	编制完成了《第一次全国水利普查公报》；建立普查数据库体系，构筑“国家－流域－省－地－县”五级水利普查信息管理系统
地震	①历史地震数据，包括 1831～1969 年中国破坏性地震目录（4.0 级以上，共计 5163 条）；1970 年至今 3.0 级以上地震目录（149156 条）；②1966～2002 年中国震例，包括地震基本情况、烈度分布、灾害损失等信息。中国地震台网实时监测，标准化数据建设与存储	已完成三代地震区划与安全性评价

续表

部门	数据及获取方式	风险调查评估成果
国土	①第二次全国土地调查，2007年启动，2009年完成；成果主要是逐地块地类（耕地、园地、林地、工业用地、基础设施用地、金融商业服务、开发园区、房地产以及未利用土地）空间位置和面积，形成全国1∶50万土地利用现状图、分县1∶5万土地利用现状图；成果分为矢量（采用MapGIS存储和管理）和栅格格式存储。②地质灾害调查监测数据，主要包括全国1∶250万地质灾害调查监测数据库，全国1∶250万重大地质灾害分布，全国1∶250万突发性地质灾害危险区化，全国1∶250万近年滑坡、崩塌、泥石流受灾程度分区，全国1∶250万滑坡、崩塌、泥石流威胁程度分区，全国1∶250万突发性地质灾害综合评价信息；③典型县域地质灾害易发程度分区，全国县级地质灾害易发程度分区普查，2005年完成700个典型县域（共1530多个县域）的调查与成果发布，包括滑坡、崩塌、泥石流、地面塌陷和不稳定斜坡的规模与稳定性，地质灾害高、中、低易发区分布等。全面调查与重点调查相结合	基本为致灾风险，非灾害风险
海洋	海洋灾害调查内容主要包括海洋环境灾害、海岸带地质灾害、海洋生态灾害方面的数据：①海洋环境调查主要包括风暴潮灾害、海浪灾害、海冰灾害的范围、损失、要素、痕迹等数据；②海岸带地质灾害调查主要包括海水入侵（淤积）、崩塌、滑坡（含海底滑坡）、泥石流、砂土液化、土地盐渍化、海底活动沙丘（波）、海底潮流砂脊、地面沉降、地面塌陷、地裂缝、地震、和海平面变化等数据；③海洋生态灾害主要包括赤潮、病原生物和外来海洋生物调查数据。海洋灾害风险调查过程中主要涉及的方法有遥感监测、资料收集、现场调访、专题调查、仪器测量等	基本为致灾风险，非灾害风险
测绘地信	①地理国情普查数据，包括34个数据层，地表覆盖类型、道路（铁路、公路、城市道路、乡村道路）、水体（面、线）、构筑物（面、线、点）、地理单元（面状、线状行政单元，社会经济功能区单元，社会经济区域单元，社会经济区域单元农林牧场，流域、地形、地貌、湿地自然地理单元，沼泽区，城镇综合功能单元（点状）。②基础数据库，包括全国1∶25万、1∶5万基础数据库；国家基础影像数据库包括全国1∶25万、1∶5万行政区划单元数据	基本为灾害风险承灾体信息，未涉及风险的核心内容
统计	①人口普查数据，一整套详细的全国人口数据，涵盖人口整体概况、民族、年龄、受教育程度、家庭、死亡、户口登记状况、住房、就业、婚姻、生育、迁移和户口登记地等多方面。②经济普查数据，全面调查了解我国第二产业和第三产业的发展规模及布局；了解我国产业组织、产业结构、产业技术的现状以及各生产要素的构成；了解我国各类企业和单位能源消耗的基本情况；建立健全覆盖国民经济各行业的基本单位名录库、基础信息数据库和统计电子地理信息系统。③农业普查数据，从事第一产业活动单位和农户的生产经营情况；乡（镇）、村委会及社区环境情况；农业土地利用情况；农业和农村固定资产投资情况；农村劳动力就业及流动情况；农民生活质量情况	基本为灾害风险承灾体信息，未涉及风险的核心内容
林业	全国共实测固定样地41.50万个，判读遥感样地284.44万个，获取清查数据1.6亿组。我国林业清查每5年开展一次，2013年完成第八次（2009～2013年）全国森林资源清查工作。采用国际公认的“森林资源连续清查”方法，以数理统计抽样调查为理论基础，以省（自治区、直辖市）为单位进行调查	基本为灾害风险承灾体信息，未涉及风险的核心内容。形成第八次全国森林资源清查主要结果报告
住房和城乡建设	①农村居民住房抽样调查数据（2010年）。住房与城乡建设部村镇建设司委托高校对全国70多个县涉及200个行政村进行了房屋抽样调查，调查人员按照经济条件把调查对象分为好、中、差三等，并区分平原农房和山区农房。调查内容主要有房屋结构、房屋质量和房屋建造日期，调查人员对每一处房屋都做了照片备案。②危房改造数据。住建部对已进行危房改造的1000多万户农房进行了信息存档，存档信息包括农房结构，农房地质信息、农户信息，投资信息等40多项	基本为灾害风险承灾体信息，未涉及风险的核心内容

注：因各部门相关工作时间节点不同，且成果发布存在滞后现象，上述概括存在不全的情况

5.1.1.1　数据（成果）的基本情况

（1）数据（成果）类型

目前，涉灾数据（成果）可以分为五大类。

孕灾环境类数据（成果），包括不同层级的行政区划、地形地貌、植被、土壤、地质、河流、湖泊、冰川、冻土、海图等基础数据（底图）、遥感影像数据库等。

灾害致灾类数据（成果），包括地质灾害隐患点和易发程度分区（国土资源部门）、大江大河和大型水库逐日水位（水利部门）、破坏性地震目录数据（地震部门）、不同空间/时间分辨率的气象要素数据（气象部门）、海浪/风暴潮数据（海洋部门）等。

灾害承灾体类数据（成果），包括人口（统计部门、公安部门等）、房屋和财产（统计部门、住房和城乡建设部门等）、三次产业（统计部门、农业部门、工业和信息化部门、商务部门、国有资产监督管理委员会部分等）、基础设施（交通运输部门、工业和信息化部门、水利部门、能源部门、铁路部门、民航部门、邮政部门等）、公共服务系统（教育部门、环保部门、卫生计生委资会部门、科技部门、新闻出版广电部门、体育部门、旅游部门、文物部门等）、资源与环境系统（国土资源部门、林业部门、文化部门等）等。

灾害灾情与救灾能力类数据（成果），灾情类数据（成果）包括各类自然灾害过程造成的分县（部分地区为乡镇）人员受灾、农作物受灾、房屋受灾和地区生产总值损失等指标，自 2010 年以来由国家减灾委员会办公室牵头组织编制了年度自然灾害地图集；救灾能力类数据（成果）包括中央、省、地、县救灾物资储备库布设与救灾物资储备，各级灾害救助应急预案，全国、省级综合减灾示范社区等（民政部门）。

灾害综合风险类数据（成果），如《中国自然灾害风险地图集》涵盖了地震、洪涝、台风、干旱、低温雨雪、沙尘暴、冰雹等不同灾种自然灾害风险分布，也涵盖了各省份遇难人口、人口转移安置、房屋倒塌和地区生产总值等损失风险分布等（史培军，2011）。

（2）数据（成果）所属部门情况

根据中国灾害特点及职能部门设置特点，涉灾行业数据（成果）主要存在于政府相关职能部门及其直属事业单位、科研院所与高校、相关企业等，可分为四大类。

开展数据（成果）调查（监测）的行业部门和直属事业单位，包括国土资源部（第二次全国土地调查、地质灾害调查监测等）、水利部（第一次全国水利普查等）和水利部水利信息中心（国家水文水资源科学数据共享中心）、统计局（第六次全国人口普查、第二次全国农业普查、第二次全国经济普查等）、林业局（全国森林资源普查等）、地震局（地震区划与安全性调查等）和中国地震台网中心（国家地震科学数据共享中心）、气象局（全国气象灾害普查试点等）和国家气象信息中心（中国气象科学数据共享服务网）、海洋局（海洋环境灾害调查、海岸带地质灾害调查、海洋生态灾害调查等）、测绘地信局（第一次全国地理国情普查）等。

开展数据（成果）集成的综合部门，如科技部、国防科学技术工业委员会、中央军委联合参谋部测绘导航局、国家航天局等集成的各类基础地理信息、电子地图、遥感影像等数据（成果）。

拥有灾害领域相关科学研究数据（成果）的科研院所和高校，如中国科学院地理科学与资源研究所（地球系统科学数据共享平台）、中国林业科学研究院（国家林业科学数据中心）、中国农业科学院（国家农业科学数据共享中心）、交通部科学研究院（第三次全国港口普查数据、第二次全国公路普查主要数据、第二次全国内河航道普查主要数据等）、北京师范大学（1949 年以来自然灾害省级报刊数据库（王静爱等，2006））等。

开展相关数据（成果）调查的企业，如拥有不同比例尺地理空间要素数据的中国地图出版社等。

（3）数据（成果）获取机制/方式

日常监测与标准化存储，一类是致灾数据的日常监测，如水利部大江大河和大型水库逐日水位数据、地震局破坏性地震目录数据、气象局不同空间/时间分辨率的气象要素数据等；另一类是灾情和救灾工作数据的日常获取，主要包括灾害损失数据和应急响应等救灾工作数据。

定期普查或典型调查与更新，主要是灾害承灾体类数据（成果）。例如，人口数据每 5 年一次 0.1%抽样调查，每 10 年一次普查；农业普查、经济普查等都形成了固定的普查与典型调查模式。

不定期典型调查与更新，主要是灾害孕灾环境类和部分承灾体类数据（成果）。例如，不同层级的行政区划数据根据行政区划变更情况不定期更新，包括全国标准地名普查；高速公路、国道、省道等交通线路情况也会根据工程竣工通车情况不定期更新。

综合模型模拟分析，主要是灾害综合风险类数据（成果）。例如，通过建立不同灾害类型下承灾体脆弱性曲线，综合模拟全国尺度或区域尺度灾害风险（史培军，2011）。

5.1.1.2 数据（成果）特点

涉灾数据（成果）主要有以下几个特点。

（1）国家尺度的数据资源相对丰富，但部分数据尚未建立共享机制

从目前涉灾数据资源的分布情况看，与自然灾害风险相关的国家层面的致灾因子和承灾体数据相对丰富，针对部分致灾因子数据形成了一定的共享与发布机制（如气象部门提供的全国主要站点的气象资料，地震局发布的 3.0 级以上地震的基本信息，水利部发布的汛期大江大河、重点水库的水文监测信息，国土资源部调查的全国重点县域地质灾害隐患分布信息等）。但是，大多数承灾体信息尚未建立稳定的发布与共享机制。

（2）部分数据资源存在指标涵义不统一、精度偏低等问题

尽管目前国家层面涉灾数据资源相对完整，但由于分部门、行业管理，仍存在数据存储格式不同、数据成果内涵不明晰等问题，这导致部门间共享使用存在一定难度。例如，气象部门提供的部分数据产品为气象行业内部推行的专业软件，与其他部门间的相互转换既存在一定困难也有较大工作量；同时，部分部门提供的数据精度较低（如实时降雨栅格数据仅为 0.25°），部分行业、部门共享的数据成果多为图片格式（如降雨预报数据、地震烈度数据等），使用前需要投入较大的人力来实现标准化；对于房屋间数的统计民政部门、统计部门、地震部门等均有各自界定，给共享使用带来一定不便。

（3）部分要素更新慢，较难满足数据使用对时效性的要求

各行业、部门掌握的资料虽然全面，但是资料更新频率低、速度慢，尚未全面建立常

规的数据更新共享机制，这在一定程度上影响了数据使用对时效性的要求。例如，目前，通过国内途径可以共享得到的1km网格的人口密度数据为2005年数据（地球系统科学数据共享平台），这与最新人口分布存在较大差异，难以满足灾害风险管理的要求。

（4）地方级数据参差不齐，对灾害风险管理决策的支撑力度有限

由于自然条件和经济社会发展水平的差异，东部、中部、西部等地区对涉灾数据的掌握和应用程度不同，尤其是小尺度、高精度数据缺失明显。全球气候变化背景下局地性极端天气/气候事件发生频率和强度不断增强的情况下，数据的不完备或缺失对灾害风险管理决策的支撑力度明显不足。

5.1.2　灾害风险与减灾能力调查的顶层设计

5.1.2.1　文件和规划中的设计

（1）关于推进防灾减灾救灾体制机制改革的意见

2016年12月19日，中共中央、国务院印发了《关于推进防灾减灾救灾体制机制改革的意见》(以下简称《防灾减灾救灾体制机制改革意见》)，提出防灾减灾救灾工作事关人民群众生命财产安全，事关社会和谐稳定，是衡量执政党领导力、检验政府执行力、评判国家动员力、彰显民族凝聚力的一个重要方面。做好防灾减灾救灾工作，要坚持以防为主、防抗救相结合，要高度重视减轻灾害风险，切实采取综合防范措施，将常态减灾作为基础性工作，坚持防灾抗灾救灾过程有机统一，前后衔接，未雨绸缪，常抓不懈，增强全社会抵御和应对灾害能力。要坚持综合减灾，统筹抵御各种自然灾害，认真研究全球气候变化背景下灾害孕育、发生和演变特点，充分认识新时期灾害的突发性、异常性和复杂性，准确把握灾害衍生次生规律，综合运用各类资源和多种手段，强化统筹协调，科学应对各种自然灾害。

《防灾减灾救灾体制机制改革意见》从健全统筹协调体制、健全属地管理体制、完善社会力量和市场参与机制和全面提升综合减灾能力4个方面明确了未来一个时期中国防灾减灾救灾工作的顶层设计，其中在“全面提升综合减灾能力”中提出要强化灾害风险防范，要开展以县为单位的全国自然灾害综合风险与减灾能力调查，发挥气象、水文、地震、地质、林业、海洋等防灾减灾部门作用，提升灾害风险预警能力，加强灾害风险评估、隐患排查治理。

（2）国家综合防灾减灾规划（2016～2020年）

2016年12月29日，国务院办公厅印发了《国家综合防灾减灾规划（2016～2020年)》，提出了“十三五”期间国家综合防灾减灾的十大主要任务，其中将“加强灾害监测预报预警与风险防范能力建设”列为第三大任务，并明确了开展以县为单位的全国自然灾害风险与减灾能力调查，建设国家自然灾害风险数据库，形成支撑自然灾害风险管理的全要素数据资源体系；要完善国家、区域、社区自然灾害综合风险评估指标体系和技术方法，推进自然灾害综合风险评估、隐患排查治理。

在9个重大项目中将“自然灾害综合评估业务平台建设工程”列为第1项目，提出要建立灾害综合风险调查与评估技术方法，研发系统平台，并在灾害频发多发地区开展灾害

综合风险调查与评估试点工作，形成灾害风险快速识别、信息沟通与实时共享、综合评估、物资配置与调度等决策支持能力。

5.1.2.2 县域自然灾害综合风险与减灾能力调查技术体系设计

根据县域自然灾害综合风险与减灾能力特点，以及调查评估目标和成果需求，本书作者所在单位的研究团队从县域自灾害综合风险与减灾能力综合调查评估、县域风险损失水平评估、县域历史灾害水平评价及县域内综合及多维度风险评价 4 个方面开展了县域综合风险与减灾能力技术体系设计。

（1）县域自然灾害综合风险与减灾能力综合调查评估

以县域为基本单元，通过选择多个调查指标，构建多层级指标，对县域综合风险、减灾能力的不同维度开展专项调查评价，综合形成综合风险指数表达县域综合风险水平（半定量半定性评价）。目前，已初步形成包括社会经济、人口、房屋（住宅、非住宅）、基础设施（交通、通信、电力、市政、农村地区生活设施）、公共服务（教育、医疗、社会服务）、三次产业（农业、工业、服务业）在内的综合风险调查内容与指标体系，形成包括综合减灾体制机制建设、综合减灾能力建设、社会力量和市场参与情况、基层减灾能力建设等在内的减灾能力调查内容与指标体系。

（2）县域风险损失水平评估

通过推算灾害事件发生的超越概率来表征灾害风险水平，以主要灾情指标（受灾人口、死亡人口、需救助人口、倒损房屋数量、直接经济损失等）为核心指标，给出县域单元的分灾种及综合情况的年均风险水平和最大风险水平（不同致灾水平下的风险水平）。

（3）县域历史灾害水平评价

通过选择、构建指标，利用历史对比、空间分析等技术方法，从主要灾害种类、发生频次、灾害损失及影响、重灾区分布、重大灾害事件的发生情况等，表达区域历史灾害水平。

（4）县域内综合及多维度风险分析评价

通过选择、构建指标，从孕灾环境（地形、河流水系、地质灾害隐患等）、致灾因子（分灾种）、承灾体（人口分布、房屋分布、重要设施分布等）、减灾与应急能力（风险意识、物资储备与避难条件）等多维度，表达县域内的风险分布。

结合上述调查评价内容，县域综合风险与减灾能力调查评价成果主要包括。

1）综合风险综合指标、单一指标数值表（图），重点包括县域自然灾害综合风险与减灾能力综合调查评估、县域风险损失水平评估及县域历史灾害水平的评价结果表及相关统计图。

2）县域内综合及多维度风险系列地图，重点包括以多维度综合性指标和单一指标表达县域内风险分布的专题系列地图。

3）县域综合风险与减灾救灾能力分析评价报告。

4）县域综合风险与减灾能力调查数据库，汇总试点县域调查数据，建立数据库，供试点县及项目组织实施单位使用。

需要说明的是，由于县域自然灾害综合风险与减灾能力工作刚刚起步，还处于小范围试点阶段，上述技术体系设计还存在诸多需完善的地方，这也是未来需要重点研究的内容之一。

5.1.3　未来展望

基于前述内容，巨灾不同于常规自然灾害，其致灾强度大、造成灾害损失重、救助需求高，受灾地区无法单独承担相关救灾任务，需要更大区域甚至国家层面的扶持救助，有时国际援助也不可或缺。因此，对于县域、省域自然灾害综合风险与减灾能力调查与评估的工作固然重要，但仍无法凭借某一省份的力量来应对巨灾。为了更好地了解巨灾与区域减灾能力的关系，以下从弹性（flexible）与巨灾救助物资储备的角度来举例阐述。

与常规自然灾害救助不同，巨灾导致大量人员受灾需紧急救助，尤其是突发性巨灾造成瞬时内数量巨大的人口需救助；同时，根据巨灾发生概率低的特征，平时所储备的灾害救助物资无法满足瞬时的巨量物资需求。因此，如何应对巨灾后物资需求的瞬时峰值成为巨灾救助中物资保障的关键（周洪建，2016a）。

近年来，“浪涌能力”（surge capacity）成为灾害应急准备的焦点议题之一，被认为是“应对巨灾后需求峰值的能力”（Adams，2009）。“浪涌能力”原是一个电子学概念，其中“浪涌”主要指电源接通瞬间产生的强力脉冲，会导致电路瞬间被烧坏，然而含有浪涌阻绝装置的产品可有效吸收突发的巨大能量，保护连接设备免于受损，这就具备了“浪涌能力”（张海波等，2012）；此后，“浪涌能力”概念被引入军事、急诊医学和公共卫生领域。Howitt（2008）提出“浪涌能力”在应对巨灾中表现出的 5 个维度：①需求总量（volume of need），巨灾救助所需资源数量巨大，超出常规灾害救助所需的资源储备；②影响的物理尺度（physical scale），巨灾造成的成灾面积巨大，救助资源通常难以均衡分布；③救助所需技术的复杂性（technical complexity），巨灾毁坏力强，需要专业人员与特别设备来参与灾害救助；④时间压力（time pressure），巨灾造成大量人员伤亡，应急救援的“黄金 72 小时”形成对巨灾救援的刚性约束；⑤巨灾的持续时间（duration of crisis），巨灾造成巨大破坏，且持续时间长（张海波等，2012；周洪建，2016a）。

“浪涌能力”对灾害救助准备（本书仅讨论灾害救助的物资储备）的弹性或者灵活性提出了要求，灾害救助物资储备并非越多越好，“浪涌能力”并不要求按照救助物资需求的峰值来进行巨量规模的储备，这可能会造成大量物资长期闲置，形成浪费，增加灾害救助的成本。因此，灾害救助物资储备要维持在适度的规模，既能满足常规自然灾害救助的资源需求，又能通过一定的途径扩展来适应巨灾救助中对物资的瞬时巨量需求（张海波等，2012）。因此，“弹性”意味着在适度增加灾害救助物资储备的前提下，通过对物资储备结构体系的优化来提升其物资供给的峰值能力，具体可以理解为如下三点。

1）多灾种与灾害链的综合决定了巨灾救助物资储备的全灾种特点。巨灾的多灾种与灾害链效应导致巨灾救助较常规灾害救助复杂，同时，孕灾环境的不稳定性加剧了巨灾连锁反应，从而导致巨灾损失出现综合性结果，出现“跨界危机”（张海波等，2012）的可能性越来越大，引发对救助物资的全面需求。此外，不同灾害类型对救助物资的需求也存在较大差异。例如，干旱灾害（链）救助过程中，饮用水设备与设施为重要的救助需求，而这些设备与设施在高寒地区低温雨雪冰冻灾害（链）、地震灾害（链）、洪涝灾害（链）等救助过程中的地位则明显下降，转而取暖物资成为最重要的救助需求。因此，巨灾救助物资储备弹性需要考虑突发性、渐发性的多灾种与灾害链等因素，建立适应全灾种特点的物资弹性储备机制。

2）巨灾影响范围广、区域差异大的特征决定了巨灾救助物资储备横纵向互补特点。巨灾通常造成 10 万 km^2 以上的成灾面积，涉及多个行政区域，各区域受灾情况、自然环境与经济社会环境存在较大差异的可能性高，因此仅靠数量有限的国家级物资储备基地供应灾害救助物资无法满足需求，需要受灾地区自身也具备一定的灾害救助物资储备能力，同时社区和家庭储备“应急包”也可以在一定程度上增强灾害救助物资储备的弹性。根据国家级、地方级物资储备的辐射范围和主要目的，国家级储备库以灾害救助需求的基本物资为主，而地方级储备库以具有地方特色的灾害救助需求的特殊物资为主。物资储备的国家—地方—社区和家庭储备模式，可以看做是物资储备系统内部自上而下的纵向储备模式。此外，鉴于不同部门职责和业务特点的不同，不同部门储备的物资类型不同，可以通过签订协议等形式促进不同部门间灾害救助物资的“横向共享”。例如，与国家粮食储备部门签订协议，巨灾发生后实现粮食等关键救助物资的快速共享与调运。

3）巨灾救助需求量巨大与相对有限的储备空间决定了巨灾救助物资储备的“虚拟物资”特点。巨灾救助物资需求的峰值往往在短期内来临，为满足常规灾害救助需求所设立的各级各类救助物资库出于储备规模有限和储备效益方面的考虑，物资储备量难以满足灾后的巨大需求，因此，建立“虚拟物资”——物资供应能力储备机制是发挥巨灾救助物资需求弹性的重要途径。针对救助物资的能力储备，2016 年 3 月 10 日发布的修订《国家自然灾害救助应急预案》中也明确规定“合理确定储备品种和规模；建立健全救灾物资采购和储备制度，每年根据应对重大自然灾害的要求储备必要物资。按照实物储备和能力储备相结合的原则，建立救灾物资生产厂家名录，健全应急采购和供货机制”，尤其是食品、药品等保存期较短的救灾物资，更应该通过政府采购、企业预留生产能力和协议生产等方式来满足需求峰值。

可以看出，与常规自然灾害不同，巨灾风险与减灾能力调查应在目前实施开展的县域自然灾害综合风险与减灾能力调查评估的基础上，紧密结合巨灾的超预案性、弹性等特征（周洪建，2016a），调整与优化巨灾风险与减灾能力评估内容与指标体系，这是应对巨灾面临的重大挑战，对其进行深入细致研究的需求也十分紧迫。

5.2 巨灾风险与损失评估平台

2017 年 5 月 22～26 日，联合国国际减灾战略（UNISDR）在墨西哥坎昆举办了第五届全球减轻灾害风险平台大会（5th Session of Global Platform for Disaster Risk Reduction），来自全球 189 个国家和地区、国际机构和社会组织等 6000 余名代表出席了这届盛会。由 UNISDR 主办的全球减灾风险平台大会，分别于 2007 年、2009 年、2011 年和 2013 年在瑞士日内瓦举办了第一、第二、第三、第四届，2015 年 3 月在日本仙台举办了第三届世界减灾大会，通过并发布了《2015～2030 年仙台减轻灾害风险框架》（UNISDR，2015），提出了七大全球目标和包括理解灾害风险，加强灾害风险治理、管理灾害风险，投资于减少灾害风险、提高抗灾能力，加强备灾以做出有效响应、并在复原、恢复和重建中让灾区“重建得更好”等在内的四大优先行动领域。

5.2.1　第五届全球减灾平台大会的主要内容

第五届全球减灾平台大会内容丰富、交流形式多样，包括领导人论坛、全体会议、特别会议、部长级圆桌会议、工作会议、边会、特别活动 7 个主要类型和两天的预备会议和星火讲坛（ignite stage），还有 150 余个国家和组织参加的市场活动与展览，其中，前 5 个类型的会议和论坛基本是由 UNISDR 和墨西哥政府组织实施，边会和预备会议则主要由国际组织、地区组织、相关国家的科研机构或大学、相关国家的社会组织等组织实施。大会以《仙台框架》所提出的 4 个优先行动领域和七大全球目标为核心议题，从不同空间尺度（区域、国家、地方、社区）、不同利益攸关方视角（政府、企业、社会、弱势群体等）、不同灾害过程与响应（灾前备灾、灾中应急、灾后恢复重建）、不同灾害风险管理过程（理解风险、评估风险、转移风险、减轻风险）、不同领域（政策、技术、风险知识、文化遗产等）、不同热点关键词 [《仙台框架》、可持续发展目标、气候变化适应、恢复力（resilience）等] 分别阐释全球范围内减轻灾害风险方面所取得的全面进展（表 5-2）（UNISDR，2017；周洪建，2017）。

表 5-2　第五届全球减灾平台大会热门论题与讨论专题

序号	类型	主题名称	组织方
1	领导人论坛	减少灾害导致的经济损失	UNISDR/墨西哥
2.1	全体会议	国家和地方减灾战略	
2.2		特殊情况下国家通过理解灾害风险实现可持续发展、构建国家恢复力	
2.3		《仙台框架》监测	
2.4		《仙台框架》、2030 年可持续发展议程与气候变化的协调统一	
3.1	特别会议	加强由于高效响应的备灾工作，并在恢复、重建中致力于“重建得更好”	
3.2		多灾种早期预警系统与灾害风险信息的可用性与普及度	
4.1	部长级圆桌会	将减轻灾害风险纳入总体经济规划	
4.2		将减灾因素纳入部门规划	
5.1	工作会议	《仙台框架》监测工具磋商会	
5.2		确保关键基础设施的风险恢复力	
5.3		《仙台框架》执行中的国际合作	
5.4		面向恢复力的风险转移与保险	
5.5		私营部门参与减灾	
5.6		用于高效减灾的风险信息与损失数据库	
5.7		实现 2020 仙台目标的科学与技术贡献	
5.8		地方层面实现《仙台框架》和可持续发展目标	
5.9		提升社区恢复力	

续表

序号	类型	主题名称	组织方
5.10	工作会议	灾害风险防范	UNISDR/墨西哥
5.11		面向减灾的生态系统保护、管理和恢复性农业	
5.12		包容性和以人为本的减灾	
5.13		推动能减轻灾害风险的土地利用和空间规划	
5.14		文化遗产与本土知识来建立恢复力	
5.15		卫生与减灾	
6.1	边会	多部门合作实施《仙台框架》：ARISE 的创新性方法来建立恢复力	灾害恢复力社会联盟（ARISE）
6.2		理解风险并采取行动：墨西哥本土社区视角	墨西哥减灾联盟/UNDP/OXFAM
6.3		通过更好的数据与知识确保因灾转移安置人员免受新灾	IDMC/IFRC/CEPREDENAC
6.4		太平洋地区的减灾经验	SPC
6.5		减缓、应对厄尔尼诺影响与恢复重建：非洲经验	非洲联盟委员会
6.6		以人为本的早期预警系统：真的能有新变化吗？	Met 办公室（英国）/Deltares（荷兰）
6.7		减灾的根本变化：整合基于生态系统解决方案与气候和发展	UNESCO/UNEP
6.8		恢复性商业：商业投资中统筹减灾与适应气候变化的方法与策略	GIZ（德国）
6.9		水与灾害：可持续、恢复性和创新性的水循环管理	世界银行/UNESCO/WMO
6.10		从仙台到可持续发展目标：妇女领导力的作用	GFDRR/JICA/IFRC
6.11		多尺度灾害风险防范评估	UNDP/IFRC/BNU
6.12		福岛核泄漏的社区响应与恢复	长崎大学（日本）
6.13		媒体在减灾中的作用	BBC
6.14		阿拉伯地区的《仙台框架》	RAED
6.15		整合动物保护加强当地恢复力和国家政策	世界动物保护组织
6.16		非洲减灾中的气候服务	非洲联盟委员会
6.17		从仙台到坎昆：理解拉丁美洲和加勒比地区的灾害风险	欧盟/UNICEF
6.18		包容性灾害风险管理：关注残疾人和老人	拉美和加勒比联盟
6.19		全球巨灾风险：《仙台框架》与灾害防范	GLOBE legislators
6.20		加强农村社区恢复力与食物安全	WFP/FAO
6.21		推动减灾中的公私合营模式（PPP）	墨西哥/印尼/韩国
6.22		仙台目标监测的全球公开数据	IRDR/欧盟
6.23		减灾中的公私部门间的沟通	CEPREDENAC
6.24		预防性的社区搬迁：减灾的体制机制	AIJ
6.25		增强城市恢复力：关注城市中的最脆弱人群	瑞士/GFDRR

续表

序号	类型	主题名称	组织方
6.26	边会	从口头到行动：国家灾害风险评估指南	荷兰
6.27		互动模拟：通过建立社区恢复力合作伙伴关系来改变激励措施	IFRC
6.28		预测式财政：人道主义投资	德国红十字会
6.29	边会	减灾与可持续发展的投资	IIASA
6.30		世界人道主义高峰论坛一周年后：伊斯坦布尔成果和《仙台框架》	OCHA/墨西哥
6.31		为最脆弱人员建设100万个安全医院：墨西哥的公私合营模式	墨西哥
6.32		中美洲和加勒比地区建立恢复力的国际合作	墨西哥
6.33		与青年一起增强青年人的恢复力	英国
6.34		技术灾害：减灾领域的新成员	欧盟/UNEP/OCHA
6.35		恢复重建中的创新行动：国际与地方合作经验	JICA
6.36		推动更安全的建筑、学校和医院	澳大利亚/墨西哥
6.37		历史知识与减灾：社会关系建构	LARED
6.38		流行病的预测与预防	生态卫生联盟
6.39		增强东盟应对灾害与气候风险的恢复力	ASEAN
6.40		从灾害管理到灾害风险管理：基于预测的行动和指数保险	WFP/OXFAM
6.41		空间技术减灾应用的全球合作	UNOOSA
6.42		基于风险的发展合作	UNDP/UNICEF/IFRC
6.43		灾害风险管理与增强小岛国恢复力	SIDS
6.44		安全学校的全球倡议：增强教育部门的恢复力	墨西哥
6.45		减灾中的地理空间信息管理	墨西哥
7.1	特别活动	多灾种早期预警会议	—
7.2		小岛屿发展中国家对抗气候变化和灾害的能力：切实可行的解决方案	—
7.3		关于妇女在减灾和恢复力建设工作中领导地位的特别活动	—
7.4		非洲、加勒比和太平洋国家论坛	—
7.5		风险地图集发布活动	UNISDR
7.6		有关《仙台框架》监测和报告技术指南的会议	OIEWG

注：UNDP：联合国开发计划署；OXFAM：乐施会；IDMC：国际数据维护中心；IFRC：红十字会与红新月会国际联合会；CEPREDENAC：中美洲灾害防御协调中心；DELTARES：荷兰三角洲研究院；SPC：太平洋共同体；UNESCO：联合国教科文组织；UNEP：联合国环境规划署；GIZ：德国国际合作机构；WMO：世界气象组织；GFDRR：全球减灾和恢复基金；JICA：日本国际合作署；BNU：北京师范大学；BBC：英国广播公司；RAED：阿拉伯环境与可持续发展联盟；UNICEF：联合国儿童基金会；WFP：世界粮食计划署；FAO：联合国粮农组织；IRDR：灾害风险综合研究计划；GLOBE legislators：全球立法者协会；AIJ：阿拉斯加司法协会；IIASA：国际应用系统分析研究所；OCHA：人道主义事务协调办公室；LARED：拉丁美洲灾害防御社会科学联盟；ASEAN：东盟；UNOOSA：联合国外层空间事务办公室；SIDS：小岛屿发展中国家；OIEWG：减灾指标和术语问题不限成员名额政府间专家工作组

资料来源：周洪建，2017

5.2.2 全球减轻灾害风险平台的前沿话题

5.2.2.1 理解灾害风险

《仙台框架》借鉴了《2005—2015 年兵库行动框架（HFA）：构建国家和社区的抗灾力》中确保国家和其他利益攸关方工作连续性的要素，并根据磋商会和谈判过程中的呼吁推出了众多创新成果，其中最重要的转变是强调灾害风险管理而非灾害管理。灾害风险管理政策与实践要全面理解灾害风险形成要素，包括脆弱性（vulnerability）、能力（capacity）、人员与资产的暴露程度（exposure）、致灾因子（hazard）特点与孕灾环境（environment），在此基础上，科学、合理地评估灾害风险，并利用这些知识推动防灾减灾以及制定和执行适当的备灾和高效响应措施。

全球诸多机构和组织都在关注灾害风险和灾害风险评估，发展和应用了一系列较为成熟的灾害风险定义、评估方法和模型（表 5-3），并在全球尺度上绘制了国家单元甚至更为精细单元的灾害风险地图（表 5-4）；同时，在社区层面，如何指导居民正确理解灾害风险，有效防范灾害风险也有诸多优秀的做法与案例。例如，中国自 2008 年汶川特大地震之后开始创建的“全国综合减灾示范社区”（周洪建等，2013）、国外普遍流行的“以社区为基础的灾害风险管理”（ADPC，2009）、美国的“减灾型社区活动”计划（FEMA，2008）、日本神户的“防灾福祉社区”（Murosaki，1999）以及印度尼西亚“社区洪水减灾方案”（ADRC，2001）等。

表 5-3 全球 20 个较为知名的灾害风险评估模型（模型工具）

序号	名称	关注灾种	服务范围
1	CAPRA（comprehensive Approach to probabilistic Risk assessment）*	地震、海啸、热带气旋、洪涝、火山	全球
2	CLASIC/2，CATRADER and Touchstone	热带气旋、龙卷风、风暴潮、地震、海啸、技术灾害等	全球
3	Earthquake Risk Model（EQRM）*	地震	国家
4	ELEMENTS	地震、热带气旋、风暴潮、洪涝、技术灾害	全球
5	Florida Public Hurricane Model*	热带气旋	国家
6	Global earthquake model （GEM） *	地震	全球
7	Global Risk Assessment model*	热带气旋、地震、风暴潮、干旱、洪涝、海啸、火山	全球
8	Global Volcano Model（GVM）*	火山	全球
9	HAZUS-MH*	地震、洪涝、热带气旋	国家
10	InaSAFE*	地震、海啸、洪涝	全球
11	INFORM*	地震、海啸、洪涝、热带气旋、干旱	全球
12	Japan Tsunami Model	海啸	国家
13	KatRisk models	洪涝、热带气旋、风雹	全球
14	RiskLink	地震、洪涝、技术灾害、热带气旋、风暴潮	全球

续表

序号	名称	关注灾种	服务范围
15	Riskscape*	地震、洪涝、海啸、火山、风暴潮	国家
16	RQE	地震、洪涝、热带气旋、风暴潮	全球
17	Sobek 1D/2D Model*	洪涝	全球
18	Tropical Cyclone Risk Model（TCRM）*	热带气旋	全球、地方
19	Verisk Maplecroft	洪涝、风暴潮、地震、海啸、热带气旋	全球、地方
20	World Risk Index*	地震、热带气旋、洪涝、干旱	全球

*表示此系统是开放的

资料来源：周洪建，2017

表 5-4　近年来全球尺度自然灾害风险地图（地图集）情况

序号	名称	制图单元	灾种	发布年份	发布单位
1	Global Assessment Report on Disaster Risk Reduction 2013、2015	国家单元	地震、热带气旋、风暴潮、海啸、洪涝	2013 年和 2015 年	UNISDR
2	World Atlas of Natural Disaster Risk	国家单元、可比地理单元、0.5 度网格	地震、火山、地质灾害、洪涝、风暴潮、风沙、热带气旋、干旱、火灾，多灾种	2015 年	北京师范大学（BNU）
3	Global Risk Map	国家单元	地震、洪涝、热带气旋	2015 年	联合国环境计划署（UNEP）
4	Global Risks Report	国家单元	极端天气事件、地震、海啸、火山、风暴等	2007～2016 年	世界经济论坛（WEF）
5	World Risk Index	国家单元	地震、热带气旋、洪涝、干旱等	2011～2016 年	联合国大学（UNU）
6	Global Assessment Report on Disaster Risk Reduction Atlas	国家单元	地震、海啸、热带气旋（大风、风暴潮）、洪涝，多灾种	2017 年	UNISDR

资料来源：周洪建，2017

分析发现：①尽管对灾害风险的理解目前尚未达成完全一致，但对灾害风险形成的基本要素，诸如脆弱性、暴露性、致灾因子、孕灾环境等之间的较为复杂相互作用的认识是一致的，由此产生出基本类似、但又有所差异的灾害风险评估模型（模型工具）；②灾害风险地图作为表达灾害风险理解和客观评估的主要形式，受到全球学者的极大关注并对重点灾种开展风险评估，在此基础上对各个国家和地区的灾害风险程度进行排名；而对于多灾种、灾害链等综合风险已引起关注，并进行了相关尝试性评估；③社区作为防范灾害风险的最前线，提升社区理解灾害风险的能力至关重要，利用社区传统、本土和地方知识及实践经验补充科学知识，更好地理解灾害风险，中国及相关国家已在此方面开展了相关尝试并取得了较为理想的效果。

5.2.2.2 灾害风险防范

《仙台框架》指出，国家、区域和全球各级灾害风险防范（disaster risk governance）对于切实有效地进行灾害风险管理非常重要，需要在部门内部和各部门之间制订明确的构想、计划、职权范围、指南和协调办法，还需要相关利益攸关方的参与；有必要加强灾害风险防范，促进防灾、减灾、备灾、应急、恢复和重建，并促进各机制和机构之间的协作和伙伴关系（UNISDR，2015）。灾害风险防范已引起国内外学者的全面关注，国际全球环境变化人文因素计划（International Human Dimensions Programme on Global Environmental Change，IHDP）框架下的“综合风险防范”科学计划（Shi et al.，2012）已完成第一执行期，并取得了包括灾害风险转入—转出模型、巨灾应对经验与教训等一批重大成果。灾害风险防范已成为政府、企业、社会共同研究并付诸实践的新领域。

灾害风险防范也可看做是各利益攸关方在地方、国家和区域各层面上相互协调来管理和减轻灾害风险的方法，这迫切需要各方在灾害风险防范领域开展各类投资，以逐步实现减灾从以政府为组织中心的方式向以社区为组织对象的全盘方法的转变。第五届全球减灾平台大会的讨论中提出，有效的灾害风险防范的三大关键问题，即国家立法的作用、加强横纵向整合，以及进展评估，明确要从国家法律的层面和高度理解灾害风险防范的重要性，并给出行为规范，也阐明了问责制对于有效防范灾害风险的重要意义。加强横纵向资源整合、力量统筹对于灾害风险防范至关重要，比如，现阶段中国的灾害风险管理体制机制的改革等。进展评估主要是增加灾害风险防范工作的透明度，督促各利益攸关方尽职尽责做好相关工作（周洪建，2017）。

公共部门与私营部门的密切合作、青年群体的深度参与、灾害风险防范中的地理空间信息管理、包容性和以人为本（重点关注弱势群体，如老人、儿童、残疾人、妇女，最不发达国家，极易受到气候变化影响的小岛屿发展中国家）等的减灾策略也是灾害风险防范讨论中涉及相对比较多的话题。

5.2.2.3 提升恢复力

恢复力也被称作恢复性、韧性、弹性、御灾力等（刘婧等，2006）。按照 UNISDR 给出的界定，御灾力是指暴露于致灾因子下的系统、社区或社会及时有效地抵御、吸纳和承受灾害的影响，并从中恢复的能力，包括保护和修复必要的基础工程及其功能，是一种受到打击时的承受力或恢复力（UNISDR，2009）。《仙台框架》明确指出，公共和私营部门的结构性和非结构性措施投资于预防和减少灾害风险，可有效加强个人、社区、国家及其资产在经济、社会、卫生和文化方面的御灾力（UNISDR，2015）。要实现这一目标，各利益攸关方要密切协助，政府部门要制定和执行减灾的战略、政策、规划和法律法规，加大在学校和医院以及有形基础设施等方面的投资，采取结构性、非结构性和实用的预防和减少灾害风险措施；增强企业以及对整个供应链生计和生产性资产的保护，确保服务连续性，并将灾害风险管理纳入商业模式和实践；通过社区参与等办法，加强对包容性政策和社会安全网络机制的设计和实施，以消除贫穷，设法持久解决灾后阶段的问题，增强受灾程度尤为严重受灾者的恢复能力。

最不发达国家、内陆发展中国家和小岛屿发展中国家恢复力提升，关键基础设施的恢复力，风险转移和保险与恢复力提升，（农村）社区恢复力，青少年参与减灾与恢复力，农业恢复力，企业恢复力，文化遗产和原住民知识与恢复力提升等也是提升灾害恢复力讨论中涉及相对比较多的话题。

5.2.2.4 仙台框架、可持续发展议程与适应气候变化

要实现未来的可持续发展，减轻灾害风险至关重要。2015 年 9 月，联合国可持续发展峰会通过了《2030 年可持续发展议程》，明确提出了 17 个可持续发展目标以及 169 个相关具体目标。《仙台框架》和适应气候变化成为《2030 年可持续发展议程》的重点目标集，涉及 3 个可持续发展目标以及 23 个相关具体目标，重点涵盖：建设具备恢复力的基础设施，向非洲国家、最不发达国家、内陆发展中国家和小岛屿发展中国家提供更多的财政、技术和技能支持提升减灾能力，大幅度提升信息和通信技术的普及度，建设具备恢复力的城市与人类住区，妇女、青年、地方社区、边缘化社区、穷人和处境脆弱群体的减灾能力提升，加强抵御和适应气候相关灾害和自然灾害的能力，加强气候变化减缓、适应、减少影响和早期预警等方面的教育和宣传等（UN，2015）。在全球气候变化的大背景下，如何有效适应气候变化，减轻灾害风险，达到地方、国家、区域乃至全球的可持续发展，是各方都在高度关注的话题。

《2030 年可持续发展议程》认识到并重申，人类迫切需要减轻灾害风险；《仙台框架》追求各大国际议程的协调统一，并明确了所有层面的整合措施；与《仙台框架》相关联目标的共同指标表明，在消除贫困、气候变化适应措施以及加强城市和人类居住地的恢复力方面尤其具有相关性。

5.2.3 未来展望

《仙台框架》发布实施以来，在 UNISDR 的倡导下，世界各国根据国情和面临的自然灾害风险形势，采取多种途径管理灾害风险、适应气候变化，以达到可持续发展的目标。中国作为世界上自然灾害最为严重的国家之一，灾害种类多、发生频率高、分布地域广、造成损失，这是中国的灾害基本国情，鉴于面临严重的灾害风险形势，如何落实责任、完善体系、整合资源、统筹力量，有效减轻灾害风险，如期实现《仙台框架》提出的 7 大目标，保障经济社会可持续发展，成为摆在政府、学者、企事业单位、社区等不同利益攸关方面前的紧迫而现实的课题。本书从以下 4 个方面提出未来一段时间中国减轻灾害风险方面的发展展望，尤其是巨灾风险防范。

1）减灾科学研究上将更关注多灾种耦合诱发的巨灾风险防范。近年来，中国重特大自然灾害时有发生，对受灾地区经济社会造成严重影响，其中灾害群、灾害链、灾害遭遇现象导致的灾害累加与叠加都可明显放大致灾的程度，形成巨灾风险（史培军等，2014a）。全球气候变化背景下极端事件发生的频率增高，经济快速发展导致承灾体集聚化程度提高，区域经济社会关联更加密切，区域性甚至全球性产业链导致地区经济脆弱性升高（史培军等，2016）；与此同时，大地震发生的可能性依然较高，而与此相对的承灾体抗震设防水平仍然不高，种种情况均对未来防范巨灾风险形势提出了严峻挑战。未来，巨灾风险形成机

理，灾害群、灾害链、灾害遭遇等诱发巨灾的动力学、非动力学模型，巨灾风险的评估与预警，防范巨灾风险的关键技术等一系列问题都需要大量深入的科学研究，并积极学习并借鉴国际相关领域的先进理念与技术方法，逐步形成从巨灾风险基础理论、评估与预警技术到风险防范的顶层模式设计等系列理论与方法体系。

2）减灾业务实践上将更关注区域性减灾平台搭建与技术和信息共享，为有效防范巨灾风险提供实践基础。减轻灾害风险平台的目的是提升灾害风险评估技术方法的科学性，增强风险信息的可用性与普及度，交流减轻灾害风险的方法与经验等。从本书前述内容可以发现，国际上已有很多成熟的减灾平台，这些平台要么侧重于风险评估、要么侧重于信息采集与共享，或者侧重于决策服务，这些平台都有较好的应用前景；中国是全球灾害高风险国家之一，某些特定地区、部分地方层面的相关减灾平台或技术已有部分研究成果，但国家层面、甚至覆盖“一带一路”倡仪涉及地区的减灾平台尚未构建。未来，按照《国家综合防灾减灾规划（2016—2020 年）》（国务院办公厅，2017）部署的重大项目，分步骤建设国家自然灾害风险与损失综合评估业务平台，开展全国县域自然灾害综合风险与减灾能力调查评估，实现从国家到社区尺度灾害风险与损失权威信息的生产、共享与服务，有效支撑各层级减灾决策，为有效防范巨灾风险提供实践基础。同时，要高度重视巨灾与常规自然灾害在诸多方面的差异，补充并完善应对巨灾、防范巨灾风险的体制机制。

3）减灾管理理念上将更关注减轻灾害风险的相关体制机制。2016 年 12 月，中共中央国务院印发了《关于推进防灾减灾救灾体制机制改革的意见》（中共中央国务院，2017），明确提出减灾理念要“从注重灾后救助向注重灾前预防转变、从应对单一灾种向综合减灾转变、从减少灾害损失向减轻灾害风险转变”，并强调要处理好涉灾部门间、中央和地方、政府和社会力量与市场的关系，全面提升全社会抵御自然灾害的综合防范能力。减轻风险的前提是理解并评估风险（史培军等，2014b），掌握风险的时空规律和不确定性特征，在风险识别、风险评估、风险规避、风险转移、风险分担等减轻灾害风险的各阶段、全过程梳理相关体制机制，优化建立责任明确、分工合理的灾害风险防范的体制机制。

4）减灾成果应用上将更关注对社区、弱势群体和地方服务能力的提升。减轻灾害风险是一个系统工程，政府、企业、社会在其中担当不同角色并发挥作用。社区作为减灾的一线成员，企业作为财富高度密集的群体代表，弱势群体作为社会发展程度的重要表征，如何减轻这些群体面临的灾害风险、提升其自身的减灾能力，是检验一个国家或地区减灾效果的重要指标。第五届减灾平台大会上，不少于 20 个会场都在讨论社区、地方、弱势群体的减灾话题，并提出将更多资源用于老年人、儿童、妇女、残疾人和社区层面的减灾活动，提升妇女在减灾和恢复力建设工作中的领导地位，加强农村社区的减灾恢复力，加强并鼓励青少年深度参与减灾等倡议（UNISDR，2017）。未来，要紧密结合巨灾影响范围广、时间长、程度深等特性，在减灾相关科技研发、业务能力建设、体制机制优化等方面，着重理解社区、弱势群体和地方的减灾能力提升需求，加强自然灾害认知中的文化因素分析，开展灾害文化和地方性知识融合研究（孙磊等，2016），将更多的研究力量和资源、更多的研发成果共享，切实有序提升其减灾能力。

5.3　巨灾重建规划与损失统计内容优化

《统计制度》规范了特别重大自然灾害损失统计内容与指标，以便全面、及时掌握特别重大自然灾害损失，为国家和地方编制灾区恢复重建规划提供决策依据，其成为中国特别重大自然灾害损失统计工作的首部规章制度（周洪建等，2015）。之后，经过 2014 年 8 月 3 日云南鲁甸 6.5 级地震灾害损失综合评估（范一大，2014）、2015 年 4 月 25 日尼泊尔 8.1 级地震西藏灾区损失综合评估，《统计制度》的科学性与可操作性得到进一步验证。

尽管《统计制度》在内容与指标体系设置方面尽量满足灾后恢复重建规划的需要，但恢复重建需求与规划编制仍需要在损失评估结果的基础上，综合考虑灾区未来经济社会发展与当前实际情况，制定规划及其资金投入规模与去向。此外，随着经济社会的不断发展和人民群众对灾区重建期望的提高，恢复重建规划也在不断优化完善，《汶川地震灾后恢复重建总体规划》（国务院，2008）与《芦山地震灾后恢复重建总体规划》（国务院，2013）两者已在部分行业领域出现明显差异，这就对如何更好地做好灾区恢复重建规划提出了更高要求。

本书以《统计制度》研究为出发点和落脚点，以国际上运行较为成熟的 DaLA 系统（破坏、损失、需求评估系统，the damage loss and needs assessment）（World Bank，2010）、HAZUS-MH（美国国家多灾种评估系统，the hazards United States-multi-hazard）系统（FEMA，2008）、EMA-DLA（澳大利亚应急管理署灾害损失评估系统，emergency management Australia-disaster loss assessment）系统（EMA，2002）、ECLAC（灾害的社会经济与环境影响评估，estimating the socio-economic and environment effects of disasters）系统（Mexico，2008）和 PDNA（灾后需求评估，post disaster needs assessment）系统（GoN，2015）五大系统为主要研究对象，详细分析了国际系统的内容与特色，从目标、内容与指标体系、评估方法、评估参数 4 个方面进行对比分析，对《统计制度》未来优化方向提出初步展望。

5.3.1　国际系统的基本内容

5.3.1.1　总体情况

如第 1 章相关内容所述，DaLA 系统等五大系统虽然各有不同，但存在一定的关系。概括地讲，五大系统可以分为两种类型，即 EMA-DLA 系统、DaLA 系统、ECLAC 系统、PDNA 系统 4 个为一大类型，主要是由联合国组织和世界银行等联合开发的灾害损失评估系统，且 4 个系统基本呈现出评估内容与指标体系逐步丰富与完善、评估方法逐步多源的趋势；HAZUS-MH 系统为另一大类型，为美国开发的主要适用于美国自身的灾害评估系统。

以下以 PDNA 系统为例，详细阐述其内容体系与指标体系（周洪建等，2017）。

5.3.1.2　PDNA 系统

（1）内容体系

PDNA 系统内容分社会、生产、基础设施、跨部门、贫困与人类发展和宏观经济影响六大领域 23 类（表 5-5）（Government of Nepal，2015），统计内容分破坏（damage）、损失（loss）

和恢复重建需求（recovery needs）3 个维度。其中，破坏主要指各领域设施与资产的物理破坏数量及其折合的经济损失；损失主要指物理破坏后废墟拆除与清理费用，因相关领域设施与资产破坏导致的收入减少、支出增加和救灾应急费用等；恢复重建需求主要包括受损设施及资产重建，生产和服务恢复，政府管理与政策恢复，减轻灾害风险等。从表 5-5 中可以看出，破坏和损失评估覆盖四大领域 17 类，是 PDNA 系统的重要组成部分；水利、社区基础设施、政府管理、减轻灾害风险 4 类未纳入损失评估内容体系；营养与食品、就业与生计、社会保障、性别平等与社会融入，贫困与人类发展、宏观经济影响未列入破坏与损失评估。

表 5-5　PDNA 系统内容与指标体系

领域	大类	亚类	小类	表达形式	备注
社会领域	房屋	D	房屋倒塌、损坏	SW、JJ	3 类房屋结构：框架、砖混、砖木等
			室内财产，土地	JJ	—
		L	废墟拆除与清理、临时安置场所、租金、土地	JJ	—
		N	废墟清理及相关设备、临时安置场所、房屋维修加固、片区房屋、房屋重建	SW、ZJ	恢复重建期 5 年
			培训、设备保险、城市规划（含遗产地规划）	ZJ	
	卫生与人口	D	设备（全毁、部分破坏）	SW、JJ	医院及管理建筑、初级医疗中心、卫生站、其他
			装备与后勤	SW、JJ	装备、办公装备与装修、药物、其他医疗后勤与供应
		L	拆除与废墟清理	JJ	同上述设备分类
			伤员救治	JJ	—
			风险管理	JJ	—
		N	应急需求(两个月)、过渡需求(2 年内)、中期需求（5 年内）	ZJ	—
	营养与食品	L	儿童(6～59 个月)、孕妇和哺乳期妇女的数量	人数	—
		N	恢复活动（1 年）	ZJ	增补食品救助、本地食品加工利用的推广、母婴和幼儿营养等
			重建活动	—	—
	教育	D	基础设施和资产	SW、JJ	早期儿童发展中心、学校、技术与职业教育和培训机构、高等教育、非正规教育/终身学习、管理机构
		L	临时学校建立、儿童空间与设施、废墟拆除与清理、相关维修	JJ	—
		N	短期（0～1 年）	ZJ	义务教育学校、技校与高等教育
			中期（1～2 年）	ZJ	义务教育学校、技校、高校
			长期（>2 年）	ZJ	风险评估与规划，高校 DRR 研究能力、备灾与响应能力提升
	文化遗产	D	设施与资产	SW、JJ	遗产地、寺院和历史建筑（100 年以上）、寺院和历史建筑（100 年以下）等
		L	门票收入	JJ	未来 1 年
		N	恢复活动	ZJ	能力建设研讨会、专业培训、无形文化遗产会议、节日与展览等
			重建活动（5 年）	ZJ	历史建筑和文化机构和博物馆重建；寺院重建等

续表

领域	大类	亚类	小类	表达形式	备注
生产领域	农业	D	种植业、渔业、养殖业（养蜂、家禽、大小牲畜）、灌溉四大类	SW、JJ	耕地及其附属设施（房屋），装备和机械，办公场所，服务中心，实验室等
		L	农作物等损失、生产成本增加、未来季节产量降低	JJ	—
		N	恢复活动	ZJ	种植业、渔业、养殖业投入供应
			重建活动（3年）	ZJ	种植业、养殖业投入/工具/机械更新换代；种植业、养殖业设施重建等
	水利	D	灌溉系统、办公建筑，水渠、护坡、其他设施	SW、JJ	—
		L	农作物产量降低带来的损失	JJ	—
		N	恢复活动	ZJ	清单编目和设计；翻新/改型指南
			重建活动（4年）	ZJ	灌溉系统重建；建筑重建
	工商业	D	原材料、产品/货物，商贸相关基础设施	SW、JJ	—
		L	劳动力缺乏，消费需求缩减	JJ	—
		N	恢复活动	ZJ	清理废墟；劳动成本；额外服务需求评估（价值链分析）；供应者能力建设等
			重建活动（5年）	ZJ	房屋建筑重建和财产更新
	旅游业	D	正规酒店、寄宿酒店、环保房，登山道路，旅游设施	SW、JJ	—
		L	登山道路，旅游经营商，旅游收入、机票收入、饭店收入	JJ	—
		N	恢复活动	ZJ	推动季节性竞赛；重整贷款安排
			重建活动（2年）	ZJ	正规酒店、寄宿酒店、环保房，登山道路、旅游办公场所
	金融/财政	D	银行和金融机构基础设施，国家中央银行基础设施	SW、JJ	—
		L	潜在贷款损失、小微金融机构技术援助、房屋重建特许权、保险公司潜在债务	JJ	—
		N	恢复活动	ZJ	—
			重建活动（3年）	ZJ	国家中央银行的重建与设施提升、银行和金融机构基础设施
基础设施领域	电力	D	发电机组和次发电站，输电线，配电，土建结构，应急	SW、JJ	—
		L	个体发电厂、政府皇族	JJ	—
		N	恢复活动	ZJ	发电、输电、配电、土建结构、应急5部分
	通信	D	信息与通信部及相关机构，电信商、网络服务供应商，邮政，电视广播、新闻报纸、有线电视	SW、JJ	—
		L		JJ	—
		N	恢复活动	ZJ	极重灾区电信和网络服务，转移安置区网络服务，基站，国家银行系统网络等
			重建活动（4年）	ZJ	—
	社区基础设施	D	乡村道路、供排水、灌溉系统、电力、社区建筑、固体废弃物设施	SW、JJ	—
		N	恢复活动	ZJ	—
			重建活动（2年）	ZJ	道路、桥梁、社区建筑、社区微结构

续表

领域	大类	亚类	小类	表达形式	备注
基础设施领域	交通	D	重要路网，机场主副区设施	SW、JJ	—
		L	道路清理与保通费用，机场收入损失	JJ	在常规费用上附加30%
		N	恢复活动	ZJ	—
			重建活动（5年）	ZJ	—
	供排水与卫生	D	供排水设施设备、卫生系统设施设备	SW、JJ	—
		N	恢复活动	ZJ	机构能力发展、满足城市新标准、提升水质量
			重建活动（3年）	ZJ	供排水、卫生系统、基础设施的韧性
跨部门领域	政府管理	D	各级政府部门、监狱、体育设施与培训中心、部队	SW、JJ	政府基础设施、办公设备和材料、重要记录
		N	恢复活动	ZJ	服务能力建设，推动协调和参与
			重建活动（3年）	ZJ	建筑与设施的重建
	减轻灾害风险	D	EOCs（应急指挥中心）、水文气象监测网、搜救与消防、野外办公楼	SW、JJ	—
		N	恢复活动	ZJ	增强多灾种监测、脆弱性评估、风险信息发布与意识提升，完善法律与体制机制等
			重建活动（3年）	ZJ	EOCs、水文气象监测网、搜救与消防、江河堤坝
	环境与林业	D	林业基础设施，政府办公室及设备设施，社区办公室及设备设施，林业土地等	SW、JJ	—
		N	恢复活动	ZJ	林业管理，环境恢复
			重建活动（6年）	ZJ	林业基础设施
	就业与生计	D	工作日减少	JJ	—
		L	城市工人短缺，工资收入减少	JJ	—
		N	恢复活动（6年）	ZJ	职业安全标准与意识，技能培训项目，重建劳动力需求；建立就业信息中心等
	社会保障	D	—	JJ	以家庭为单位，分脆弱性家庭和其他家庭
		L	财富损失，消费锐减	JJ	
		N	恢复活动（3年）	ZJ	对社会保障福利的应急补充，5岁以下弱势儿童的应急保障，地方儿童保护组织等
	性别平等与社会融入	D	—	JJ	性别犯罪、贩卖人口、未成年劳动力、早婚等
		L	社会领域、房屋、基础设施、生产领域等性别平等与社会融入	JJ	
		N	恢复活动（6年）	ZJ	整合性保护与支持，性别犯罪，儿童保护，残疾人扶持，高等公民，政府管理与责任
			重建活动（6年）	ZJ	妇女发展组织建筑建设
贫困与人类发展	—	—	基线情况	—	贫困率、贫困赤字、中等贫困率，食物缺乏率；千年发展目标的相关指标
			快速的人类发展效果	—	响应机制：救助支持、社区支持、借债
			灾害对贫困与人类发展的长期影响	—	搬迁与转移支付、生产资产的损失、人力资本与经济脆弱性

续表

领域	大类	亚类	小类	表达形式	备注
宏观经济影响	—	—	GDP 增长率	—	—
			部门影响	—	房地产、农业、服务业、社会领域、生产企业、建筑业、电力行业、财政与金融领域
			宏观经济指标	—	GDP、GDP 增长率、CPI 通胀率、财政收支、广义货币及增长率、私人信用及增长率、出口及增长率、进口及增长率、贷款及增长率、海外汇款及增长率、国际收支

注：D 为破坏；L 为损失；N 为恢复重建需求；SW 为灾害毁损实物量；JJ 为经济损失；ZJ 为需求资金量

资料来源：周洪建等，2017

（2）指标体系

PDNA 系统评估指标数量多（表 5-5），具有以下特点：①破坏评估是指标体系以毁损实物量、经济损失的形成表达，主要是在大类框架下的细化分解，因各类型实物差异较大，具体指标也存在明显差异。②损失评估是指标体系以经济损失形式表达，在各领域与大类间差异明显，但共同点是基本都包含相关领域废墟拆除与清理费用，应急期费用。③恢复重建需求评估是指标体系以资金需求形式表达，主要分为恢复活动、重建活动的相关指标。前者主要以应急期和短期的生命线、生产线恢复为主；后者主要以中长期重建为主，涉及灾害破坏的重要基础设施和资产的重建，地区能力提升、制度优化等。由于领域不同，差异也十分明显。例如，文化遗产的灾后重建活动指标包括历史建筑和文化机构和博物馆重建、寺院重建、边缘地区寺庙重建、对文物和文化遗产部门的硬件支持等；农业灾后重建活动指标则包括种植业、养殖业投入/工具/机械的更新换代，种植业、养殖业基础设施的重建，鱼塘和赛马场的重建，牲畜的再储备等。

5.3.2 国内外对比分析

5.3.2.1 内容对比

表 5-6 列出了《统计制度》与国外五大主流评估系统内容体系，可以看出。

1）评估内容不同。基于不同的出发点与定位，内容划分方式不同，关注的领域与具体内容有差异，《统计制度》与国外五大主流评估系统各自定位不同，或者定位于灾后损失的综合评估，或者定位于灾后恢复重建与发展的需求评估，或者两者相结合，因此，在内容体系上呈现出所关注的领域存在较大差异，最多的领域有 9 个，最少的只有 3 个。

2）评估成果不同。基于不同的评估定位和内容划分体系，评估成果也表现出了明显差异。《统计制度》以灾害范围、毁损实物量、直接经济损失评估为主；HAZUS-MH 系统以物理破坏、经济损失评估为主；PDNA 系统以毁损实物量、经济损失、恢复与重建需求为主；DaLA 系统以破坏、损失、灾后需求评估为主；ECLAC 系统以破坏、损失与影响评估为主。

表 5-6 《统计制度》与国外五大系统的对比分析

《统计制度》	EMA-DLA	DaLA	ECLAC	PDNA	HAZUS-MH
9 大领域 26 小类 人员 房屋（农村住宅、城镇住宅、非住宅） 居民家庭财产 产业（农业、工业、服务业） 基础设施（交通运输、通信、能源、水利、市政、农村地区生活设施、地质灾害防治） 公共服务（教育、医疗卫生、科技、文化、新闻出版广电、体育、社会保障与社会服务、文化遗产） 资源与环境 直接经济损失 基础指标	3 大领域 15 小类 直接损失（房屋、基础设施和农业，其中房屋又分为住宅、商用房屋、公共建筑及资产等 3 大类 5 小类） 不可衡量的直接损失（人员伤亡（含心理健康）、生活质量、纪念物、文化遗产、环境 5 大类 5 小类 间接损失（商业中断损失、交通中断损失、公共服务中断损失、农业损失、救灾损失等 5 大类 5 小类）	3 大领域 10 小类 社会领域（住房、教育、医疗卫生以及个人和家庭收入） 生产领域（农业、工业、商业和旅游） 基础设施领域（供水和卫生、供电、运输与通信）	4 大领域 15 小类 社会领域（受灾人口、房屋与人居环境、教育与文化、卫生） 基础设施领域（能源、供排水、交通和通信） 经济领域（农业、工商业和旅游业） 灾害整体影响领域（环境、灾害对妇女的影响、灾害总体破坏、宏观经济效应、就业与收入）	6 大领域 23 小类 社会领域（房屋、卫生与人口、营养与食品、教育、文化遗产） 生产领域（农业、水利、商业和工业、旅游、财政部门） 基础设施领域（电力、通信、社区基础设施、交通、供排水与卫生） 跨部门领域（政府管理、减轻灾害风险、环境与林业、就业与生计、社会保障、性别平等与社会融入） 贫困与人类发展 宏观经济影响	9 大领域 14 小类 房屋建筑（用途、结构） 重要设施和高潜在损失设施 交通系统（高速公路、铁路、轻轨、公交） 生命线系统（供排水、油气、电力和通信） 农产品 交通工具 危化品 间接经济影响

3）各评估系统特色明显。具体为：①《统计制度》强调实物量毁损、直接经济损失评估，所有内容都涉及实物数量，多数内容涉及直接经济损失，且基本都按照成对设计，便于统计与评估；同时，对资源与环境损失、灾害影响范围、受灾地区基础指标（基线数据）等都高度关注（史培军等，2014）；评估时效性略高于其他各评估系统。②EMA-DLA 系统强调灾害的直接损失和间接损失，其中直接损失按照是否可用经济损失衡量分为可衡量的直接损失、不可衡量的直接损失（如人口伤亡），评估结果的指向和服务范围十分明确，便于各类服务对象快速识别并采用相关评估成果。③DaLA 系统评估内容体系清晰，即物理破坏、经济损失和灾后需求，均为灾害损失评估的最为核心的领域与类型。④ECLAC 系统增加了灾害影响评估，重点对环境、灾害对妇女的影响、灾害总体破坏、宏观经济效应、就业与收入五大方面开展进一步分析，为确定灾害短中长期总体影响提供了新做法。⑤PDNA 系统增加了灾后区域发展的需求评估，并且评估结果可直接服务于灾后恢复重建与发展规划的编制（表 5-7）（周洪建等，2017）。⑥HAZUS-MH 系统的特色是精细化的评估内容与技术方法设计，对评估内容的分类体系要求不高，除可用于灾害发生后的损失评估外，其技术方法也支持灾前的风险评估和灾后应急期间的救助需求分析。

表 5-7 《统计制度》与 PDNA 系统内容与指标对比

序号	内容	《统计制度》	PDNA	备注
1	人员受灾	单独统计评估，突出弱势群体的受灾情况	在卫生中统计人员伤病情况，在营养与食品中列出妇女儿童	重视弱势群体的受灾情况统计

续表

序号	内容	《统计制度》	PDNA	备注
2	房屋	分城镇住宅、农村住宅和非住宅3类统计，非住宅单独统计，不归入各行业领域	除房屋外，统计室内财产和土地损失；非住宅在各行业领域统计	对非住宅的统计方式不同
3	居民家庭财产	单独统计	不单独统计，归入房屋	—
4	产业	分农林牧渔业、工业和服务业分别统计	分农业、商业和工业、旅游等统计	对产业划分理解不同
5	基础设施	分交通运输、通信、能源、水利、市政、农村地区生活设施、地质灾害防治	电力、通信、社区基础设施、交通、供排水与卫生	对水利、供排水等归类不同
6	公共服务	教育、科技、医疗卫生、文化、新闻出版广电、体育、社会保障与社会服务、社会管理、文化遗产	教育、文化遗产、政府管理、减灾、就业与生计、社会保障、性别平等与社会融入	分类体系不同
7	资源与环境	土地、矿山、自然保护区、风景名胜区、森林公园、地表水和土壤等	环境与林业	细化程度不同
8	总体经济损失	直接经济损失	直接经济损失、间接经济损失	关注点不同
9	灾害影响	—	贫困与人类发展、宏观经济影响	定位不同

资料来源：周洪建等，2017

5.3.2.2　指标对比

鉴于上述理解与分析，指标对比主要是PDNA系统、HAZUS-MH与《统计制度》的比较。表5-8列出了3个评估体系中建筑结构及基础设施分类及破坏等级对比，可以看出，由于对某一承灾体结构类型及破坏程度分级等规定不一，导致出现同一类承灾体被细分的损失指标个数存在显著差异的现象，影响到整个指标体系精细化。具体为：①HAZUS-MH系统灾害损失评估体系中结构类型分类极为详细，总计多达12种结构类型，针对每一种结构类型都给出了对应的脆弱性曲线和承载力-位移曲线（Scawthorn et al.，2006）；建筑结构与基础设施的损坏状态都分为5个级别，即完好、轻微损坏、中等破坏、严重破坏和倒塌5级，并对每一种建筑结构类型不同损坏状态的具体评判标准。②《统计制度》与PDNA系统中结构类型分类相对简单，前者将建筑结构损坏状态分为3个级别，即一般损坏、严重损坏和倒塌，对基础设施、公共服务设施的损坏状态分为一般受损、严重受损2级（民政部和国家统计局，2014）；后者对结构损坏状态粗略划分为倒塌、部分破坏两类，但增加了室内财产损失、土地损失指标，也对灾后房屋废墟拆除与清理、临时安置场所、房屋租金损失等指标进行了考虑（Scawthorn et al.，2006）。

表5-8　3个评估系统间建筑结构分类及破坏等级对比

评估系统	结构类型	破坏等级
《统计制度》	钢筋混凝土、砖混、砖木、其他结构4类	倒塌、严重损坏、一般损坏3类
PDNA*	低强度砌体、水泥基地砌体、钢筋混凝土框架、木竹结构4类	倒塌（全损）、部分破坏2类

续表

评估系统	结构类型	破坏等级
HAZUS-MH	钢框架结构、轻型钢框架结构、钢框架混凝土剪力墙结构、钢框架砌体结构、混凝土框架结构、混凝土剪力墙结构、混凝土框架无筋砌体填充墙结构、预制混凝土提拔墙板结构、预制混凝土框架混凝土剪力墙结构、配筋砌体预制混凝土楼板结构、无配筋砌体结构、移动房屋 12 类	完全破坏、严重损伤、中等损伤、轻微损伤、没有损伤 5 类

*以 2015 年尼泊尔地震 PDNA 系统的相关内容为例

5.3.2.3 评估方法对比

在归纳《统计制度》采用的评估方法（史培军等，2014）和 PDNA 系统评估方法的基础上，对比分析发现（表 5-9）。

1）多方法综合运用是开展特别重大自然灾害损失和灾后恢复重建需求评估的通行做法，目前《统计制度》主要采用 7 种不同的评估方法，PDNA 系统采用 5 种评估方法，前者更为重视遥感监测评估、综合校核评估等方法在综合损失评估中的作用。

2）《统计制度》中采用的部门/行业自下而上的调查统计覆盖全部指标，且制定了标准的报送与审核程序，并对时效性提出了明确要求，目前已建立了与《统计制度》相配套的第一版软件系统，可便捷地实现各指标在线或离线的快速、标准化填报（周洪建等，2015）；PDNA 也将部门/行业调查统计作为主要方法，覆盖大部分灾害损失、恢复重建需求指标，部门指标的填报单元细化至村级（房屋倒损指标）或单体（学校、医院）。

3）PDNA 系统除关注灾害直接损失外，在灾害间接损失、影响和灾后恢复重建需求评估方面尚没有建立较好的评估模型，更多依赖于专家会商、经验估算等方法。

4）遥感监测评估在汶川地震等多次重特大自然灾害损失综合评估中得到较好应用（陈世荣等，2008），尤其是在房屋、道路等毁损实物量高精度评估，次生灾害监测评估，灾害范围评估等方面；综合校核法主要针对同一指标不同方法得到的结果展开综合比对分析，确定最终评估成果。

表 5-9 《统计制度》与 PDNA 系统评估方法对比

序号	分类	《统计制度》	PDNA	备注
1	部门/行业调查统计法	覆盖所有指标，通过自下而上的填报与审核完成，分初报、核报两个阶段	覆盖大部分指标，部分指标由村级填报	—
2	现场调查评估法	确定评估的核心参数，支撑确定灾害范围	收集灾后基线数据，获取部分评估参数；对诸如营养与食品涉及领域多的指标进行损失调查评估	获取评估参数；对综合性领域损失与需求评估有效
3	经验估算法	部分指标评估，如家庭财产损失可通过百户家庭固定性生产和生活资产抽样调查结果推算得到	基于灾前灾后基线数据，估算部分指标损失，如一般损坏房屋的修复费用按照重置费用的 10%估算	弥补部分参数缺失的问题
4	模型模拟法	构建机理模型评估部分指标，如地震造成的房屋倒损数量评估	构建机理模型评估部分指标	高效、相对准确的评估方法

续表

序号	分类	《统计制度》	PDNA	备注
5	专家会商法	会商核心参数、灾害范围和总体直接经济损失及构成	针对恢复重建需求评估，主要与受灾地区官员、居民、援助方等进行会商	—
6	遥感监测法	针对灾害范围、房屋、道路、次生灾害等进行监测评估	—	发挥遥感覆盖范围广、更新快的优势
7	综合校核法	综合多方法得到的结果，综合形成各行业领域损失结果	—	形成完整的评估结果，针对部分指标对比分析多方法结果

资料来源：周洪建等，2017

5.3.2.4　评估参数对比

参数是评估模型中的重要组成，参数的合理性和准确程度直接决定着评估结果，因此参数也成为世界各国从事灾害评估人员关注的焦点。然而，就作者目前收集到的资料看，除美国 HAZUS-MH 系统公开提供评估模型中使用的大部分参数外（Scawthorn ，2006），很少有系统提供评估参数。目前，《统计制度》中涉及的参数大致包括两类，一类是实物量不同毁损程度所对应的经济损失率，部分国家标准已对此进行了规范（民政部和国家统计局，2014）；另一类是毁损实物量的重置成本，这取决于受灾地区的自然地理环境和经济社会发展水平，一般通过现场调查获取；这两类参数都服务于直接经济损失的评估。PDNA 中涉及的参数大致分为两类，一类服务于直接损失评估，主要是重置成本，另一类服务于间接损失和需求评估，主要是基于直接损失评估得到的间接损失和重建成本。例如，一般损坏房屋的修复单价为房屋重置成本的 10%；家庭财产损失依据房屋结构的不同确定家庭财产损失总量，其中，严重损坏房屋的家庭财产损失率为 60%，一般损坏房屋的家庭财产损失率为 20%；文化遗产损失评估中，灾后 1 年内门票收入损失为正常收入的 75%，由于文化遗产地暂停经营而导致的人员生计损失为文化遗产物理破坏损失的 10%等。

对比分析可以看出，《统计制度》与 PDNA 系统评估参数在直接经济损失评估方面是一致的，后者还需要覆盖间接损失和需求评估，参数需求更多。目前，《统计制度》与 PDNA 系统在评估参数方面都较 HAZUS-MH 系统有很大差距，需要不断丰富完善。

5.3.3　未来展望

（1）丰富与完善《统计制度》损失统计内容框架

通过 2008 年汶川地震（国务院，2008）、2013 年芦山地震（国务院，2013）和 2017 年九寨沟地震（四川省人民政府办公厅，2017）灾后恢复重建规划的内容对比（表 5-10）可以看出：①由于灾害规模及发生地域和损失的特殊性，规划内容及其重要性程度发生了较为明显的变化，从芦山地震恢复重建规划始，规划中明确提出灾区公共服务能力的恢复与重建；九寨沟地震恢复重建规划中将生态环境修复保护提到第一位，自然遗产及其景区旅游发展恢复重建的地位也大幅度提升。②与《统计制度》中的评估内容与指标相比，汶川地震规划中除了“减灾救灾”没有对应损失评估结果之外，其余 27 类均有对应的损失统计表格和指标；芦山地震规划中涉及的 5 类公共服务能力项目均未能在《统计制度》中体现，此外，人居环境改善等也未在《统计制度》中提及；九寨沟地震规划中提出的生物多样性保护、自然生态系统修复、景区恢复提升、自然遗产恢复等也未包括在《统计制度》中。

表 5-10　四川省 3 次地震灾害灾后恢复重现规划内容对比

汶川地震	芦山地震	九寨沟地震
9 大领域 28 小类 城乡住房（农村、城镇居民住房） 城镇建设（市政公用设施、历史文化名城名镇名村） 农村建设（农业生产、农业服务体系、农村基础设施） 公共服务（教育和科研、卫计、文体、文化自然遗产、就业和社会保障、社会管理） 基础设施（交通、通信、能源、水利） 产业（工业、旅游、商贸、金融、文化产业） 防灾减灾（灾害防治、减灾救灾） 生态环境（生态修复、环境整治、土地整理复垦） 精神家园（文化遗产）	5 大领域 24 小类 居民住房和城乡建设（农村、城镇居民住房、城乡建设） 公共服务，分为设施与能力（学校和卫计、就业和社会保障、文体、教育科技、医疗卫生、劳动就业和社会保障、公共文化产品、城乡公共服务统筹，社会管理） 基础设施（交通通信、水利、能源） 特色产业（文化旅游业、特色农林业、加工业、服务业） 生态家园（地质灾害防治、生态修复、大熊猫等珍稀濒危物种保护、防灾减灾、人居环境改善）	5 大领域 18 小类 生态环境修复保护（九寨沟自然遗产地、自然生态系统、生物多样性、生态环境质量、生态环境监测） 地质灾害防治（综合整治、监测预警与应急保障） 景区恢复提升和产业发展（九寨沟景区、旅游产业、服务业、特色产业） 基础设施和公共服务（交通、能源水利通信、公共服务水平、社会治理） 城乡住房（农村、城镇居民住房、城乡配套设施）

为更好地为灾区灾后恢复重建规划提供决策支撑，丰富与完善《统计制度》损失统计内容框架将是下一步工作的重点和难点。在现有《统计制度》规定的灾害范围、灾害毁损实物量、灾害直接经济损失统计与评估内容的基础上，参照 PDNA 系统增加间接经济损失内容和宏观经济影响（含间接损失）和灾后区域发展需求（如贫困与人类发展问题）等内容，参照 ECLAC 系统增加灾害对妇女、就业与收入等内容。同时，框架设计中要区分灾后恢复、灾后重建的区别与联系，恢复与重建内容中既要包括设备设施等实物的重建，还要包括灾区各类能力（如公共服务能力、综合减灾能力等）的恢复与提升。

（2）改进损失统计的指标与参数

从《统计制度》与 HAZUS-MH 系统内容与指标的对比中看出，目前《统计制度》在指标精细度、参数匹配度等方面与 HAZUS-MH 系统还有较大差异，后者在评估数据库、评估参数、评估技术规程等方面的特色明显，且设计中均考虑了不同级别用户的实际需求。例如，HAZUS-MH 系统洪涝灾害损失评估中，根据评估成果使用对象对评估结果精度和掌握的资料详细程度的差异，分为 3 个等级：第 1 个等级的评估基本是使用 HAZUS-MH 系统中的默认数据、方法和经验成果，适合于国家尺度开展相关评估工作；第 2 个等级的评估将在第 1 等级的基础上，更新地方尺度的相关数据和参数，使得评估结果精度更高，适合于地方尺度开展相关评估工作；第 3 个等级的评估需要输入更为精细的动力学数据和相关参数，评估结果的精度也更高，但需要更为专业的人员从事此等级的评估（表 5-11）。

参照以 HAZUS-MH 系统为主体的评估系统的主要做法，改进《统计制度》损失统计的指标与参数，细化统计与评估指标，并制定不同层级或不同地区与统计与评估指标相对应的技术参数厘定的技术流程与方法，建立适合于不同地区的统计与评估参数库，并可实现相关参数的定期更新，推动特别重大自然灾害损失统计与评估工作向精细化、规范化的方向发展。

同时，逐步完善形成可供中央—省—地—县等多级用户使用的灾害评估参数库。评估参数因地域不同、灾种不同、对象不同都会有差异，目前《统计制度》中的评估参数量少、覆盖面窄、且针对性偏差，迫切需要尽快优化完善。此外，同一个对象在不同空间尺度开展评估时所需要的参数的精确性也不同，例如，倒塌房屋重置成本在国家层面可以将钢混结构房屋按照统一标准处理，而在地方层面则需要将钢混结构进行细化，分别给出重置成本。

表 5-11　HAZUS-MH 系统洪灾损失评估的分级

项目	级别 1	级别 2	级别 3
财产清单	提供 HAZUS 缺省数据，经过统计分析的普查数据的分配，第一层标高的一般假设。总体土地使用，生命线，农业，车辆财产清单，必要设施	用户通过数据管理系统处理的估税数据来提供财产清单材料。用户可以加强第一层标高信息和其他洪灾损失估计的必要特征	关于建筑物价值、易受洪水损害等级、所有权等的高质量数据，并扩展到工业及其他高价值设施
灾损曲线	一般区域缺省曲线与财产细节等级相一致，是基于破坏—深度曲线。曲线类型可供用户选择。用户可以利用内置指南来建立自己的损坏曲线	用户提供他们自己的功能或者基于实地实践对现有的曲线档案进行特有的修改	基于详细建筑调查、具体公司情况等的用户录入曲线
损坏评估	基于给定普查区域的洪水深度做出有利的地区损失评估	评估水平通过改进的灾害数据、具体的财产清单材料和修正的损坏曲线得到增强	评估水平通过改进的灾害数据、具体的财产清单材料和修正的损坏曲线得到增强
直接损失	费用或修补、替换，伤亡人数、庇护需求、暂时居住地、车辆、农作物和牲畜损失	评估水平通过改进的灾害数据、具体的财产清单材料和修正的损坏曲线得到增强	评估水平通过改进的灾害数据、具体的财产清单材料和修正的损坏曲线得到增强
间接损失	部门经济影响	部门经济影响，更多地依赖当地的参数	部门经济影响，更多地依赖于当地的和专家掌握的参数

（3）编制配套技术标准、优化评估流程形成完整的评估技术规程

除方法模型与参数外，严格的评估技术规程对于开展特别重大自然灾害损失综合评估至关重要，其中配套整齐的技术标准和优化完善的评估流程是规程的重要内容。HAZUS-MH 系统已建立了包括承灾体结构破坏状态评估、经济损失率评估、结构修复费用评估、内含价值评估、存货价值评估和转移费用在内的整套评估规程，其中包括了各类技术标准，也明确提出了评估流程和各部分之间的关系（Scawthcrn et al.，2006）。可整合 PDNA 系统中相关评估内容与指标体系及其已形成的技术标准和评估流程，按照 HAZUS-MH 系统已建立的评估规程，分步骤编制既适合于中国特别重大自然灾害损失综合评估，又与国际主流评估系统接轨的评估技术规程，并逐步推向并服务于“一带一路”沿线国家和地区。

（4）分步研究建立灾害影响评估方法

目前，鉴于特别重大自然灾害影响涉及面广，对评估的时效性要求高，纵然已有部分研究成果可支持开展相关灾害影响评估，但考虑到受灾地区的空间差异性，难以实现对各

类灾害影响的较有把握的评估，且灾后心理问题、归属感、古迹/文化遗产损失等仍没有相关的评估技术。2011 年，我国地震部门以国家标准的形式发布了地震灾害间接经济损失评估方法（中国地震局工程力学研究所，2011）和震后恢复重建工程资金初评估（中国地震局工程力学研究所，2011），前者规定了地震造成的企业停减产损失、地价损失、区域间接经济损失以及产业关联损失的评估方法，后者规定了震后恢复重建工程资金初评估的步骤和方法；这些工作为我国开展特别重大自然灾害影响评估提供了重要的基础和借鉴。

列出灾害影响评估内容的优先序并分步研究建立灾害影响评估方法将是下一步工作的重点和难点。参照国际灾害评估系统中提及和我国当前面临的较为急迫的评估需求，先后开展并建立特别重大自然灾害间接经济损失及宏观经济影响，灾害对贫困与区域发展，灾害对就业与生计影响，灾害对性别平等与社会融入影响等方面的方法研究。同时，考虑建立特别重大自然灾害发生后灾区开展废墟拆除与清理、受灾群众安置与基本生活保障等测算方法，并提出了受灾地区各类能力基线评估的步骤与方法。

主要参考文献

曹树刚，王延钊，王明超，等. 2007. 基于链式多灾种防灾管理体制及预警机制探讨. 中国安全生产科学技术，3（5）：55-59.

陈波，方伟华，何飞，等. 2006. 湖南省湘江流域2006年“7·15”暴雨-洪水巨灾分析. 自然灾害学报，15（6）：50-55.

陈健民. 2011. 从“非典”到“汶川特大地震”——中国公民社会对灾难的回应//童星，张海波. 灾害与公共管理. 南京：南京大学出版社.

陈磊，徐伟，周忻，等. 2012. 自然灾害社会脆弱性评估研究——以上海市为例. 灾害学，27（1）：98-111.

陈升，孟庆国，胡鞍钢. 2010. 汶川特大地震受灾居民需求变化分析. 中国农村经济，（3）：73-86.

陈世荣，马海建，范一大，等. 2008. 基于高分辨率遥感影像的汶川地震道路损毁评估. 遥感学报，12（6）：949-955.

陈伟涛，和海霞，杨思全，等. 2014. 重大自然灾害房屋倒塌程度高分辨率遥感识别方法：以舟曲特大泥石流灾害为例. 地质科技情报，33（6）：197-202.

陈晓利，邓俭良，冉洪流. 2011. 汶川地震滑坡崩塌的空间分布特征. 地震地质，33（1）：191-202.

崔鹏，何思明，姚令侃，等. 2001. 汶川地震山地灾害形成机理与风险控制. 北京：科学出版社.

崔燕，李博，张薇，等. 2014. 雅安地震房屋倒损情况遥感影像解译. 航天器工程，23（5）：129-134.

崔云，孔纪名，吴文平. 2012. 汶川地震次生山地灾害链成灾特点与防治对策. 自然灾害学报，21（1）：109-116.

地球科学大辞典编辑委员会. 2005. 地球科学大辞典——应用学科卷. 北京：地质出版社.

第一财经日报. 2004. 亚洲应尽快建立制度性巨灾救助体系. http: //finance. sina. com. cn. ［2012-01-25］.

范垂仁，李秀斌. 2004. 中国旱涝巨灾长期预报研究. 中国地球物理学会第二十届年会论文集.

范海军，肖盛燮，郝艳广，等. 2006. 自然灾害链式效应结构关系及其复杂型规律研究. 岩石力学与工程学报，25（S1）：2603-2611.

范一大，吴玮，王薇，等. 2016. 中国灾害遥感研究进展. 遥感学报，20（5）：1170-1184.

范一大，杨思全，王磊，等. 2008. 汶川地震应急监测评估方法研究. 遥感学报，12（6）：858-864.

范一大. 2011. 重大自然灾害应急空间数据共享机制研究. 北京：科学出版社.

范一大. 2014. 云南鲁甸地震灾害损失评估过程与方法. 中国减灾，（17）：56-57.

方伟华，王静爱，史培军，等. 2011. 综合风险防范：数据库、风险地图与网络平台. 北京：科学出版社.

方修琦，何英茹，章文波. 1997. 1978～1994年分省农业旱灾灾情的经验正交函数EOF分析. 自然灾害学报，6（1）：59-64.

冯利华，骆高远. 1996. 洪水等级和灾情划分问题. 自然灾害学报，5（3）：89-91.

冯志泽，胡政，何钧. 1994. 地震灾害损失评估及灾害等级划分. 灾害学，9（1）：13-16.

高建国. 2008. 中国巨灾的演变及警示. 中国减灾，（6）：33.

高建国. 2011. 巨灾的划分和应对方式//国家减灾委办公室，国家减灾委专家委员会. 2010年国家综合防灾减灾与可持续发展论坛文集. 北京：中国社会出版社.

高庆华，马宗晋，张业成. 2006. 自然灾害评估. 北京：气象出版社.

高庆华，张业成. 1997. 自然灾害灾情统计标准化研究. 北京：海洋出版社.
葛全胜，邹铭，郑景云，等. 2008. 中国自然灾害风险综合评估初步研究. 北京：科学出版社.
耿庆国. 1997. 自然灾害群发性与灾害链效应研究进展. 中国地球物理学会. 1997年中国地球物理学会第十三届学术年会论文集.
谷洪波，郭丽娜，刘小康. 2011. 我国农业巨灾损失的评估与度量探析. 江西财经大学学报，(1)：44-49.
顾朝林. 2011. 日本"3・11"特大地震地理学报告. 地理学报，66（6）：853-861.
郭桂祯，周洪建. 2018. 基于MSN方法的洪涝灾害现场调查推算模型. 灾害学，33（1）：19-22.
郭剑平. 2009. 从汶川特大地震看我国自然灾害救助体系的健全. 河南大学学报(哲学社会科学版)，11(1)：29-31.
郭增建，郭安红，张颖. 2007. 孟加拉特大风暴潮与滇缅地区大震的关系. 灾害学，22（3）：22-23.
郭增建，韩延本，郭安宁. 2006. 从灾害链角度讨论2005年九江5. 7级地震的预测. 地震，26(4)：129-131.
郭增建，秦保燕. 1987. 灾害物理学简论. 灾害学，2（2）：25-33.
郭增建，秦保燕. 1991. 巨灾学与城市防灾. 灾害学，6（4）：24-25.
郭增建，秦保燕，郭安宁. 1996. 地气耦合与天气预测. 北京：地震出版社.
国家减灾委员会，科技部抗震救灾专家组. 2008. 汶川地震灾害综合分析与评估. 北京：科学出版社.
国家减灾委员会办公室，民政部救灾司，民政部国家减灾中心. 2017. 2011-2015中国自然灾害图集. 北京：中国地图出版社.
国务院. 2008-08-12. 国家汶川地震灾后恢复重建总体规划. http: //www. gov. cn/wcdzzhhfcjghzqyjg. pdf.
国务院. 2013-07-15. 芦山地震灾后恢复重建总体规划. http: //www. gov. cn/zwgk/2013-07/15/content_2445989. htm.
国务院办公厅. 2017. 国家综合防灾减灾规划（2016—2020年）. http: //www. gov. cn/zhengce/content/2017-01/13/content_5159459. htm.
韩金良，吴树仁，汪华斌. 2009. 地质灾害链. 地学前缘，14（6）：11-23.
韩立岩，支昱. 2006. 巨灾债券与政府灾害救助. 自然灾害学报，15（1）：17-22.
韩鹏，周洪建. 2017. 全球十大灾害风险评估（信息）平台（二）. 中国减灾，(11)：58-59.
黄崇福. 2005. 自然灾害风险评价理论与实践. 北京：科学出版社.
黄润秋，唐川，李勇，等. 2009. 汶川地震地质灾害研究. 北京：科学出版社.
贾慧聪，王静爱，岳耀杰，等. 2009. 冬小麦旱灾风险评价的指标体系构建及应用——基于2009年北方春旱野外实地考察的认识. 灾害学，24（4）：20-25.
江孝感，陈丰琳，王凤. 2007. 基于供应链网络的风险分析与评估方法. 东南大学学报：自然科学版，36（S2）：355-360.
蒋恂. 1986. 云南省保险公司蒋恂同志在论文中提出建立巨灾保险基金的设想. 四川金融，(17)：33-34.
李春梅，刘锦銮，潘蔚娟，等. 2008. 暴雨综合影响指标及其在灾情评估中的应用. 广东气象，30（4）：1-4.
李景保，肖洪. 2005. 基于流域系统的暴雨径流型灾害链——以湖南省为例. 自然灾害学报，14(4)：30-38.
李明，唐红梅，叶四桥. 2008. 典型地质灾害链式机理研究. 灾害学，23（1）：1-5.
李全茂，周洪建. 2012. 访泰三得. 中国减灾，(8上)：58-59.
林闽钢，战建华. 2011. 灾害救助中的政府与NGO互动模式研究. 上海行政学院学报，12（5）：15-23.
林森，周洪建. 2017. 全球十大灾害风险评估（信息）平台（一）. 中国减灾，(9)：56-57.

|主要参考文献|

刘婧，史培军，葛怡，等. 2006. 灾害恢复力研究进展综述. 地球科学进展，21（2）：211-218.

刘明，朱景武. 1994. 吉林省干旱灾情评估. 东北水利水电，（11）：42-47.

刘玮. 2011-12-26. 2011年全球重大灾害回顾与启迪. 中国保险报.

刘文方，肖盛燮，隋严春，等. 2006. 自然灾害链及其断链减灾模式分析. 岩石力学与工程学报，25（1）：2675-2681.

刘燕华，李钜章，赵跃龙. 1995. 中国近期自然灾害程度的区域特征. 地理研究，14（3）：14-25.

刘毅，吴绍洪，徐中春，等. 2011. 自然灾害风险评估与分级防范探研——以山西省地震灾害风险为例. 地理研究，30（2）：195-208.

刘哲民. 2003. 灾害演化探析. 水土保持研究，10（2）：64-66.

刘正奎，吴坎坎，王力. 2011. 我国灾害心理与行为研究. 心理科学进展，（8）：21-24.

马宗晋. 1994. 中国重大自然灾害及减灾对策（总论）. 北京：科学出版社.

门可佩，高建国. 2008. 重大灾害链及其防御. 地球物理学进展，23（1）：270-275.

孟永昌，杨赛霓，史培军，等. 2016. 巨灾对全球贸易的影响评估. 灾害学，31（4）：49-53.

民政部，国家统计局. 2014-05-09. 特别重大自然灾害损失统计制度. http: //xxgk. mca. gov. cn/n1360/n51127. files/n51128. pdf.

倪晋仁，李秀霞，薛安，等. 2004. 泥沙灾害链及其在灾害过程规律研究中的应用. 自然灾害学报，13（5）：1-9.

庞西磊，黄崇福，艾福利. 2012. 基于信息扩散理论的东北三省农业洪灾风险评估. 中国农学通报，28（8）：271-275.

曲国胜，李亦纲，黄建发，等. 2006. 国际地震巨灾灾情快速评定模型的初步研究. 应用基础与工程科学学报，14（增刊）：6-11.

单其昌. 2002. 英汉经济贸易词典. 北京：外语教学与研究出版社.

石兴. 2010. 巨灾风险可保性与巨灾保险研究. 北京：中国金融出版社.

史培军. 1991. 论灾害研究的理论与实践. 南京大学学报：自然科学版，（11）：37-42.

史培军. 1996. 再论灾害研究的理论与实践. 自然灾害学报，5（4）：6-17.

史培军. 2002. 三论灾害系统研究的理论与实践. 自然灾害学报，11（3）：1-9.

史培军. 2003. 中国自然灾害系统地图集. 北京：科学出版社.

史培军. 2005. 四论灾害系统研究的理论与实践. 自然灾害学报，14（6）：1-7.

史培军. 2008. 制定国家综合减灾战略 提高巨灾风险防范能力. 自然灾害学报，17（1）：1-8.

史培军. 2009. 五论灾害系统研究的理论与实践. 自然灾害学报，18（5）：1-9.

史培军. 2011. 中国自然灾害风险地图集. 北京：科学出版社.

史培军. 2015. 仙台框架：未来15 年世界减灾指导性文件. 中国减灾（7）：30-33.

史培军. 2016. 灾害风险科学. 北京：北京师范大学出版集团、北京师范大学出版社.

史培军，袁艺. 2014. 重特大自然灾害综合评估. 地理科学进展，33（9）：1145-1151.

史培军，孔锋，叶谦，等. 2014b. 灾害风险科学发展与科技减灾. 地球科学进展，29（11）：1205-1211.

史培军，李宁，叶谦，等. 2009. 全球环境变化与综合灾害风险防范研究. 地球科学进展，24（4）：428-435.

史培军，吕丽莉，汪明，等. 2014a. 灾害系统：灾害群、灾害链、灾害遭遇. 自然灾害学报，23（6）：1-12.

史培军，王爱慧，孙福宝，等. 2016. 全球变化人口与经济系统风险形成机制及评估研究. 地球科学进展，

31（8）：775-781.
史培军，王静爱，陈婧，等. 2006. 当代地理学之人地相互作用研究的趋向：全球变化人类行为计划（IHDP）第六届开放会议透视 . 地理学报，61（2）：115-126.
史培军，王静爱，方修琦，等. 2013. 长江三角洲地区综合自然灾害风险评估研究（下册）——综合分析与制图. 北京：科学出版社.
史培军，耶格•卡罗，叶谦，等. 2012. 综合风险防范——IHDP 综合风险防范核心科学计划与综合巨灾风险防范研究. 北京：北京师范大学出版社.
水利部水文局. 2002. 1998 年长江暴雨洪水. 北京：中国水利水电出版社.
四川省发展与改革委员会. 2017-11-09. “8 •8”九寨沟地震灾后恢复重建总体规划》解读之六. http：//www.sc. gov. cn/10462/10464/13298/13301/2017/11/9/10437646. shtml.
孙崇绍，蔡红卫. 1997. 我国历史地震时滑坡崩塌的发育及分布特征. 自然灾害学报，6（1）：25-30.
孙磊，苏桂武. 2016. 自然灾害中的文化维度研究综述，31（9）：907-918.
汤爱平. 1999. 自然灾害的概念、等级. 自然灾害学报，8（3）：61-65.
王安斯，罗毅，涂光瑜，等. 2010. 基于事故链风险指标的输电脆弱度在线评估方法. 中国机电工程学报，30（25）：44-50.
王春振，陈国阶，谭荣志，等. 2009. “5 • 12”汶川地震次生山地灾害链（网）的初步研究. 工程科学与技术，41（S1）：84-89.
王和. 2013. 巨灾保险制度研究. 北京：中国金融出版社.
王伟，冯爽. 2012. 西南地区夏季旱涝与厄尔尼诺（拉尼娜）的关系分析. 成都信息工程学院学报，27（4）：412-418.
王曦，周洪建. 2017. 全球 10 大灾害风险评估（信息）平台（四）. 中国减灾，（10）：60-61.
王翔. 2011. 区域灾害链风险评估研究. 大连：大连理工大学硕士学位论文.
文传甲. 1994. 论大气灾害链. 灾害学，9（3）：1-6.
汶川地震灾害地图集编纂委员会. 2008. 汶川地震灾害地图集. 成都：成都地图出版社.
吴传钧. 1991. 论地理学的研究核心——人地关系地域系统. 经济地理，11（3）：1-5.
吴立新，李志锋，王植，等. 2010. 地震灾情快速评估方法和应用：以玉树地震为例. 科技导报，28（24）：38-43.
武永峰，李茂松，蒋卫国. 2006. 不同经济地带旱灾灾情变化及其与粮食单产波动的关系. 自然灾害学报，15（6）：205-210.
肖盛燮. 2006. 灾变链式理论及应用. 北京：科学出版社.
谢家振，周振. 2014. 农业巨灾风险管理理论与实践. 重庆：西南师范大学出版社.
徐道一. 2008. 灾害链演变过程的似序参量. 2008 中国可持续发展论坛文集（2），18（专刊）：600-603.
徐敬海，聂高众，李志强，等. 2012. 基于灾度的亚洲巨灾划分标准研究. 自然灾害学报，21（3）：64-69.
徐新良，江东，庄大方，等. 汶川地震灾害核心区生态环境影响评估. 生态学报，28（12）：1051-1058.
许冲，戴福初，徐锡伟. 2010. 汶川地震滑坡灾害研究综述. 地质评论，56（6）：860-874.
闫新宇. 2017-12-11. 2020 年基本完成生态环境修复. 四川经济日报，001 版.
晏凤桐. 2003. 地震灾情的快速评估. 地震研究，26（4）：382-387.
杨思全，刘三超，吴玮，等. 2011. 青海玉树地震遥感监测应用研究. 航天器工程，20（2）：90-96.

杨学祥，张启文，陈震. 2003. 预测中国巨灾的综合效应. 中国地球物理学会第十九届年会论文集.
姚清林. 2007. 自然灾害链的场效机理与区链观. 气象与减灾研究，30（3）：36-75.
姚庆海. 2007. 巨灾损失补偿机制研究——兼论政府和市场在巨灾风险管理中的作用. 北京：中国财政经济出版社.
尹建军，杨奇勇，尹辉. 2008. 湖南省农业旱灾灾情评估与分析. 云南地理环境研究，20（1）：37-40.
尹卫霞，王静爱，余瀚，等. 2012. 基于灾害系统理论的地震灾害链研究——中国汶川“5・12”地震和日本福岛“3・11”地震灾害链对比. 防灾科技学院学报，14（2）：1-8.
应松年. 2011. 巨灾冲击与我国灾害法律体系的改革//国家减灾委办公室、国家减灾委专家委员会. 2010 年国家综合防灾减灾与可持续发展论坛文集. 北京：中国社会出版社：53-58.
于庆东. 1993. 灾度等级判别方法的局限性及其改进. 自然灾害学报，2（2）：8-11.
余瀚，王静爱，柴玫，等. 2014. 灾害链灾情累积放大研究方法进展. 地理科学进展，33（11）：1498-1511.
余世舟，张令心，赵振东，等. 2010. 地震灾害链概率分析及断链减灾方法. 土木工程学报，43（S1）：479-483.
袁艺. 2014. 特别重大自然灾害损失综合评估回顾与展望. 中国减灾，（1）：34-37.
张弛，周洪建. 2017. 全球十大灾害风险评估（信息）平台（三）. 中国减灾，（11）：56-57.
张海波，童星. 2012. 巨灾救助的理论检视与政策适应——以“南方雪灾”和“汶川特大地震”为案例. 社会科学，（3）：58-67.
张海波. 2006. 风险社会与公共危机. 江海学刊，（2）：112-117.
张林源，苏桂武. 1996. 论预防减轻巨灾的科学措施. 四川师范大学学报：自然科学版，19（1）：72-78.
张强，陆奇斌，张欢，等. 2009. 巨灾与 NGO：全球视野下的挑战与应对. 北京：北京大学出版社.
张卫星，史培军，周洪建. 2013. 巨灾定义与划分标准研究——基于近年来全球典型灾害案例的分析. 灾害学，28（1）：15-22.
张业成，马宗晋，高庆华，等. 2006. 中国的巨灾风险与巨灾防范. 地质力学学报. 12（2）：119-126.
赵阿兴，马宗晋. 1993. 自然灾害损失评估指标体系的研究. 自然灾害学报，2（3）：1-7.
赵昌文. 2011. 应急管理与灾后重建：5・12 汶川特大地震若干问题研究. 北京：科学出版社
赵士鹏. 1996. 基于 GIS 的山洪灾情评估方法研究. 地理学报，51（5）：471-479.
赵祥，李长春，苏娜. 2009. 滑坡泥石流的多源遥感信息提取方法. 自然灾害学报，18（6）：29-32.
赵延东，张化枫. 2013. 灾后需求评估——理论、方法与实践. 自然灾害学报，22（3）：24-31.
郑功成. 2009. 多难兴邦——新中国 60 年抗灾史诗. 长沙：湖南人民出版社.
郑静晨，侯世科，樊毫军. 2011. 国内外重大灾害救援案例剖析. 北京：科学出版社.
中共中央，国务院. 2017-01-12. 关于推进防灾减灾救灾体制机制改革的意见. http: //www. mca. gov. cn/article/zwgk/fyg/201701/20170100002946. shtml
中国地震局工程力学研究所. 2011. 地震灾害间接经济损失评估方法（GB/T 27932—2011）. 2011-12-30 发布，2012-03-01 实施.
中国地震局工程力学研究所. 2011. 震后恢复重建工程资金初评估（GB/T 27933—2011）. 2011-12-30 发布，2012-03-01 实施.
中国地质环境监测院. 2011. 中国典型县（市）地质灾害易发程度分区图集（西南地区卷）. 科学出版社.
中华人民共和国国家统计局，中华人民共和国民政部. 1995. 中国灾情报告：1949-1995 年. 北京：中国统计出版社.

周洪建. 2015a. 全球十大灾害损失评估系统（上）. 中国减灾，(1)：56-59.
周洪建. 2015b. 全球十大灾害损失评估系统（下）. 中国减灾，(3)：58-60.
周洪建. 2016a 特别重大自然灾害救助中科学问题探讨（四）：弹性与特别重大自然灾害救助物资储备多样化. 中国减灾，(11 上)：34-36.
周洪建. 2016b. 特别重大自然灾害救助中科学问题探讨（三）：超预案性与特别重大自然灾害救助的全过程化. 中国减灾，(6 上)：53-55.
周洪建. 2017. 当前全球减轻灾害风险平台的前沿话题与展望——基于 2017 年全球减灾平台大会的综述与思考. 地球科学进展，32（7)：688-695.
周洪建. 2017a. 全球 10 大灾害风险评估（信息）平台（五）. 中国减灾，(12 上)：60-61.
周洪建. 2017b. 我国灾害评估系统建设框架与发展思路——基于尼泊尔实地调查的分析. 灾害学，32（1)：166-171.
周洪建，王曦. 2017. 特别重大自然灾害损失统计内容的国际对比——基于《特别重大自然灾害损失统计制度》和 PDNA 系统的分析. 地球科学进展，32（10)：1030-1038.
周洪建，王丹丹，袁艺，等. 2015. 中国特别重大自然灾害损失统计的最新进展——《特别重大自然灾害损失统计制度》解析. 地球科学进展，30（5)：530-538.
周洪建，张弛. 2017. 特别重大自然灾害救助的灾种差异性研究——基于汶川地震和西南特大连旱的分析. 自然灾害学报，26（2)：100-107.
周洪建，张卫星. 2013. 社区灾害风险管理模式的对比研究——以中国综合减灾示范社区与国外社区为例. 灾害学，28（2)：120-126.
周利敏. 2012. 社会脆弱性：灾害社会学研究的新范式. 南京师大学报：社会科学版，(4)：20-28.
周艳菊，邱莞华，王宗润. 2006. 供应链风险管理研究进展的综述与分析. 系统工程，24（3)：1-7.
庄锡潮，张文坚，王镇铭. 2000. 浙江省严重干旱灾情评估方法和研究. 浙江气象，21（4)：22-25.
卓志. 2014. 巨灾风险管理制度创新研究. 北京：经济科学出版社.
卓志，丁元昊. 2011. 巨灾风险：可保性与可负担性. 统计研究，28（9)：74-79.
卓志，周志刚. 2013. 巨灾冲击、风险感知与保险需求——基于汶川地震的研究. 保险研究，(12)：74-86.
邹铭，袁艺，廖永丰，等. 2011. 中国综合自然灾害救助保障体系. 北京：科学出版社.
Adams L M. 2009. Exploring the Concept of Surge Capacity. The Online Journal of Issues in Nursing，14（2）.
Adger W N，Kelly P M. 1999. Social vulnerability to climate change and the architecture of entitlements. Mitigation and Adaptation Strategies for Global Change，4（3-4)：253-266.
Adger W N. 2000. Social and ecological resilience：are they related? Progress in Human Geography，24（3)：347-364.
ADPC. 2009. Critical guidelines on Community-based Disaster Risk Management. http：//www. humanitarianforum. org/data/files/resources/759/en/C2-ADPC_community-based-disaster-risk-managementv6. pdf.
ADRC. 2001-05-02. Community-Based Flood Mitigation Project：The Case of Bandung City/Indonesia. Project Report，No. 1. http：//www. adrc. asia/publications/Cooperative_projects/Indonesia/no_1. htm.
American Meteorological Society. 1997. Meteorological drought-policy statement. Bulletin of the American Meteorological Society， 78（2)：847-849.

|主要参考文献|

Andrea S W，Matthias I，Marria O. 2010. Unmastered from crisis to catastrophe：An economic and management insight. Journal of Business Research，6（3）：337-346.

APEC. 2009. Guidelines and best practices for post-disaster damage and loss assessment.

Bank E. 2005. Catastrophic risk：Analysis and management. John Wiley & Sons，Ltd.

Berke P R，Kartez J，Wenger D. 1993. Recovery after disaster：achieving sustainable development，mitigation and equity. Disasters，17（2）：93-109.

Bruneau M，Chang S，Eguchi R，et al. 2012. A Framework to Quantitatively Assess and Enhance Seismic Resilience of Communities. Earthquake Spectra，19（4）：733-752.

Carpignano A，Golia E，Di Mauro C，et al. 2009. A methodological approach for the definition of multi－risk maps at regional level：first application. Journal of Risk Research，12（3-4）：513-534.

Cranfield Management School. 2002. Supply chain vulnerability. Cranfield University.

Cutter S L. 1996. Vulnerability to environmental hazards. Progress in Human Geography，20（4）：529-539.

Cutter S L，Boruff B J，Shirley W L. 2003. Social Vulnerability to Environmental Hazards. Social Science Quarterly，84（2）：242-261.

Downing T E. 2001. Climate Change Vulnerability：Linking Impacts and Adaptation.

ECLAC. 2003. Handbook for Estimating the Socio-economic and Environmental Effects of Disasters.

EMA. 2002. Australia Emergency Manuals Series，Part III：Emergency Management Practice，Disaster Loss Assessment Guidelines. Lllycfoft Pty Ltd，Brisbane and PenUltimate，Canberra.

Erdik M，Sesetyan K，Demiriog lu M B，et al. 2011. Rapid earthquake loss assessment after damaging earthquakes. Soil Dynamics and Earthquake Engineering，31（2）：247-266.

FEMA. 2008 Building a Disaster Resistant Community：Project Impact. http：//desastres. usac. edu. gt/documentos/ pdf/eng/doc13139/ doc13139. htm.

FEMA. 2008-06-01. HAZUS，FEMA's software for estimating potential losses from disasters. http：//www. fema. gov/plan/prevent/hazus/2008.

Folke C，Colding J，Berkes F. 2003. Building resilience and adaptive capacity in social-ecological systems//Berkes F，Colding J，Folke C. Navigating social-ecological systems. Cambridge：Cambridge University Press.

Frolova N. 2009. Tools for earthquake impact estimations in near real time. In：Environmental informatics and industrial environmental protection：Concepts，methods and tools，Shaker Verlag.

Gad-Hak M. 2008. Large-scale Disasters Prediction，Control，and Mitigation. New York：Cambridge University Press.

GFDRR. 2014. Understanding Risk：Review of Open Source and Open Access Software Packages Available to Quantify Risk from Natural Hazards. https：//www. gfdrr. org/en/publication/understanding-risk-review-open-source-and-open-access-software-packages-available.

Government of Nepal. 2015. Nepal earthquake 2015：Post disaster needs assessment. Paper of the Scientific Discussion on Extreme Natural Hazards，Royal Society，London.

Gove Philip B. 1981. Webster's third new international dictionary. Merriam-Webster Co.

Government of Nepal. 2015-07-15. Nepal Earthquake 2015：Post Disaster Needs Assessment （Executive

Summary）. http：//reliefweb. int/sites/reliefweb. int/files/resources/PDNA_Executive_Summary_new. pdf.

Government of Nepal. 2015-08-15. Nepal Earthquake 2015：Post Disaster Needs Assessment （Vol. B：Sector Reports）. http：//www. ilo. org/wcmsp5/groups/public/---ed_emp/documents/publication/wcms_397970. pdf.

Heiko A，Thieken A H，Merz B，et al. 2006. A probabilistic modelling system for assessing flood risks . Natural Hazards，38（1-2）：79-100.

Helbing D. 2013. Globally networked risks and how to respond. Nature，497（7447）：51-59.

Howitt A. 2008. The Surge Capacity Problem：Scaling Up for Disaster Response. Proceedings of International Conference on Risk，Crisis and Public Management，Nanjing.

Hristopher M L，Kevin C M. 1999. Alternative Means of Redistributing Catastrophic Risk in a National Risk Management System. Nber Chapters.

Hu M G，Wang J F. 2011. A spatial sampling optimization package using MSN theory. Enviromental Modeling & Software，26（1）：546-548.

Hyogo. 2004. Hyogo Prefecture Disaster Management. http：//web. pref. hyogo. jp/syoubou/english.

Jukka H，Iris K，Urho P，et al. 2004. Risk management processes in supplier networks. International Journal of Production Economics，90（1）：47-58.

Kaplan H B. 1999. Toward an Understanding of Resilience：A Critical Review of Definitions and Models//Glantz M D，Johnson J L. Resilience and Development. Kluwer Academic，New York：17-83.

Kappes M S，Keiler M，Elverfeldt K V，et al. 2012. Challenges of analyzing multi－hazard risk：a review. Natural Hazards，64（2）：1925-1958.

Khan F I，Abbasi S A. 2001. An assessment of the likelihood of occurrence，and the damage potential of domino effect （chain of accidents） in a typical cluster of industries . Journal of Loss Prevention in the Process Industries，14（4）：283-306.

Leroy S A G. 2006. From natural hazard to environmental catastrophe：Past and present. Quaternary International，158（1）：4-12.

Lewis C，Murdock K. 1999. The role of government contracts in discretionary reinsurance markets for natural disasters. The Journal of risk and Insurance，63（4）：567-597.

McEntire D A，Fuller C，Johnston CW，et al. 2002. Comparison of disaster paradigms：The search for a holistic policy guide. Public Administration Review，62（3）：267-281.

México N C S D. 2008. Handbook For Estimating The Socio-Economic And Environmental Effects Of Disasters. Eclac，（2）：112-121.

Murlidharanl T L，Shah H. 2003. Economic Consequences of Catastrophes Triggered by Natural Hazards. John A Blume Earthequake Engineering Center Report No.

Murosaki Y. 1999. Disaster prevention state of communities in Japan. Kobe University，Japan.

Nature Geoscience Editoral. 2011. Chain reaction. Nature Geosciences，4（5）：269.

NERIES. 2010. http: //www. neries-eu. org.

NRC. 1999. The Impacts of Natural Disasters：A Framework for Loss Estimation. The national academies press.

OECD. 2004. Large-Scale Disaster：Lessons Learned. Paris，France.

OECD. 2008. Financial Management of Large-Scale Catastrophes. Paris，France.

PAGER. 2010. http://earthquake. usgs. gov/eqcenter/pager.

Richard A P. 2004. Catastopher：Risk and Response. New York：Oxford University Press.

Roopnarine P D. 2008. Catastrophe theory. Encyclopedia of Ecology：531-536.

Scawthorn C，Flores P，Blais N，et al. 2006. HAZUS-MH flood loss estimation methodology II：Damage and loss assessment. Natural Hazards Review，7（2）：72-81.

Schwarzl S. 1991. Causes and effects of flood catastrophes in the Alps：Examples from summer 1987. Energy and Buildings，16（3-4）：1085-1103.

Scira M. 2001. Chains of damages and failures in a metropolitan environment：some observations on the Kobe earthquake in 1995. Journal of Hazardous Materials，86（1-3）：101-119.

Shi P，Du J，Ji M，et al. 2006. Urban risk assessment research of major natural disasters in China. Advances in Earth Science，21（2）：170-177.

Shi P，Jaeger C，Ye Q. 2012. Integrated Risk Governance：Science Plan and Case Studies of Large-scale Disasters. Beijing：Springer，Beijing Normal University Press.

Takano T. 2011. Regions in affected areas：Regional divisions of the East Japan Earthquake Disaster. http：//wwwsoc. nii. ac. jp/tga/disaster/articles/e-contents9. html.

Turner B L，Kasperson R E，Matson P A，et al. 2003. A framework for vulnerability analysis in sustainability science. Proceedings of the National Academy of Sciences，100（14）：8074-8079.

UNISDR. 2015. Sendai Framework for Disaster Risk Reduction 2015-2030. http: // www. unisdr. org/files/43291_sendaiframeworkfordrren. pdf.

UN. 2015. Transforming our world：the 2030 Agenda for Sustainable Development. https: //sustainabledevelopment. un. org/post2015/transformingourworld/.

UNISDR. 2017. Program of 2017 Global Platform for Disaster Risk Reduction. http: //www. unisdr. org/conferences/2017/globalplatform/en/program.

UNISDR. 2009 UNISDR Terminology on Disaster Risk Reduction. http：//www. unisdr. org/we/inform/terminology.

Wang J F，Christajos G，HU M G. 2009. Modeling spatial means of surfaces with stratified nonhomogeneity. IEEE Transactions on Geoscience and Remote Sensing，47（12）：4167-4173.

William A G. 2013. Dictionary of Disaster Medicine and Humanitarian relief. Spinger.

World Bank. 2010. The International Bank for Reconstruction and Development. Damage，Loss and Needs Assessment. www. worldbank. org.

Zhou H，Wang J，Wan J，et al. 2010. Resilience to natural hazards：a geographic perspective. Nat Hazards，53（1）：21-41.

附录：全球1949～2016年重特大自然灾害案例

序号	日期	事件名称	主要参数指标	主要损失情况	救灾情况回顾与反思
1	1949年8月5日14时10分	厄瓜多尔安巴托地震	里氏7.5级，震源深度25mile①	地震造成5000余人死亡，两万余人受伤，10万人流离失所；53个大小城镇被摧毁，财产损失达6600万美元	震前出现了多个小地震，当地居民提前往室外避难，避免了大规模人员伤亡。灾害救援方面：总统亲自指挥，建立强而有力的指挥体系；发动全部力量，积极组织当地人员进行灾后救援；国际救援力度大，周边各国给予很多帮助
2	1950年7月	1950年淮河大水	1950年6月中旬前，淮河流域持续高温不雨，旱情严重；6月19日至7月20日，4轮阶段性暴雨，降雨强度全面超越1931年7月淮河流域降水量	河南、安徽两省受灾面积达4687万亩，受灾人口超过1300万人，死亡人口489人，倒塌房屋89万余间	提出“救灾必须联系到预防”“以预防为主的方针去对付灾害”，将“以防为主，防救结合”的观念慢慢落实
3	1950年8月15日22时9分	西藏察隅地震	里氏8.6级，震中为北纬28.9°，东经95.2°	震中死亡近4000人；喜马拉雅山几十万平方千米大地瞬间面目全非，雅鲁藏布江在山崩中被截成四段，破坏范围达到40万平方千米	无国际社会救援；鉴于当时的历史情况和地理环境，政府和外部地区能给予的救护援助很有限，救援只能依靠当地居民自救
4	1951年8月13～15日	辽宁、吉林水灾	辽河干流铁岭站洪峰流量为14200m³/s，为调查和实测期内最大洪水，重现期约为120年	辽宁、吉林两省33个县市受灾，受灾人口121万人，死亡3100余人，12万人无家可归；14.5万间房屋倒塌；农田成灾面积$37.6\times10^4hm^2$；冲毁铁路及公路大桥75座，沈山、长大铁路被迫中断40余天	灾害发生在新中国成立初期，当地政府经有了初步防灾和救灾能力，在灾前修建水坝、水库和堤防，灾后组织群众抗洪抢险，撤离受灾地区。 由于辽河流域发生水灾较少，救灾物资储备不足，水灾发生后政府从其他地区调动人力物力进行支援，但限于当时的国情，外部支援并不占救援的主要部分，主要还是依靠当地政府和居民自救
5	1954年7月	1954年长江洪水	长江中下游出现了百年一遇的大洪水；5～7月累计降水量超过1200mm以上的区域主要分布在洞庭湖水系、鄱阳湖水系、大别山区。长江中下游干流高水位持续时间长，超警戒水位以上的时间最少69天，最多135天	湖北、湖南、江西、安徽、江苏5个省123个县市受灾，受灾人口达1888万人，死亡人口33169人，受灾农田4755万亩，京广铁路不能通车达100天，直接经济损失100亿元	中央内务部从6月底到8月上旬累计拨付4500多万元救济款，民政部门按每人每天0.5kg左右的标准发放救济粮。 1954年受灾群众的有序转移，在中国灾荒史上还是第一次，转移人口达1300万人。 严重的洪涝灾害，除了气象方面的客观原因，流域内生态环境失调也是重要因素：人口剧烈增长，土地资源过度利用和不合理开发

① 1mile=1.609 344km

续表

序号	日期	事件名称	主要参数指标	主要损失情况	救灾情况回顾与反思
6	1954 年 8 月 30 日	广东湛江台风（5413 号）	登录时中心气压 950hPa，近中心最大风速达 45m/s（风力超过 12 级）	据不完全统计，广东全省共死亡 884 人，伤 2601 人	救援多以当地乡镇为单位，由受灾地政府干部带领群众组成，专业医务人员和救援人员很少。 由群众组成的救援力量人数众多，但缺乏专业的救援知识，而且部分救灾群众也是受灾人员，面对台风强大的破坏力和灾后繁重的任务力不从心
7	1956 年 8 月 1 日	1956 年象山“八一”台风	5612 号台风（WANDA），近台风中心最大平均风速达到 70m/s、瞬间风速 90m/s；是新中国成立以来登陆中国的风力最大、破坏力最大、造成人员伤亡最多的台风	5057 人死亡，其中浙江省死亡 4925 人，受伤 1.5 万人，房屋全部倒塌 25.6 万所，部分倒塌 19.7 万所，40 万 hm^2 田地沦为汪洋，100 多艘船只沉没，许多村庄沦为废墟；台风登陆地——象山县死亡人数高达 3402 人 台风还造成上海、江苏、河南、安徽、河北、福建、山东、江西、湖北等地不同程度受灾	—
8	1959～1961 年	1959～1961 年三年自然灾害	受旱面积大、时间长、程度重	河南、山东、安徽、湖北、河北、内蒙古、湖南、陕西、山西、四川等 10980 万 hm^2 农作物受灾，4600 万 hm^2 成灾，成灾比例 42%，需救助人口 5.86 亿人次，需救助人口比例约 36%；非正常死亡人数为 1000 万～4000 万人	—
9	1959 年 8 月 7～9 日	中国台湾“八七”水灾	8 月 7～9 日连续 3 日中国台湾中南部的降雨量为 800～1200mm，特别是 8 月 7 日当天的降雨量为 500～1000mm，接近其年平均降雨量	实际受灾面积达 1365hm^2，受灾居民达 30 余万人，死亡人数达 667 人，失踪者近千人，受伤者数千人，房屋全毁者 23215 户，半毁者 18754 户，受损的农田 13 余万公顷，总损失估计在新台币 37 亿元，约占 GDP 得 12%	—
10	1960 年 5 月 21 日	智利大地震	里氏 9.5 级； 地震引发海啸，亚种冲击了智利海岸，掀起了高达 25m 的海浪	据美国地质调查局证实，死亡人数为 3000 或 5700 人，另一来源估计死亡人数达到 6000 人。不同来源估计经济损失在 4 亿～8 亿美元	大地震是以此大范围的、多个国家同时受灾的时间，但在救援时基本上是各自为政。这一情况与 2004 年印度洋海啸发生后的全球多国的联合救援行动相比，在救援速度、效率以及救援时投入的人力、物力等方面都有很大的差异

续表

序号	日期	事件名称	主要参数指标	主要损失情况	救灾情况回顾与反思
11	1963 年 8 月	1963 年海河特大洪水	8 月上旬，特大暴雨沿太行山东侧而至，河北省 7 天降了 5 场暴雨，降雨量超过 600mm 的面积达 3.06km^2，比全年降雨量还多 100mm	104 个县 2200 余万人受灾，死亡人数超过 1 万，倒塌房屋 1450 余万间，冲毁铁路 75km，直接经济损失达 60 亿元，相当于当年河北省（含天津市）一年国民生产总值的 1.5 倍	团结抗洪，《天津日报》记载了 50 天天津保卫战；提出了“上蓄、中疏、下排、适当地滞”的治水方针，1968～1972 年掀起了根治海河的高潮
12	1963 年 9 月 26 日至 10 月 12 日	加勒比海“飓风”	4 级飓风，最大风力为 220km/h；古巴的圣地亚哥降雨量达 2550mm，是古巴有记录以来的最大降雨量	7186～8000 人死亡，5 亿 2800 万美元财产损失	—
13	1966 年 3 月	邢台地震	3 月 8 日 5 时 29 分和 22 日 16 时 19 分先后发生里氏 6.8 级和里氏 7.2 级强烈地震	死亡 8064 人，38451 人受伤，倒塌房屋 262 万间，损坏房屋 246 万间，以隆尧、区鹿、宁晋等县最为严重	以预防为主的原则是减少地震灾害的最主要的震前对策；灾区人民的自救互救是农村地震中减少伤亡的主要应急对策；人民解放军是抗震救灾的主力军，是最重要的震后应急力量；迅速建立各级抗震救灾指挥部，是大震后最主要的组织管理对策；迅速确定震中位置和极震区范围，及时提供可靠震情是地震部门的应急工作；普及地震知识，取缔封建迷信活动，是搞好地震预防、平息地震谣传的主要对策；及时召开会商会，多路探索，综合预报，是大震期间的地震预报对策：一方有难，八方支援，是帮助灾区恢复生产、重建家园的重要震后对策
14	1969 年 7 月 28 日	广东“728”台风	登录时中心气压 936hPa，近中心最大风速达 48m/s（超过 12 级）	据不完全统计，广东全省约有 1000 人在台风风暴潮中遇难，9000 多人受伤，140 多万亩良田尽没水中	—
15	1969 年 9 月和 10 月	突尼斯大洪水	连续 38 天降下大雨，80%的突尼斯国土被洪水淹没	542 人丧生，10 万多人流离失所，经济损失价值总计两亿美元	救援中暴露的首要问题是：政府对于洪水的应急反应准备不足，无法在第一时间赶到灾区，延误了最佳的救援时机；救灾专业人才的短缺也限制了灾害救援的进行
16	1970 年 1 月 5 日	云南通海地震	凌晨 1 时 0 分 34 秒，里氏 7.8 级地震	受灾面积 8800km^2，包括通海、建水、玉溪等 7 个县，15621 人死亡，26783 人受伤，33.85 万间房屋倒塌，占灾区房屋总量的 32.1%，直接经济损失 38.4 亿元；仅通海县损失可按比价达 27 亿元；通海大地震是 20 世纪中国重大自然灾害之一，也是 1949 年以来死亡人数达万人以上的三次大地震之一（仅次于唐山大地震和四川汶川大地震）	没有接受国际社会援助

续表

序号	日期	事件名称	主要参数指标	主要损失情况	救灾情况回顾与反思
17	1970 年 11 月 12 日	孟加拉特大热带风暴	风暴中心最大风力超过 14 级，风暴所掀起的巨浪高达 8m	50 万人死亡，100 多万人无家可归，2500 多个村镇、80 多万套房屋被狂风和海啸夷为平地，110 万亩农作物全部被毁；全国 16 个县沦为灾区，直接经济损失达 30 亿美元	—
18	1973 年 9 月 14 日	海南“7314”台风	7314 号台风在海南琼海登陆，登陆时中心气压 925hPa，近中心最大风速达 60m/s（超过 12 级）	据不完全统计，海南共死亡 903 人，伤 5800 人，20 万间房屋被破坏；仅琼海县就由 690 人死亡，1454 人重伤	—
19	1975 年 2 月 4 日	海城大地震	19 时 36 分，辽宁省海城、营口县一带发生里氏 7.3 级地震，震源深度 16km，震中烈度 9 度强	死亡 1328 人，占总人口数的 0.02%，重伤 4292 人，轻伤 12688 人；城镇房屋损坏 500 万 m^2，城镇公共设施破坏 165 万 m^2，农村房屋损坏 1740 万 m^2，破坏的占原有面积的 27.1%	海城地震是地震预报届的奇迹，成功地预测、预报和预防 7 级以上大地震，这在中国和世界地震史上都是第一次（提前两个半小时）
20	1975 年 8 月	河南 75 • 8 溃坝事件	1975 年 8 月 5 日 7503 号台风在北上途中不能转向东行，在河南境内停滞不前 5～7 日最大降雨量为 1605mm，最大 6 小时降雨量达到 830mm，最大 24 小时降雨量 1060mm；水库溃坝	河南省 29 个显示、110 多万公顷农田被淹，1100 万人受灾，超过 2.6 万人死难，倒塌房屋 596 万间，京广线被冲毁 102km，中断行车 18 天，直接经济损失近百亿元	—
21	1976 年 7 月 28 日	河北唐山大地震	地震发生在凌晨 3 时 42 分，震级为里氏 7.8 级，震中烈度 11 度	地震破坏范围超过 3 万 km^2，有感范围广达 14 个省（自治区、直辖市），相当于全国总面积的 1/3。 24.2 万人在地震中遇难，16.76 万人重伤，54.11 万人轻伤，其中唐山市区死亡 14.9 万人，占市区总人口的 18.4%；毁坏房屋 760 余万间，工业、公共管建筑 149 万间，城市各种设施被全部破坏，铁路桥涵破坏面大 45%；经济损失达 132 亿	地震发生后，党中央、国务院决定实施国家级救灾，国务院成立了抗震救灾办公室 震后 10 天，铁路通车；不足 1 个月，学校相继开学，工厂先后复产，商店也陆续开业；入冬前，百余万间简易住房建于废墟，所有灾民无一冻馁；灾后，疾病减少，瘟疫未萌，堪称救灾史上的奇迹。 未接受国际援助
22	1981 年 6～9 月	1981 年四川暴雨洪灾	四川盆地近百年最大的一次特大暴雨	洪水淹没县以上城镇 57 个，县以下城镇 779 个，淹没城乡房屋 237 万间，其中倒塌 153.4 万间，冲走 42 万余间；全省受灾人口约 2000 万人，其中 113 万人无家可归，因灾死亡 1358 人，受伤 14509 人，直接经济损失 25 亿元以上	—

续表

序号	日期	事件名称	主要参数指标	主要损失情况	救灾情况回顾与反思
23	1983年7月31日	陕西安康大洪灾	400年一遇的洪水	近千人死亡，安康城毁于一旦	—
24	1985年9月19日7时左右	墨西哥大地震	里氏8.1级	据统计，地震共造成1万多人死亡，伤4万多人，房屋倒塌2000余栋，累计直接经济损失达70亿～80亿美元	—
25	1985年11月13日	哥伦比亚鲁伊斯火山泥石流	火山爆发指数为VEI3（中等规模）	造成2.5万人死亡，13万人失去家园，经济损失高达50亿美元	—
26	1988年11月6日	云南澜沧耿马地震	11月6日21时3分发生里氏7.6级地震，21时15分发生7.2级地震（双主震余震型）	地震波及$9\times10^4 km^2$，包括云南5个市州20余显示，造成748人死亡、重伤3759人、轻伤3992人，倒塌房屋73.35万间、损坏房屋70万间，两座县城被夷为平地，直接经济损失达20.5亿元	—
27	1995年1月17日	日本阪神大地震	地震发生在凌晨5时46分，震级为里氏7.2级，震源深度为10～20km	共死亡5400余人，受伤约2.7万人，无家可归的灾民近30万人，毁坏建筑物约10.8万幢，经济损失约1000亿美元，达国民生产总值的1%～1.5%	错误判断日本关西地区不会发生大震，使该地区抗震设防工作滞后于城市建设；关西地区的消防能力差，有关的消防设施不完善、不完备，致使地震引发的火灾得不到及时的扑救；政府部门没有指定相应的救灾预案，致使震后救灾滞后、不协调，加大了震灾造成的损失
28	1998年汛期	98年长江、珠江、松花江大洪水	6～7月，降雨范围大、时间久，降雨量较常年同期多2～2.5倍，局部地区多3～4倍。长江洪水仅次于1954年，为20世纪第2位全流域型大洪水；松花江洪水位20世纪第1大洪水；珠江西江洪水为20世纪第二大洪水，闽江洪水为20世纪最大洪水	全国29个省（自治区、直辖市）受灾，农田受灾面积2229万hm^2，成灾面积1378万hm^2；死亡4150人，倒塌房屋685万间，直接经济损失2551亿元；江西、湖南、湖北、黑龙江、内蒙古、吉林等省份受灾最重	—
29	1999年9月21日	中国台湾9.21大地震	里氏7.6级地震，最大烈度9度	2405人死亡，有40845栋房屋全倒、41373栋半倒，伤8722人，倒塌各种建筑9909栋，严重破坏7575栋，受灾人口250万，受灾32万，财产损失92亿美元	—
30	2003年5月21日	阿尔及利亚地震	里氏6.7级	地震造成2274人死亡，11452人受伤，20万人无家可归，北部8个受灾省份共有12.8万套住房受损，财产损失高达50亿美元	中国成为国际搜索救援舞台上一支宝贵的力量

续表

序号	日期	事件名称	主要参数指标	主要损失情况	救灾情况回顾与反思
31	2003 年 12 月 26 日	2003 年伊朗巴姆地震	地震发生在凌晨 5 时 56 分，震级为里氏 6.5 级地震	2.5 万多人死亡，3 万多人受伤，极震区 80%以上的房屋倒塌	—
32	2004 年 12 月 26 日	印度洋海啸	8 时 58 分，印尼苏门答腊岛西北近海发生里氏 9.0 级地震并引发巨大海啸	海啸席卷了印度洋沿岸的印度尼西亚、斯里兰卡、印度、泰国等 10 多个国家的沿海地区，地震和海啸造成 28 万余人死亡和失踪，其中印尼死亡失踪人数达 23.43 万人	国际救援可圈可点；印度洋预警系统缺乏
33	2005 年 8 月 25 日	美国卡特里娜飓风	5 级飓风	死亡 883 人，导致 40 万人失业，至少损坏 15 万处产业，损失金额在 250 亿～1000 亿美元	美国政府在救灾应急救援中出现的问题：计划与实施相脱节，地方应急能力不强，民众受危机教育不足，没有及时堵住漏洞
34	2005 年 10 月 8 日	巴基斯坦地震	地震发生在 8 时 50 分，震级为里氏 7.8 级	约 4 万人死亡	—
35	2006 年 5 月 27 日	印度尼西亚日惹地震	地震发生在 6 时 30 分，震级为里氏 6.4 级	死亡 5716 人，37927 人受伤	—
36	2008 年年初	中国南方低温雨雪冰冻灾害	50～100 年一遇	129 人死亡、4 人失踪，成灾面积约 100 万 km^2，直接经济损失约 1517 亿元	雪灾引起的公共管理危机：交通瘫痪、人员被困影响社会稳定，天气寒冷及人口集聚引发公共卫生问题，食品价格异常上涨引发社会恐慌，雪灾严重影响影响经济运行。 救援情况：加强预警和预防工作，政府职能部门反映迅速，紧急救助，领导层高度重视，科学决策，成立应急协调机构，统一指挥，有效发挥社会救助的作用
37	2008 年 5 月 12 日	四川 5.12 汶川大地震	地震发生在 14 时 28 分，震级为里氏 8.0 级，最大烈度 11 度，余震 3 万余次	地震涉及四川、甘肃、陕西、重庆等 10 省（自治区、直辖市）417 个县（市、区）、4667 个乡镇、48810 个村庄，灾区总面积约 50 万 km^2，受灾人口达 4625 万，造成 69227 人遇难、17923 人失踪，紧急转移受灾群众 1510 万人，直接经济损失 8451 余亿元	—
38	2010 年 1 月 13 日	海地 7.3 级地震	12 日 16 时 53 分	截至北京时间 2010 年 2 月 23 日，共造成 22.25 万人死亡，19.6 万人受伤	—
39	2010 年 2 月 27 日	智利 8.8 级地震	当地时间凌晨 3 时 34 分	智利首都圣地亚哥西南 320km 的马乌莱附近海域发生里氏 8.8 级地震并继发海啸，造成超过 708 人死亡、数千人失踪	—

续表

序号	日期	事件名称	主要参数指标	主要损失情况	救灾情况回顾与反思
40	2010年4月14日	青海玉树7.1级地震	7时49分青海玉树藏族自治州玉树县发生7.1级地震	造成2698人遇难、270人失踪，24.7万人受灾	国家减灾委员会、民政部启动国家I级救灾应急响应
41	2010年7～9月	巴基斯坦洪涝灾害	—	导致2000多人死亡，160万座房屋损毁，约2000万人受灾，超过1/4的国土成为灾区	—
42	2010年8月6日	印控克什米尔列城洪水和泥石流灾害	—	造成至少166人死亡，另有约400人失踪	—
43	2010年8月7日	甘肃舟曲特大山洪泥石流灾害	2010年8月7日22时左右，甘南藏族自治州舟曲县城东北部山区突降特大暴雨，降雨量达97mm，持续40多分钟，引发三眼峪、罗家峪等四条沟系特大山洪地质灾害，泥石流长约5km，平均宽度为300m，平均厚度5m，总体积750万m^3，流经区域被夷为平地	截至2010年9月7日，舟曲8·7特大泥石流灾害造成1557人遇难，失踪284人	8月8日中午12时，国家领导人率国务院有关部门负责同志赶赴受灾地区。 2010年8月14日10:00，中国国务院对外宣布8月15日为全国哀悼日
44	2010年10月25日	印尼西苏门答腊省明打威群岛附近海域地震海啸灾害	—	造成至少509人死亡、21人失踪、上万居民无家可归	—
45	2011年1月5日	巴西里约热内卢洪水泥石流灾害	遭遇40年不遇的暴雨袭击，被联合国灾害管理机构列为111年以来世界十大泥石流灾害之一	里约州多个城市共发生200多起泥石流灾害，致使50多座房屋被泥石流吞没，数千人流离失所，另有1万多间房屋成为危房，造成1350人死亡	巴西政府于2011年1月17日宣布将由科技部在未来4年设立“全国自然灾害预防警戒系统”，采用最现代化的雷达和量雨计等气象设备，提高暴雨气象预防效率和危险地区民众警戒通报机制
46	2011年3月11日	东日本9.0级大地震	当地时间14时46分发生9.0级地震，是日本有地震记录以来最强烈地震	地震及其引发的海啸造成15894人死亡、2561人失踪（截至2016年3月11日），直接经济损失超过3100亿美元，地震造成的核泄漏更是给日本带来了无穷的隐患	灾害发生仅4分钟后，日本防卫省即设立了“灾害对策本部”；6分钟后，自卫舰队司令官下达舰艇出港命令；11分钟后，直升机、战斗机、侦察机起飞行使救助与侦查任务。 对超强地震—海啸灾害链仍然缺乏应对准备
47	2011年7月25日至2012年1月16日	2011年泰国水灾	—	815人死亡	—

续表

序号	日期	事件名称	主要参数指标	主要损失情况	救灾情况回顾与反思
48	2011 年 10 月 23 日	土耳其凡城地震	当地时间 13 时 41 分土耳其东部的凡城发生里氏 7.3 级地震，震源深度为 5km	主震造成 601 人死亡，4152 人受伤，2262 栋房屋倒塌。11 月 9 日发生的余震造成 32 人死亡，凡城和邻近的埃尔吉斯灾情严重。根据 AIR 的预计，凡城地震带来的保险损失在 0.55 亿～1.7 亿美元	—
49	2011 年 12 月 16 日	菲律宾热带风暴“天鹰”	在短短 12 个小时里，“天鹰”就给灾区带来了多达一个月的平均降水量，在菲律宾南部棉兰老岛地区登陆后引发大面积洪灾	截至 12 月 20 日，菲律宾的 13 个省大约 33.8 万民众受灾，近 4.3 万灾民避难，死亡人数升至 957 人，超过 800 人失踪	—
50	2012 年 1 月底到 2 月初	欧洲寒潮	—	从北到南、从西向东，几乎所有欧洲国家受到波及，导致全欧洲至少 824 人死亡	—
51	2013 年 11 月 3～12 日	超强台风“海燕”	2013 年 30 号台风，为有记录以来西太平洋最强台风	台风对菲律宾、台湾省、中国大陆、越南等地造成严重影响，导致 16232 人死亡、26789 失踪，28715 受伤	—
52	2014 年 5 月 2 日	阿富汗东北部山体滑坡灾害	—	造成至少 2100 人遇难，数百人失踪	—
53	2015 年 4 月 25 日	尼泊尔强烈地震	14 时 11 分尼泊尔（北纬 28.2°，东经 84.7°）发生 8.1 级地震，震源深度 20km，震后一个月内 4 级以上余震 265 次。震中位于博克拉，最大烈度为 X 度，重烈度区从震中向东延伸	截至 2015 年 6 月 11 日，地震至少造成 8786 人死亡，22303 人受伤，中国西藏、印度、孟加拉国、不丹等地均出现人员伤亡	—
54	2015 年 6 月 1 日	印度高温灾害	印度多地持续高温，当地媒体称 2016 年的高温是印度有气温记录以来最高的	造成 2200 多人死亡	—
55	2015 年 6 月 25 日	巴基斯坦南部高温灾害	1979 年以来的历史最高	造成至少 1017 人死亡	—
56	2015 年 10 月 1 日	危地马拉暴雨泥石流灾害	—	350 人死亡失踪	—
57	2015 年 12 月 4 日	印度洪涝灾害	—	至少 325 人死亡，数万人受灾	—

续表

序号	日期	事件名称	主要参数指标	主要损失情况	救灾情况回顾与反思
58	2016年4月16日	厄瓜多尔7.8级地震	是厄瓜多尔1979年以来震级最高的一次	676人死亡，6000多人重伤，近3.5万座建筑倒塌或毁损，14万人无家可归	—
59	2016年4～5月	印度高温	最高气温达到51℃，打破了印度国内保持了50年的最高纪录	300人死亡，食物和饮用水不足问题严重	—
60	2016年7月18～23日	中国华北地区暴雨洪涝灾害	河北中南部地区出现1996年以来最大暴雨	6省（直辖市）325人死亡或失踪，17万间房屋倒塌	—
61	2016年9月11日	朝鲜洪水	70年一遇的洪水灾害	538人死亡，数以万计的房屋被毁，数万人流失失所	—
62	2016年10月4日	海地飓风	2007年以来大西洋上威力最大的飓风“马修”	546人死亡，10几万人被迫离开家园，灾后霍乱疫情严重	—

资料来源：郑功成，2009；郑静晟等，2011；百度百科

*表中数据精度不一，仅供参考